高/等/学/校/规/划/教/材

基础化学实验

郭孟萍 主 编
伍晓春 副主编

第二版

JICHU
HUAXUE
SHIYAN

化学工业出版社
·北京·

内 容 简 介

《基础化学实验》（第二版）为大学化学实验类课程适用教材，是“江西省药学与制药工程实验教学示范中心”教学团队的研究成果。本书包括基础化学实验的一般知识、无机化学实验、有机化学实验、分析化学实验、附录等五大部分。具体涉及化学实验的基础知识、基本技术、基本操作；综合性实验、设计性实验和研究性实验、基本物理量及有关参数的测定等。其中设计性实验包括常量和半微量实验、多步骤系列实验等。以本校优秀的科研成果移植的部分研究性实验具有“点睛”之笔，有利于激发学生的创新思维和培养其创新能力，此外，这些实验设计强调了环境保护意识，增加了产物和溶剂的回收、三废处理措施及安全卫生等内容。

本书可作为高等院校医学类、药学类、化工类、生物类、农学类、材料类、环境类等相关专业本科生的实验教材，也可作为其他相关专业教师及学生的参考书。

图书在版编目（CIP）数据

基础化学实验/郭孟萍主编. —2 版. —北京：化学工业出版社，2021.6 （2024.8重印）
高等学校规划教材
ISBN 978-7-122-38840-7

Ⅰ.①基… Ⅱ.①郭… Ⅲ.①化学实验-高等学校-教材 Ⅳ.①O6-3

中国版本图书馆 CIP 数据核字（2021）第 056148 号

责任编辑：宋林青　江百宁　　　　装帧设计：史利平
责任校对：宋　玮

出版发行：化学工业出版社（北京市东城区青年湖南街 13 号　邮政编码 100011）
印　　装：河北延风印务有限公司
787mm×1092mm　1/16　印张 13　彩插 1　字数 318 千字　　2024 年 8 月北京第 2 版第 4 次印刷

购书咨询：010-64518888　　　　售后服务：010-64518899
网　　址：http://www.cip.com.cn
凡购买本书，如有缺损质量问题，本社销售中心负责调换。

定　　价：38.00 元

《基础化学实验》（第二版）编写人员

主　编　郭孟萍

副主编　伍晓春

编　者　郭孟萍　伍晓春　葛军英　李海根
晏细元　周　健　汤洪波

前 言

随着科学技术的迅速发展，中国的大学教育模式发生了根本性变化，即已由精英教育走向大众化教育。因此高等教育的目标应向培养符合社会需求的、具有创新精神和创新能力的应用型人才方向发展。这种定位，对我们的培养计划和教学内涵提出了新的要求，即应以知识传授、能力培养、素质提高、协调发展为教学理念，建立有利于培养实践能力和创新能力为中心的实用教学体系，彻底改革以单纯传授知识为中心的教学内容和教学模式。在进行大学化学教学观念更新的同时，对大学化学实验的教学内容、方法和手段进行改革也势在必行。建立涵盖基础性、综合性、设计性和创新性实验的多元化基础化学实验教学模式，达到“应用型创新人才”培养的目标，是大家共同的方向。

为了更好进行大众化应用型人才的培养，我校“江西省药学与制药工程实验教学示范中心”和基础化学实验教研室组织编写了培养新世纪应用型人才的《基础化学实验》。本书根据教育部“高等学校基础课实验教学示范中心建设标准”和“普通高等学校本科化学专业规范”中“非化学专业化学实验教学”的基本内容，结合“厚知识、宽专业、大综合”的教学理念，对我校已经使用多年的原有教材进行精心整理、修改、充实、提高，同时吸取国内外现有各分支教材优点的基础上编写而成，是我校“江西省药学与制药工程实验教学示范中心”和基础化学实验教研室多年教学改革和实践经验的结晶。

本书是“江西省药学与制药工程实验教学示范中心”教学团队的研究成果，亦是“江西省应用化学和化学生物学重点实验室”的建设成果之一。本书是新体系基础化学实验教材，渗透着实验课程体系和教学内容不断深化的改革，实验内容贯穿一条主线：物质的制备—提纯—化学性质及其参数测定—组分分析与结构表征，将原无机化学、有机化学、分析化学实验重新整合成一门具有独立体系的基础化学实验，精选了 81 个实验，包括基本实验、综合性实验、设计性及研究性实验。以本校优秀的科研成果移植的部分研究性实验可谓“点睛”之笔，有利于激发学生的创新思维和培养其创新能力。

本书由郭孟萍任主编，伍晓春任副主编；葛军英、李海根、晏细元、周健、汤洪波参加了本书的编写工作。

大连理工大学何仁教授、南昌大学陈义旺教授和江西师范大学王涛教授为本书的编写提出了指导性的建议和具体的修改意见，在此一并表示诚挚的谢意！

由于笔者水平有限，书中难免有疏漏和不当之处，敬请读者批评指正。

编 者

2021. 3. 1

目　录

第一章　基础化学实验的一般知识

化学是一门以实验为基础的学科，许多化学理论和规律是对大量实验资料进行分析、概括、综合和总结而形成的，实验又为理论的完善和发展提供了依据。

基础化学实验是化学教学中的一门独立课程，其目的不仅是传授化学知识，更重要的是培养学生的动手能力和优良素质，通过基础化学实验课学生应受到下列训练：掌握基本操作，正确使用仪器，取得准确实验数据，正确记录和处理实验数据以及表达实验结果；认真观察实验现象进而分析判断、逻辑推理和得出结论；正确设计实验（包括选择实验方法、实验条件、所需仪器、设备和试剂等）和解决实际问题；通过查阅手册，工具书和其他信息源获得信息；把培养学生实事求是的科学态度、勤俭节约的优良作风、相互协作的精神和勇于开拓的创新意识始终贯穿于整个实验教学中。

第一节　基础化学实验的目的和任务

基础化学实验教学的目的和任务如下。

（1）通过实验，使学生在基础化学实验的基本操作技术方面获得较全面的训练。学会使用一些常用仪器。培养学生能以小量规模试剂正确地进行制备实验和性质实验，以及分离、鉴定制备产品的能力。

（2）配合课堂讲授，验证和巩固扩大课堂讲授的基本理论和知识。

（3）培养学生独立进行实验、组织与设计的能力；培养学生正确观察，精密思考和分析，以及诚实记录的科学态度、方法和习惯；培养能写出合格的实验报告、初步学会查阅文献的能力。

（4）培养学生严谨的科学态度、良好的实验作风和环境保护意识。

第二节　基础化学实验室规则

为了保证基础化学实验的正常进行和培养良好的实验方法，保证实验室的安全，学生必须严格遵守下列实验室规则。

（1）实验前应做好一切准备工作，如复习教材中有关的章节，预习实验指导书等，找全本次实验所需要的器材，做到心中有数，防止实验时边看边做，降低实验效率。还要充分考虑防止事故的发生和发生后所采用的安全措施。

（2）进入实验室时，应熟悉实验室及其周围的环境，熟悉灭火器材，急救药箱的使用和放置的地方，严格遵守实验室安全守则和每个具体实验操作中的安全注意事项。如有意外事故发生应报告老师并及时处理。

（3）实验时精神要集中、操作要认真、观察要细致、思考要积极。不得擅自离开，要安排好时间。要如实认真地做好实验记录，不要用散页纸记录，以免散失。根据原始记录，认真分析问题，处理数据，写出实验报告。实验室中应保持安静和遵守纪律，不要迟到、不要早退，提前完成实验者必须经指导老师同意后方可离开实验室；保持实验室内安静，不要大声喧哗。

（4）遵从教师的指导，严格按照实验指导书所规定的步骤、试剂的规格和用量进行实验。学生若有新的见解或建议要改变实验步骤和试剂规格及用量时，须设计好方案，征求教师同意后，才可改变。

（5）使用药品时应注意下列几点。

① 药品应按规定量取用，如果书中未规定用量，应注意节约，尽量少用。

② 取用固体药品时，注意勿使其撒落在实验台上。

③ 药品自瓶中取出后，不应倒回原瓶中，以免带入杂质而引起瓶中药品变质。

④ 试剂瓶用过后，应立即盖上塞子，并放回原处，以免和其他瓶上的塞子搞错，混入杂质。

⑤ 同一滴管在未洗净时，不能在不同的试剂瓶中吸取溶液。

⑥ 实验教材中规定在实验做完后要回收的溶剂、药品，都应倒入回收瓶中。

（6）使用精密仪器时，必须严格按照操作规程进行操作，细心谨慎，避免粗枝大叶而损坏仪器。如发现仪器有故障，应立即停止使用并报告指导教师，及时排除故障。

（7）实验台面和地面要保持整洁，暂时不用的器材，不要放在台面上，以免碰倒损坏。污水、污物、残渣、火柴梗、废纸、塞芯、坏塞子和玻璃破屑等，应分别放入指定的地方，不要乱抛乱丢，更不得丢入水槽，以免堵塞下水道；废酸和废碱应倒入指定的缸中，不得倒入水槽内，以免损坏下水管道。废液应倒入实验室指定的回收桶中，不得随意倒入水槽内，以免污染环境。

（8）要爱护公物。公共器材用完后，须整理好并放回原处。如有损坏，要办理登记换领手续。要节约水、电、加热用酒精及消耗性药品，严格控制药品的用量。

（9）实验室实行轮流值日生制度。实验结束后值日生负责打扫实验室，包括拖地，整理和擦净试剂架、通风橱、公用台面，清理废物和废液，关闭水、电、煤气开关和实验室门窗。

第三节　基础化学实验室安全知识

由于基础化学实验特别是有机化学实验所用的药品多数有毒、可燃、有腐蚀性或有爆炸性，所用的仪器大部分是玻璃制品，所以，在化学实验室中做实验，若粗心大意，就容易发生事故，如割伤、烧伤，乃至火灾、中毒或爆炸等。但是，这些危险是可以预防的，只要实验者思想集中，严格执行操作规程，加强安全措施，就一定能有效地维护实验室的安全，使实验正常地进行。

因此，必须重视安全操作和熟悉一般安全常识并切实遵守实验室的安全守则。

一、实验室安全守则

（1）实验开始前应检查仪器是否完整无损，装置是否正确稳妥，征求指导教师同意后才可进行实验。

(2) 实验进行时，不得随便离开岗位，要常注意反应进行的情况和装置有无漏气、破裂等现象。

(3) 当进行有可能发生危险的实验时，要根据实验情况采取必要的安全措施，如戴防护眼镜、面罩、橡皮手套或穿防护衣服等，但不能戴隐形眼镜。

(4) 使用易燃、易爆药品时，应远离火源，实验结束后要仔细洗手。严禁在实验室内吸烟或吃饮食物。

(5) 充分熟悉安全用具，如灭火器材、砂箱以及急救药箱的放置地点和使用方法，并妥善爱护。安全用具和急救药品不准移作他用。

(6) 浓酸、浓碱具有强腐蚀性，使用时要小心，不能让它溅在皮肤和衣服上。稀释浓硫酸时，要把酸注入水中，而不可把水注入酸中。

(7) 下列实验应在通风橱内进行。

① 制备具有刺激性的、恶臭的、有毒的气体（如 H_2S，Cl_2，CO，SO_2，Br_2 等）或伴随产生这些气体的反应。

② 加热或蒸发盐酸、硝酸、硫酸。

(8) 使用酒精灯，应随用随点，不用时盖上灯罩。不要用已点燃的酒精灯去点燃别的酒精灯，以免酒精溢出而失火。

(9) 加热试管时，不要将试管口指向自己和别人，也不要俯视正在加热的液体，以免溅出的液体把人烫伤。

(10) 在闻瓶中气体的气味时，鼻子不能直接对着瓶口（或管口），而应用手把少量气体轻轻扇向自己的鼻孔。

(11) $HgCl_2$ 和氰化物剧毒，不得误入口内或接触伤口，氰化物不能碰到酸（氰化物与酸反应放出 HCN 气体，使人中毒）。砷酸和可溶性钡盐也有较强的毒性，不得误入口内。

(12) 每次实验后，应把手洗净，方可离开实验室。

二、实验室事故的预防

1. 火灾的预防

实验室中使用的化学溶剂大多数是易燃的，着火是化学实验室常见的事故。防火的基本原则有下列几点，必须充分注意。

(1) 使用易燃溶剂时要特别注意以下几点。

① 应远离火源；

② 切勿将易燃溶剂放在广口容器内（如烧杯内）直火加热；

③ 加热必须在水浴中进行时，切勿使容器密闭。否则，会造成爆炸。当附近有露置的易燃溶剂时，切勿点火。

(2) 在进行易燃物质实验时，应养成先将酒精一类易燃的物质搬开的习惯。

(3) 蒸馏易燃的有机物时，装置不能漏气，如发现漏气时，应立即停止加热，检查原因，若因塞子被腐蚀时，则待冷却后，才能换掉塞子；若漏气不严重时，可用石膏封口。接收瓶不宜用敞口容器如广口瓶、烧杯等，而应用窄口容器如三角烧瓶等。从蒸馏装置接收瓶出来的尾气的出口应远离火源，最好用橡皮管引入下水道或室外去。

(4) 回流或蒸馏易燃低沸点液体时，应注意以下几点。

① 应放数粒沸石或素烧瓷片或一端封口的毛细管，以防止暴沸，若在加热后才发觉未放入沸石这类物质时，绝不能急躁，不能立即揭开瓶塞补放，而应停止加热，待被蒸馏的液体冷却后才能加入。否则，会因暴沸而发生事故。

② 严禁直接加热。

③ 瓶内液量最好装至半满，最多不能超过瓶容积的2/3。

④ 加热速度宜慢，不能快，避免局部过热。总之，蒸馏或回流易燃低沸液体时，一定要谨慎从事，不能粗心大意。

(5) 用油浴加热蒸馏或回流时，必须十分注意避免由于冷凝用水溅入热油浴中致使油外溅到热源上而引起火灾的危险，通常发生危险的原因，主要是由于橡皮管套进冷凝管的侧管上不紧密，开动水阀过快，水流过猛把橡皮管冲出来，或者由于套不紧而漏水，所以要求橡皮管套入侧管时要很紧密，开动水阀也要慢动作使水流慢慢通入冷凝管中。

(6) 当处理大量的可燃性液体时，应在通风橱中或在指定地方进行，室内应无火源。

(7) 不得把燃着或者带有火星的火柴梗或纸条等乱抛乱掷，也不得丢入废物缸中。否则，很容易发生危险事故。

2. 爆炸的预防

在化学实验里一般预防爆炸的措施如下。

① 蒸馏装置必须正确，不能造成密闭体系，应使装置与大气连通。否则，往往有发生爆炸的危险。减压蒸馏时，要用圆底烧瓶作接收瓶，不可用三角烧瓶。

② 切勿使易燃易爆的气体接近火源，有机溶剂如乙醚和汽油一类的蒸气与空气相混时极为危险，可能会由一个热的表面或者一个火花、电花而引起爆炸。

③ 使用乙醚时，必须检查有无过氧化物存在，如果发现有过氧化物存在，应立即用硫酸亚铁除去过氧化物，才能使用。

④ 对于易爆炸的固体，如重金属乙炔化物、苦味酸金属盐、三硝基甲苯等都不能重压或撞击，以免引起爆炸，对于危险的残渣，必须小心销毁。例如，重金属乙炔化物可用浓盐酸或浓硝酸使它分解，重氮化合物可加水煮沸使它分解等。

⑤ 卤代烷勿与金属钠接触，因反应太猛会发生爆炸。钠屑须放于指定的地方。

3. 中毒的预防

① 有毒药品应认真操作，妥为保管，不许乱放。实验中所用的剧毒物质应有专人负责收发，并向使用毒物者提出必须遵守的操作规程。实验后的有毒残渣必须作妥善而有效的处理，不准乱丢。

② 有些有毒物质会渗入皮肤，因此，接触这些物质时必须戴橡皮手套，操作后立即洗手，切勿让毒品沾及五官或伤口。例如，氰化钠沾及伤口后就随血液循环至全身，严重者会造成中毒死亡。

③ 在反应过程中可能生成有毒或有腐蚀性气体的实验在通风橱内进行，使用后的器皿应及时清洗。在使用通风橱时，实验开始后不要把头伸入通风橱内。

4. 触电的预防

使用电器时，应防止人体与电器导电部分直接接触，不能用湿的手或手握湿的物体接触电插头。为了防止触电，装置和设备的金属外壳等都应连接地线，实验后应切断电源，再将连接电源插头拔下。

三、事故的处理和急救

1. 火灾的处理

实验室如发生失火事故，室内全体人员应积极而有秩序地参加灭火（大火例外）。一般采用如下措施：一方面防止火势扩展，立即关闭酒精灯，熄灭其他火源，关闭室内总电闸，搬开易燃物质。另一方面，化学实验室灭火，常采用使燃着的物质隔绝空气的办法，通常不能用水。否则，反而会引起更大火灾。在失火初期，不能口吹，必须使用灭火器、砂、毛毡等。若火势小，可用数层抹布把着火的仪器包裹起来。如在小器皿内着火（如烧杯或烧瓶内），可盖上石棉板使之隔绝空气而熄灭，绝不能用口吹。

如果油类着火，要用砂或灭火器灭火。也可撒上干燥的固体碳酸钠或碳酸氢钠粉末，就能扑灭。

如果电器着火，必须先切断电源，然后才用二氧化碳灭火器或四氯化碳灭火器去灭火（注意：四氯化碳蒸气有毒，在空气不流通的地方使用有危险!），因为这些灭火剂不导电，不会使人触电。绝不能用水和泡沫灭火器去灭火，因为水能导电，会使人触电甚至死亡。

如果衣服着火，应立即在地上打滚，盖上毛毡或棉胎一类东西，使之隔绝空气而灭火。

总之，当失火时，应根据起火的原因和火场周围的情况，采取不同的方法扑灭火焰。无论使用哪一种灭火器材，都应从火的四周开始向中心扑灭。

2. 玻璃割伤

玻璃割伤是常见的事故，受伤后要仔细观察伤口有没有玻璃碎粒，若伤势不重，让血流片刻，再用消毒棉花和硼酸水（或双氧水）洗净伤口，搽上碘酒后包扎好；若伤口深，流血不止时，可在伤口上下10厘米之处用纱布扎紧，减慢流血，有助血凝，并随即到医务室就诊。

3. 药品灼伤

（1）酸灼伤

皮肤上——立即用大量水冲洗，然后用5%碳酸氢钠溶液洗涤，再涂上油膏，并将伤口扎好。

眼睛上——抹去溅在眼睛外面的酸，立即用水冲洗，用洗眼杯或将橡皮管套上水龙头用慢水对准眼睛冲洗，再用稀碳酸氢钠溶液洗涤，最后滴入少许蓖麻油。

衣服上——先用水冲洗，再用稀氨水洗，最后用水冲洗。

地板上——先撒石灰粉，再用水冲洗。

（2）碱灼伤

皮肤上——先用水冲洗，然后用饱和硼酸溶液或1%醋酸溶液洗涤，再涂上油膏，并包扎好。

眼睛上——抹去溅在眼睛外面的碱，用水冲洗，再用饱和硼酸溶液洗涤后，滴入蓖麻油。

衣服上——先用水冲洗，然后用10%醋酸溶液洗涤，再用氢氧化铵中和多余的醋酸，最后用水冲洗。

（3）溴灼伤

如溴弄到皮肤上，应立即用酒精和水洗涤，涂上甘油，用力按摩，将伤处包好。如眼睛受到溴的蒸气刺激，暂时不能睁开时，可对着盛有卤仿或酒精的瓶内注视片刻。上述各种急救法，仅为暂时减轻疼痛的措施。若伤势较重，在急救之后，应速送医院诊治。

4. 烫伤

轻伤者涂以玉树油或鞣酸油膏，重伤者涂以烫伤油膏后立即送医务室诊治。

5. 中毒

溅入口中而尚未咽下的应立即吐出来，用大量水冲洗口腔；如吞下时，应根据毒物的性质给以解毒剂，并立即送医院急救。

① 腐蚀性毒物　对于强酸，先饮大量的水，再服氢氧化铝膏、鸡蛋白；对于强碱，也要先饮大量的水，然后服用醋、酸果汁、鸡蛋白。不论酸或碱中毒都需灌注牛奶，不要吃呕吐剂。

② 刺激性及神经性中毒　先服牛奶或鸡蛋白使之缓和，再服用硫酸镁溶液（约 30g 于一杯水中）催吐，有时也可以用手指伸入喉部催吐后，立即送医院。

③ 吸入气体中毒　将中毒者搬到室外，解开衣领及纽扣。吸入少量氯气和溴气者，可用碳酸氢钠溶液漱口。

6. 遇有触电事故，首先应切断电源，然后在必要时，进行人工呼吸。

四、急救用具

消防器材：泡沫灭火器、干粉灭火器、四氯化碳灭火器、二氧化碳灭火器、砂、毛毡、石棉布、棉胎和淋浴用的水龙头。

急救药箱：红汞、紫药水、碘酒、双氧水、饱和硼酸溶液，1%醋酸溶液、5%碳酸氢钠溶液，70%酒精、玉树油、烫伤膏、药用蓖麻油、硼酸膏或凡士林、磺胺药粉、洗眼杯、消毒棉花、纱布、胶布、剪刀、镊子、橡皮管等。

第四节　基础化学实验常用仪器和装置

一、基础化学实验常用普通玻璃仪器

1. 基础化学实验常用的普通玻璃仪器（图 1-1）

2. 基础化学实验常用标准磨口玻璃仪器（图 1-2）

在有机化学实验中特别是在科研上常用到标准磨口玻璃仪器，图 1-2 为一些常用的标准磨口玻璃仪器。标准磨口仪器全部为硬质料制造，配件比较复杂，品种类型以及规格较多，编号有 10、14、19、24、29 等多种，数字是指磨口最大外径（毫米计）。凡属同类型编号规格的接口均可任意互换，由于口塞的标准化、通用化，可按需要选配和组装各种型式的配套仪器。

有的磨口玻璃仪器用两个数字表示，例如：10/30 分别表示磨口最大外径为 10 毫米，磨口长度为 30 毫米。当编号不同而无法连接时，可通过不同编号的磨口接头连接起来。

使用标准口玻璃仪器时要注意以下几点。

① 磨口必须清洁无杂物，否则，磨口连接不密，以致漏气或破损。

② 使用前在磨砂口塞表面涂以少量真空油脂或凡士林，以增强磨砂接口的密合性，避免磨面的相互磨损，同时也便于接口的装拆。

③ 装配时，要注意正确安装，把磨口和磨塞轻微地对旋连接，不宜用力过猛，不能装得太紧，只要达到润滑密闭要求即可。否则易使仪器磨口破损。

④ 用后应立即拆卸洗净。否则，磨口对接处常会粘牢，难以拆卸。

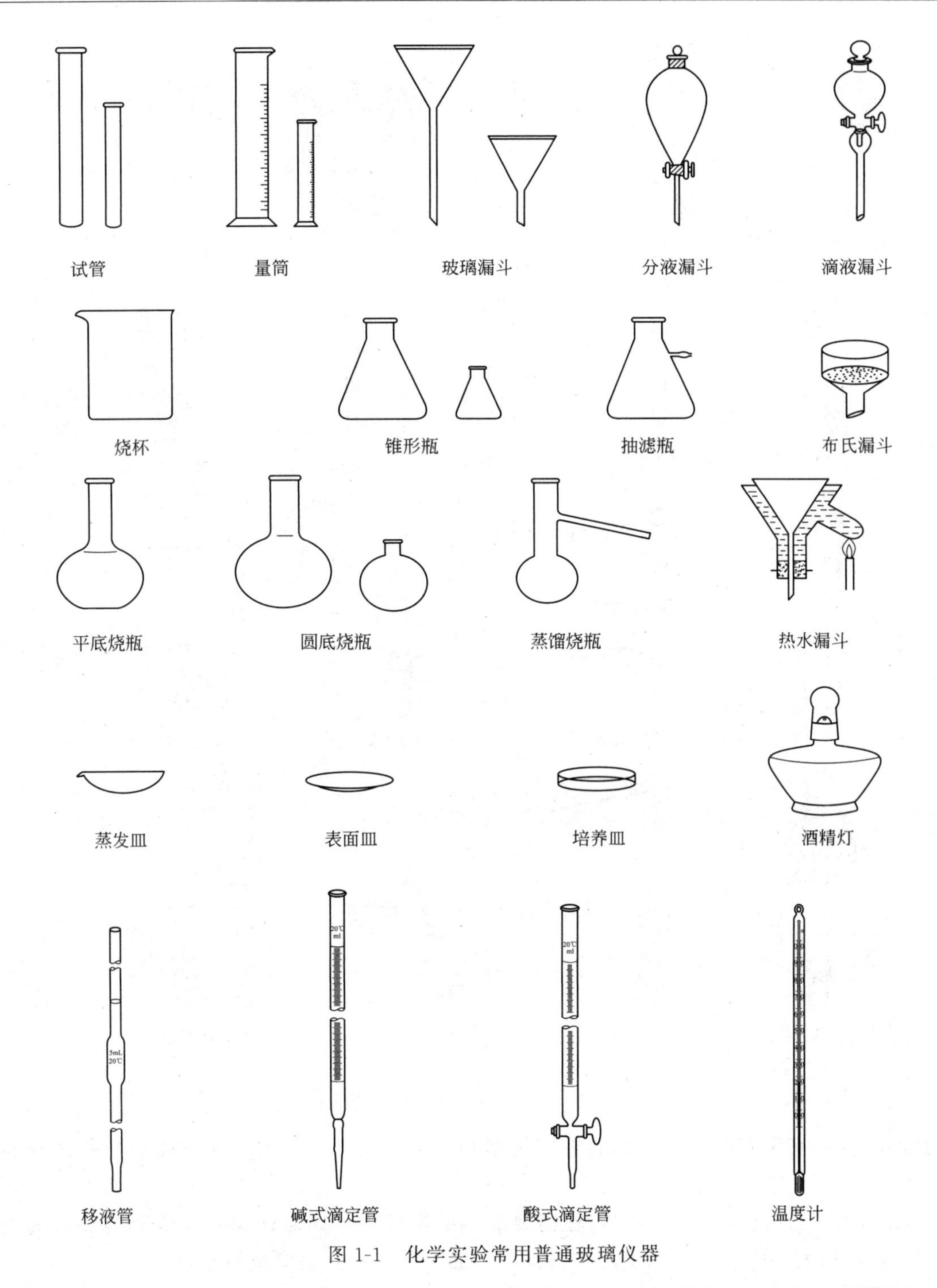

图 1-1　化学实验常用普通玻璃仪器

⑤ 装拆时应注意相对的角度，不能在角度偏差时进行硬性装拆。否则，极易造成破损。

⑥ 磨口套管和磨塞应该是由同种玻璃制成的，迫不得已时，才能用膨胀系数较大的磨口套管。

3. 基础化学实验常用装置（图 1-3）

二、实验仪器的装配

仪器装配的正确与否，对于实验成败有很大关系。

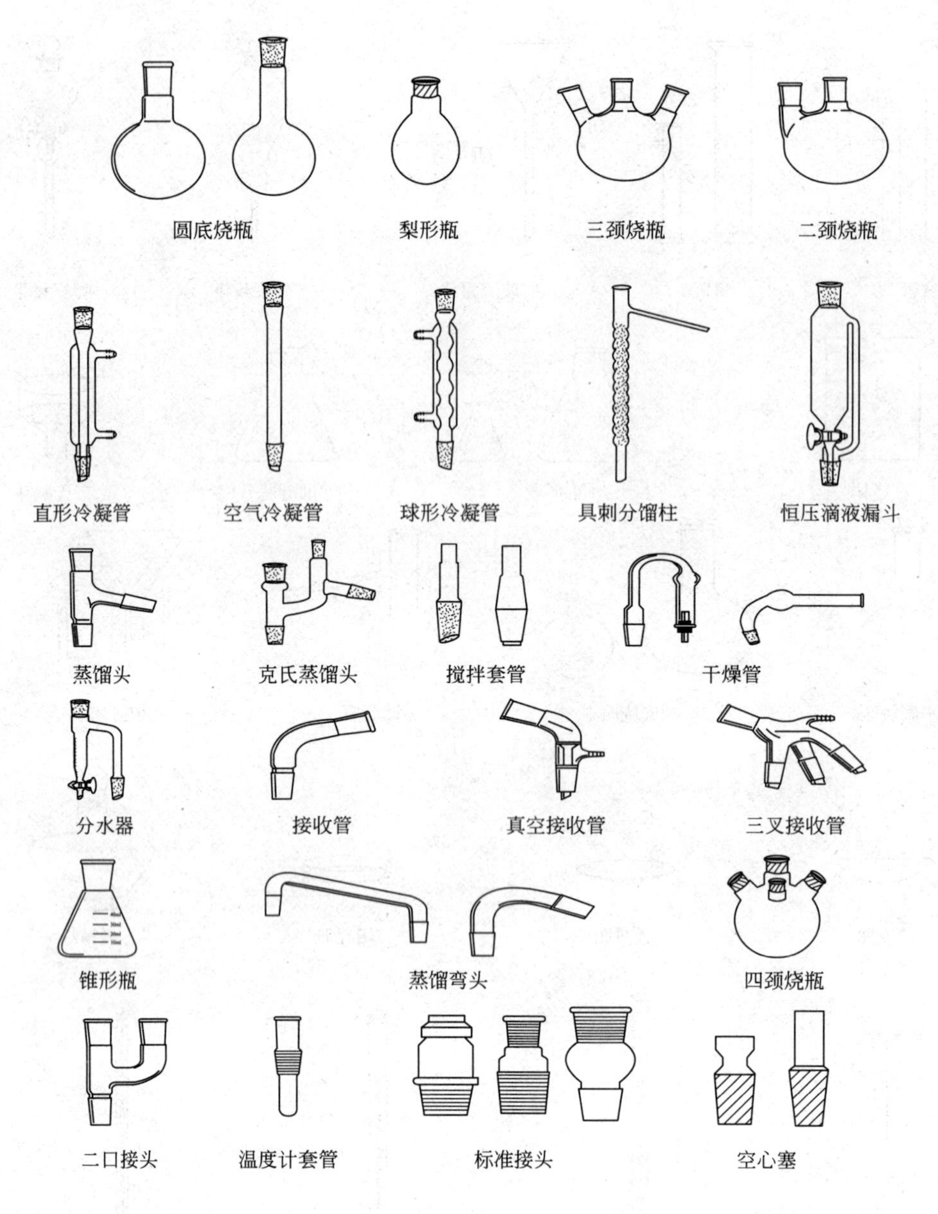

图 1-2　化学实验常用标准磨口玻璃仪器

① 在装配一套装置时，所选用的玻璃仪器和配件都要干净。否则，往往会影响产物的产量和质量。

② 所选用的器材要恰当。例如，在需要加热的实验中，如需选用圆底烧瓶时，应选用坚固的，其容积大小应使所盛的反应物占其容积的 1/2 左右，最多也不超过 2/3。

③ 装配时，应首先选好主要仪器的位置，按照一定的顺序逐个地装配起来，先下后上，从左到右。在拆卸时，按相反的顺序逐个拆卸。

仪器装配要求做到严密、正确、整齐和稳妥。在常压下进行反应的装置，应与大气相通，不能密闭。

铁夹的双钳应贴有橡皮或绒布，或缠上石棉绳、布条等。否则容易将仪器夹坏。密封器是搅拌棒与反应器连接的位置，它可以防止反应器中的蒸气往外逸。

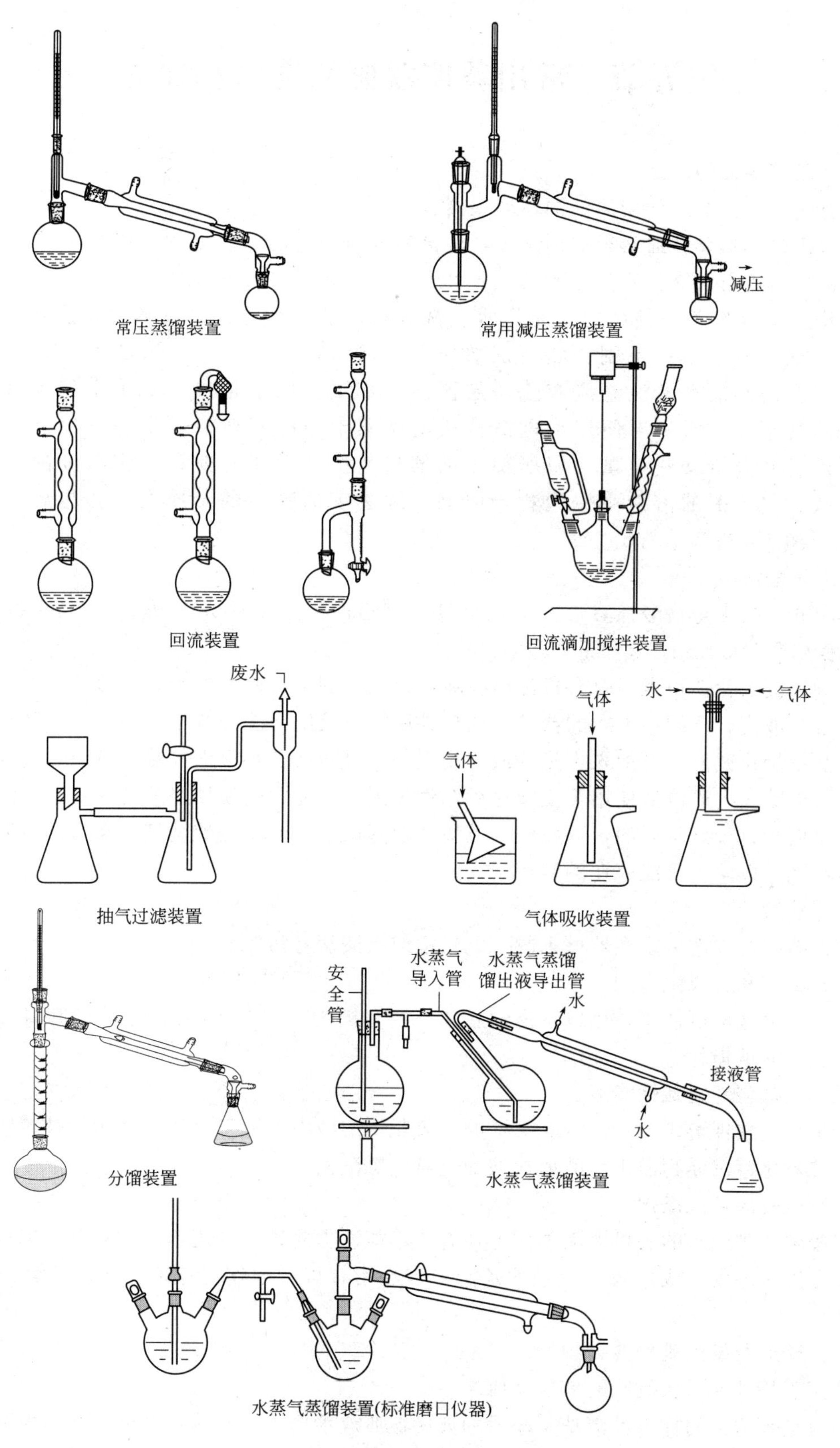

图 1-3　基础化学实验常用装置

第五节　常用玻璃器皿的洗涤和保养

一、玻璃器皿的洗涤

进行化学实验必须使用清洁的玻璃仪器。

实验用过的玻璃器皿必须立即洗涤，应该养成习惯。由于污垢的性质在当时是清楚的，用适当的方法进行洗涤是容易办到的。若日子久了，会增加洗涤的困难。

洗涤玻璃器皿最方便的方法是用水、洗衣粉、洗涤剂等以特制的毛刷进行清洗，但用腐蚀性洗液时则不用毛刷。然后依次用自来水、蒸馏水淋洗。清洗干净后的玻璃器皿表面，在用蒸馏水淋洗时应布上一层薄薄的水膜；如果是挂上一个个的小水珠，则表面未清洗干净。对于不便用毛刷清洗或清洗不干净的器皿，可配制下述清洗液进行化学清洗。对分析某些痕量金属所使用的器皿，洗涤后还需要在一定浓度的盐酸、硝酸溶液或含络合剂的溶液中浸泡相当时间，除去表面吸附的金属离子，然后再用蒸馏水淋洗干净。

（1）铬酸洗液

称取 92g 二水重铬酸钾溶于 460mL 水中，然后慢慢注入 800mL 浓硫酸。另一个配方是把 1L 浓硫酸注入 35mL 饱和重铬酸溶液中。

这种洗液氧化性很强，对有机污垢破坏力很强。倒去器皿内的水，慢慢倒入洗液，转动器皿，使洗液充分浸润不干净的器壁，数分钟后把洗液倒回洗液瓶中，用自来水冲洗。若壁上粘有少量炭化残渣，可加入少量洗液，浸泡一段时间后在小火上加热，直至冒出气泡，炭化残渣可被除去。当洗液使用至变绿色后，就失去洗涤能力。使用铬酸洗液时，被洗涤的器皿带水量应少，最好是干的，以免洗液被稀释而降低效率。用铬酸洗液洗涤后的容器要用清水充分冲洗，以除去可能存在的铬离子。

（2）盐酸

用浓盐酸可以洗去附在器壁上的二氧化锰或碳酸盐等污垢。

（3）碱液和合成洗涤剂

配成浓溶液即可使用，用以洗涤油脂和一些有机物（如有机酸）；但玻璃磨口长期浸在这种洗液中易被损坏。

（4）高锰酸钾的碱性溶液

少量高锰酸钾溶于 100～200g·L^{-1}的氢氧化钠溶液中。适于洗涤带油污的玻璃器皿，但余留的二氧化锰沉淀物需用盐酸或盐酸加过氧化氢洗去。

（5）有机溶剂洗涤剂

当胶状或焦油状的有机污垢如用上述方法不能洗去时，可选用丙酮、乙醚、苯浸泡，要加盖以免溶剂挥发，或用氢氧化钠的乙醇溶液。用有机溶剂作洗涤剂，使用后可回收重复使用。

（6）硫酸及发烟硝酸混合物

适用于特别油污、肮脏的玻璃器皿。

器皿是否清洁的标志：清洗干净后的玻璃器皿放水倒置，水顺着器壁流下，内壁被水均匀润湿有一层既薄又均匀的水膜，不挂水珠；如果是挂上一个个的小水珠，则表示未清洗干净。

二、玻璃仪器的干燥

基础化学实验中经常需要使用干燥的仪器，因此在每次实验后应立即把玻璃仪器洗涤干净并倒置使之干净，以备下次实验使用。干燥玻璃仪器常用的方法如下。

（1）自然风干

自然风干是把洗净的玻璃仪器放在干燥架上自然晾干，是一种常用而简单的干燥玻璃仪器的方法，但干燥速度较慢。

（2）烘干

把玻璃仪器置于烘箱中，应注意：放置玻璃仪器应按从上层依次往下层的顺序放置；器皿口向下；带磨口玻璃塞的仪器，必须取出旋塞；烘箱内的温度最好保持在 100～105℃，约 0.5h；烘箱内的温度降至室温方可取出玻璃仪器。

（3）吹干

若急需用的玻璃仪器，可采用气流烘干器或电吹风快速吹干的方法。将水尽量吹干，少量丙酮或乙醚荡洗并倾出，冷风吹 1～2min，待大部分溶剂挥发后，再吹入热风至完全干燥为止，最后吹入冷风使仪器逐渐冷却。

三、常用仪器的保养

玻璃仪器的种类很多，用途各不相同，必须掌握它们的性能、保养和洗涤方法，才能正确使用，提高实验效果，避免不必要的损失。

（1）温度计

温度计水银球部位的玻璃很薄，容易破损，使用时要特别小心。一是不能用温度计当搅拌棒使用；二是所测温度不能超过温度计的测量范围；三是不能把温度计长时间放在高温的溶剂中，否则，会使水银球变形，读数不准。

温度计用后要让它慢慢冷却，特别在测量高温之后，切不可立即用水冲洗，否则会破裂，或水银柱断裂。应将其悬挂在铁架上，待冷却后把它洗净抹干，放回温度计盒内，盒底要垫上一小块棉花。如果是纸盒，放回温度计时要检查盒底是否完好。

（2）冷凝管

冷凝管通水后很重，所以安装冷凝管时，应将夹子夹在冷凝管重心所在的地方，以免翻倒。洗刷冷凝管时，要用特别的长毛刷，如用洗涤液或有机溶剂洗涤时，则用软木塞塞住一端。不用时应直立放置，使之易干。

（3）蒸馏烧瓶

蒸馏烧瓶的支管容易碰断，故无论在使用时或放置时都要特别注意保护蒸馏烧瓶的支管，支管的熔接处不能直接加热。

（4）分液漏斗

分液漏斗的活塞和盖子都是磨砂口的，若非原配的，就可能不严密，所以，使用时要注意保护它。各个分液漏斗之间也不要互相调换，用后一定要在活塞和盖子的磨砂口间垫上纸片，以免日后难于打开。

（5）砂芯漏斗

砂芯漏斗一般用于抽滤酸性介质中的固体。砂芯漏斗在使用后应立即用水冲洗。难以洗净的污垢可用酸性洗液浸泡一段时间，再用水抽滤冲洗。必要时用有机溶剂来洗。

第六节　基础化学实验的基本操作

一、常用玻璃仪器的洗涤

为了使实验结果正确，必须将仪器洗涤干净，一般洗涤方法如下。

① 试管（或烧杯）用自来水刷洗干净后再用少量蒸馏水漂洗 1～2 次。

② 如果用水洗刷不干净时，需用去污粉擦洗（注意，有刻度仪器不用去污粉需用肥皂水刷洗）。然后再用自来水洗干净，最后用蒸馏水漂洗 1～2 次。洗涤干净的标准，器壁能均匀地被水所润湿而不沾附水珠（图 1-4）。

③ 对一些容积精确形状特殊不便刷洗的仪器，可用洗液（浓硫酸和重铬酸钾饱和溶液等体积配制成）清洗，方法是往仪器内加入少量洗液，将仪器倾斜慢慢转动，使内壁全部为洗液湿润，反复操作数次后把洗液倒回原瓶，然后用自来水清洗，最后用蒸馏水漂洗两次。

二、酒精灯的使用

酒精灯（图 1-5）的温度可达 400～500℃，其火焰温度分布如图 1-6 所示。

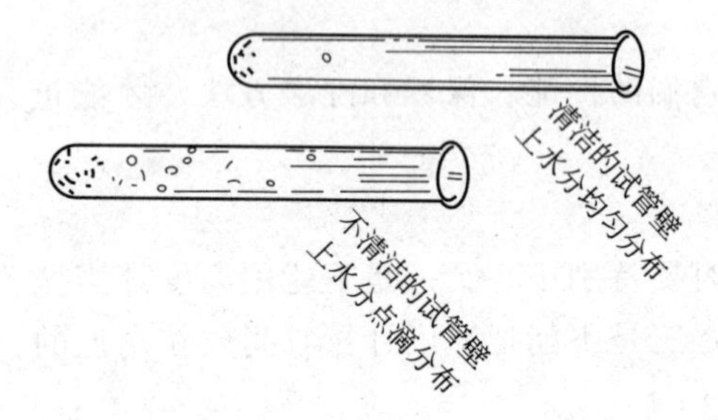

图 1-4　试管的清洁情况

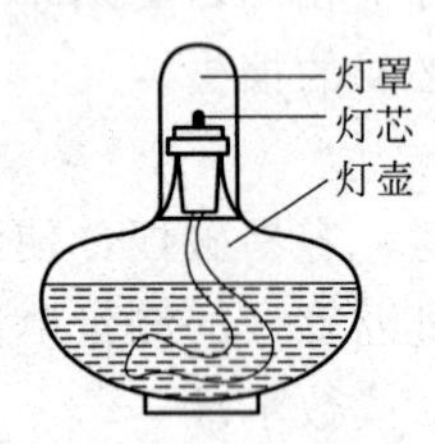

图 1-5　酒精灯

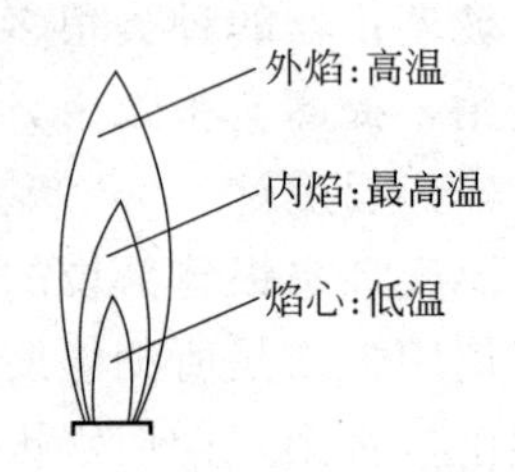

图 1-6　酒精灯火焰的温度分布

酒精灯的使用法：酒精灯一般是玻璃制的，其灯罩带有磨口；不用时，必须将灯罩罩上，以免酒精挥发。酒精易燃，使用时必须注意安全。

点燃时，应该用火柴点燃，切不可用点燃着的酒精灯直接去点燃，否则灯内的酒精会洒出，引起燃烧而发生火灾。熄灭酒精灯的火焰时，切勿用嘴去吹，只要将灯罩盖上即可使火焰熄灭，然后再提起灯罩；待灯口稍冷再盖上灯罩，这样可以防止灯口破裂。

酒精灯内酒精快用完时，必须及时加添。酒精灯内需要添加酒精时，应把火焰熄灭，然后再把酒精加入灯内，但应注意灯内酒精不能装得太满，一般不超过其总容量的 2/3。

三、加热方法

1. 液体加热

当加热液体时，液体不宜超过容器总容量的一半。加热方式有如下两种。

（1）直接加热

① 加热试管中的液体时，一般可直接在火焰上加热（图 1-7）。在火焰上加热试管时，应注意以下几点。

a. 应该用试管夹夹持试管的中上部。试管应稍微倾斜，管口向上，以免烧坏试管夹。

b. 应使液体各部分受热均匀，先加热液体的中上部，再慢慢往下移动，同时不停地上下移动，不要集中加热某一部分，否则将使液体局部受热骤然产生蒸气，液体被冲出管外。

c. 不要将试管口对着别人或自己，以免溶液溅出时把人烫伤。

② 在烧杯、烧瓶等玻璃仪器中加热液体时，玻璃仪器必须放在石棉网上（图 1-8），否则容易因受热不均而破裂。

（2）水浴加热

如果要在一定温度范围下进行较长时间的加热，则可使用水浴（图 1-9）、蒸汽浴（图 1-10）或砂浴等。水浴或蒸汽浴是具有可移动的同心圆盖的铜制水锅［也可用烧杯代替（图 1-9）］。砂浴是盛有细砂的铁盘。应当指出：离心试管由于管底玻璃较薄，不宜直接加热应在热水浴中加热。

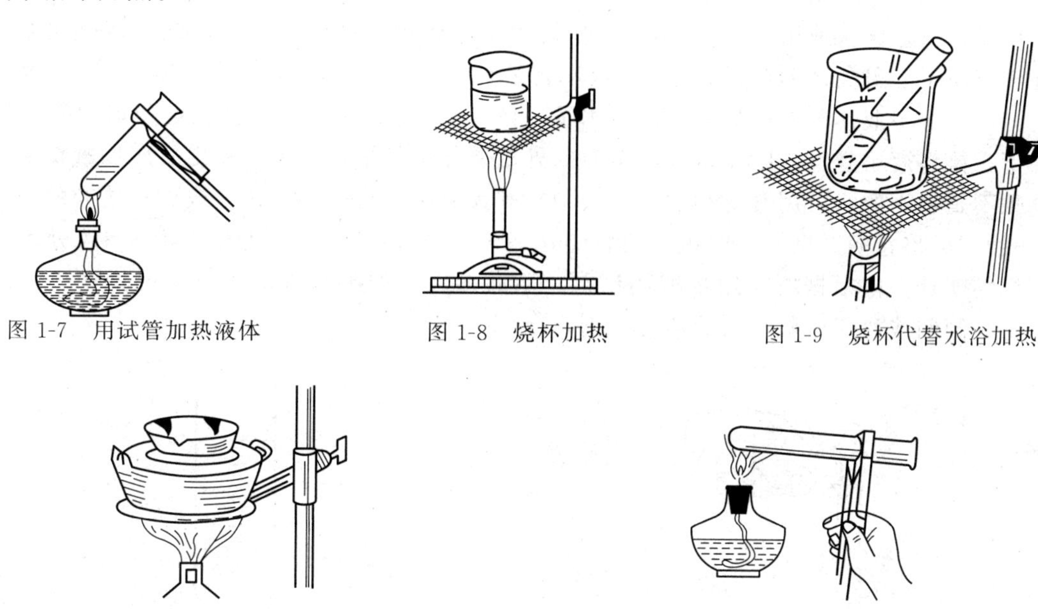

图 1-7 用试管加热液体

图 1-8 烧杯加热

图 1-9 烧杯代替水浴加热

图 1-10 蒸汽浴加热

图 1-11 用试管加热固体

2. 固体加热

① 加热试管中的固体时，必须使试管口稍微向下倾斜、以免凝结在试管上的水珠流到灼热的管底，而使试管炸破。试管可用试管夹夹持起来加热（图 1-11），有时也可用铁夹固定起来加热（图 1-12）。

② 加热较多的固体时，可把固体放在蒸发皿中进行，但应注意充分搅拌，使固体受热均匀。蒸发皿、坩埚灼热时，可放在泥三角上（图 1-13）。如需移动，则必须用坩埚钳夹取。

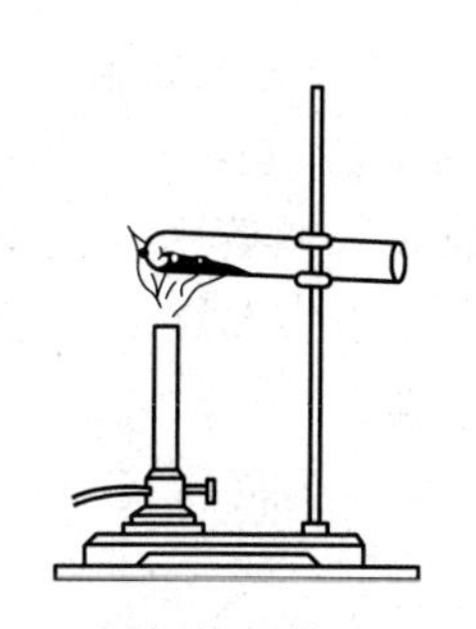

图 1-12 加热试管中的固体

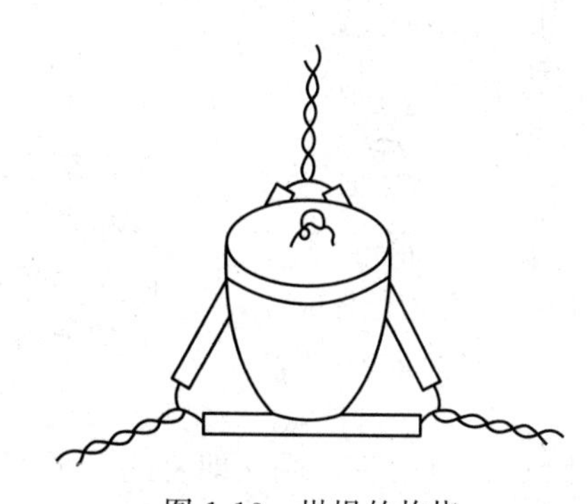

图 1-13 坩埚的灼烧

注意：试管、烧杯、烧瓶、瓷蒸发皿等器皿能承受一定的温度，但不能骤冷或骤热，因此，加热前必须将器皿外壁的水擦干，加热后，不能立即与潮湿的物体接触。

四、试剂的取用

1. 固体试剂的取用

固体试剂需用清洁干燥的药匙取用；药匙的两端为大小两个匙，取大量固体时用大匙，取少量固体时用小匙（取用的固体要放入小试管时，必须用小匙）。

2. 液体试剂取用

(1) 从试剂瓶取用试剂

用左手持量筒（或试管），并用大拇指指示所需体积刻度处。右手持试剂瓶（注意：试剂标签应向手心避免试剂沾污标签），慢慢将液体注入量筒到所指刻度（图 1-14）。读取刻度时，视线应与液体凹面的最低处保持水平（图 1-15）。倒完后，应将试剂瓶口在容器壁上靠一下，再将瓶子竖直，以免试剂流至瓶的外壁。如果是平顶塞子，取出后应倒置桌上，如瓶塞顶不是扁平的，可用食指和中指（或中指和无名指）将瓶塞夹住（或放在洁净的表面皿上），切不可将它横置桌上。取用试剂后应立即盖上原来的瓶塞，把试剂瓶放回原处，并使试剂标签朝外，应根据所需用量取用试剂，不必多取，如不慎取出了过多的试剂，只能弃去，不得倒回或放回原瓶，以免沾污试剂。

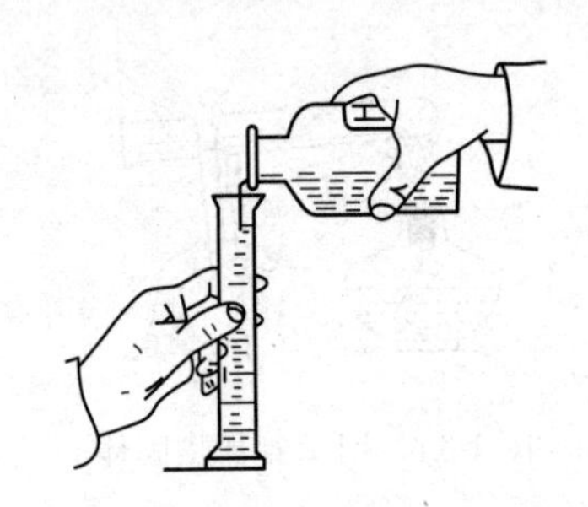

图 1-14 平顶瓶塞试剂瓶的操作

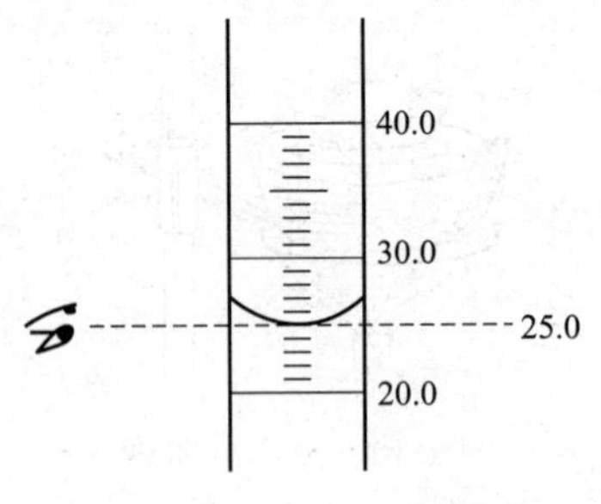

图 1-15 液面视图

(2) 从滴瓶中取用少量试剂

瓶上装有滴管的试剂瓶称作滴瓶。滴管上部装有橡皮头，下部为细长的管子。使用时，提起滴管，使管口离开液面，用手指紧捏滴管上部的橡皮头，以赶出滴管中的空气，然后把滴管伸入试剂瓶中，放开手指，吸入试剂。再提起滴管将试剂滴入试管或烧杯中。

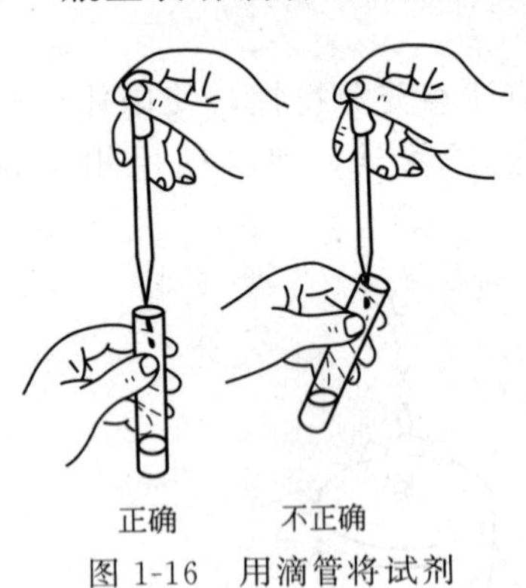

图 1-16 用滴管将试剂加入试管中

使用滴瓶时，必须注意下列各点。

① 将试剂滴入试管中时，可用无名指和中指夹住滴管，将它悬空地放在靠近试管口的上方（图 1-16），然后用大拇指和食指掐捏橡皮头，使试剂滴入试管中。绝对禁止将滴管伸入试管中。否则，滴管的管端很容易碰到试管壁上面沾附了其他溶液。以致使试剂被污染。

② 滴瓶上的滴管只能专用，不能和其他滴瓶上的滴管搞错。因此，使用后，应立即将滴管插回原来的滴瓶中。

③ 滴管从滴瓶中取出试剂后，应保持橡皮头在上，不要平放或斜放，以免试液流入滴管的橡皮头。

五、沉淀的分离和洗涤

1. 过滤法

当溶液中有沉淀而又要把它与溶液分离时，常用过滤法。

（1）普通过滤（常压过滤）

普通过滤中最常用的过滤器是贴有滤纸的漏斗。先将滤纸对折两次（若滤纸不是圆形的，此时应剪成扇形），拨开一层即成圆锥形，内角成60°（标准的漏斗内角为60°，若漏斗角度不标准应适当改变滤纸折叠的角度，使能配合所用漏斗）。一面是三层，一面是一层（图1-17）。再把这圆锥形滤纸平整地放入干净的漏斗中（漏斗宜干，若需先用水洗涤干净，可在洗涤后再用滤纸碎片擦干），使滤纸与漏斗壁靠紧，用左手食指按住滤纸（图1-18），右手持洗瓶挤水使滤纸湿润，然后用清洁玻璃棒轻压，使之紧贴在漏斗壁上，此时滤纸与漏斗应当密合，其间不应留有空气泡。一般滤纸边应低于漏斗边3～5毫米，将漏斗放在漏斗架上，下面承以接收滤液的容器，使漏斗颈末端与容器壁接触，过滤时采用倾析法，即过滤前不要搅拌溶液，过滤时先将上层清液沿着玻璃棒靠近三层滤纸这一边（注意玻璃棒端不接触滤纸）慢慢倾入漏斗中，然后将沉淀转移到滤纸上，这样不使沉淀物堵塞滤孔，可节省过滤时间，倾入溶液时，应注意使液面低于滤纸边缘约1厘米，切勿超过滤纸边缘。过滤完毕后，从洗瓶中挤出少量水淋洗盛放沉淀的容器及玻璃棒（玻璃棒未洗前不能随便放在桌子上），洗涤液也必须全部滤入接收器中，如果需过滤的混合物中含有能与滤纸作用的物质（如浓硫酸），则可用石棉或玻璃丝在漏斗中铺成薄层作为滤器。

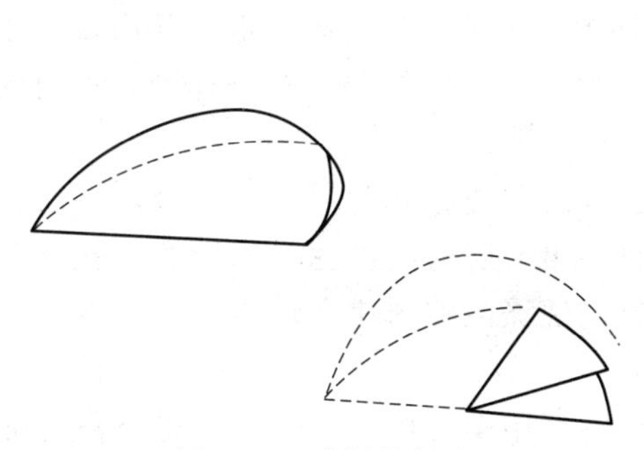

图1-17　滤纸的折法

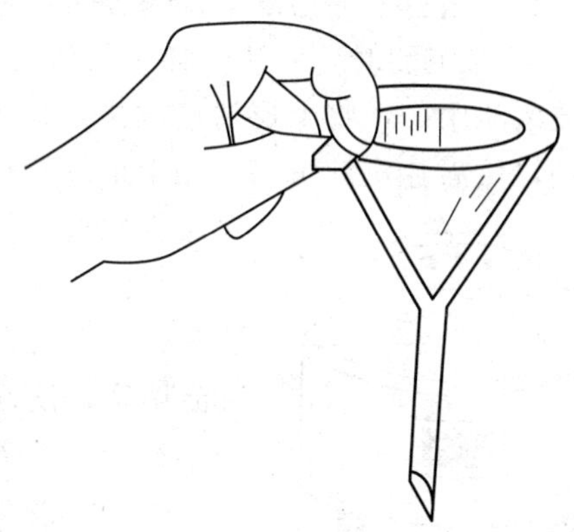

图1-18　用手指按住滤纸

（2）吸滤法过滤（减压过滤或抽气过滤）

为了加速过滤，常用吸滤法过滤。吸滤装置由吸滤瓶、布氏漏斗、安全瓶和水压真空抽气管（亦称水泵）组成。水泵一般是装在实验室中的自来水龙头上。

布氏滤斗是瓷质的，中间为具有许多小孔的瓷板，以便使溶液通过滤纸从小孔流出。布氏漏斗必须装在橡皮塞上，橡皮塞的大小应和吸滤瓶的口径相配合，橡皮塞塞进吸滤瓶的部分一般不超过整个橡皮塞高度的1/2。如果橡皮塞太小而几乎能全部塞进吸滤瓶，则在吸滤时整个橡皮塞将被吸进吸滤瓶而不易取出。

吸滤瓶的支管用橡皮管和安全瓶的短管相连接，而安全瓶的长管则和水泵相连接，安全瓶的作用是防止水泵中的水产生溢流而倒灌入吸滤瓶中。这是因为在水泵中的水压有变动时，常会使水溢流出来，在发生这种情况时，可将吸滤瓶和安全瓶拆开，将安全瓶中的水倒出，再重新把它们连接起来。如不要滤液，也可不用安全瓶。

吸滤操作必须按照下列步骤进行。

① 做好吸滤前准备工作，检查装置。

a. 安全瓶的长管接水泵，短管接吸滤瓶；

b. 布氏漏斗的颈口应与吸滤瓶的支管相对，便于吸滤。

② 贴好滤纸　滤纸的大小应剪得比布氏漏斗的内径略小，以能恰好盖住瓷板上的所有小孔为度。先由洗瓶挤出少量蒸馏水润湿滤纸，微启水龙头，稍微抽吸。使滤纸紧贴在漏斗的瓷板上，然后开大水龙头进行抽气过滤。

③ 过滤时，应该用倾析法，先将澄清的溶液沿玻璃棒倒入漏斗中，滤完后再将沉淀移入滤纸的中间部分。

④ 过滤时，吸滤瓶内的滤液面不能达到支管的水平位置，否则滤液将被水泵抽出。因此，当滤液快上升至吸滤瓶的支管处时，应拔去吸滤瓶上的橡皮管，取下漏斗，从吸滤瓶的上口倒出滤液后再继续吸滤，但须注意，从吸滤瓶的上口倒出滤液时，吸滤瓶的支管必须向上。

⑤ 在吸滤过程中，不得突然关闭水龙头，如欲取出滤液，或需要停止吸滤，应先将吸滤瓶支管的橡皮管拆下，然后再关上水龙头，否则水将倒灌，进入安全瓶。

⑥ 在布氏漏斗内洗涤沉淀时，应停止吸滤，让少量洗涤剂缓慢通过沉淀，然后进行吸滤。

⑦ 为了尽量抽干漏斗上的沉淀，最后可用一个平顶的试剂瓶塞挤压沉淀。

过滤完后，应先将吸滤瓶支管的橡皮管拆下再关闭水龙头，再取下漏斗；将漏斗的颈口朝上，轻轻敲打漏斗边缘，即可使沉淀脱离漏斗，落入预先准备好的滤纸上或容器中。

⑧ 洗涤沉淀时，先让烧杯中的沉淀充分沉降，然后将上层清液沿玻璃棒小心倾入另一容器或漏斗中，或将上层清液倾去，让沉淀留在烧杯中。由洗瓶吹入蒸馏水，并用玻璃棒充分搅动，然后让沉淀沉降，用上面同样的方法将清液倾出，让沉淀仍留在烧杯中。再由洗瓶吹入蒸馏水进行洗涤。这样重复数次。

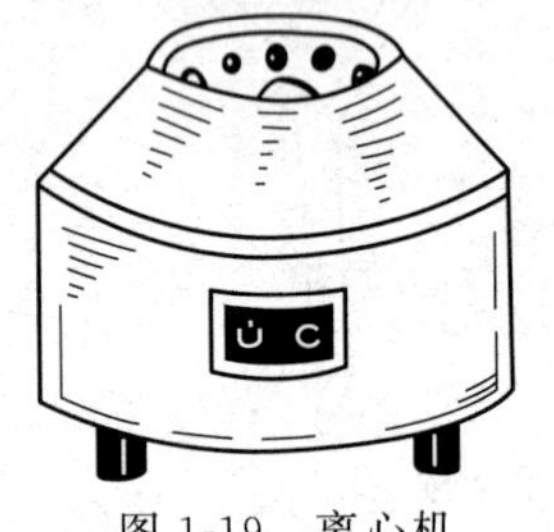

图 1-19　离心机

这样洗涤沉淀的好处：沉淀和洗涤液能很好地混合，杂质容易洗净；沉淀留在烧杯中，只倾出上层清液过滤，滤纸的小孔不会被沉淀堵塞，洗涤液容易过滤，洗涤沉淀的速度较快。

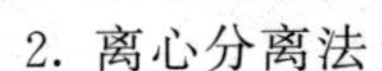

2. 离心分离法

少量溶液与沉淀的混合物可用离心机（图 1-19）进行离心分离以代替过滤，操作简单而迅速。

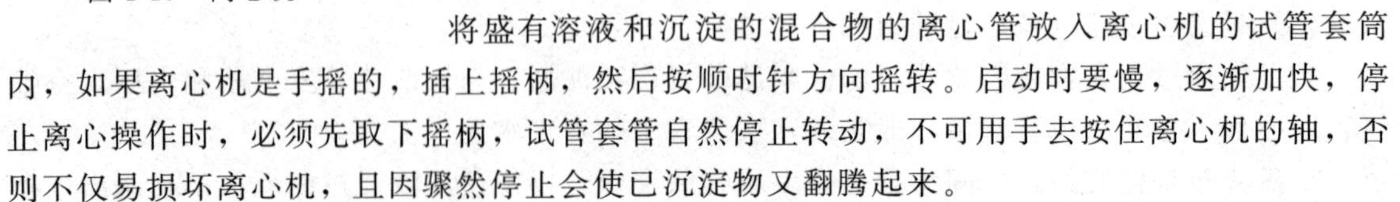

将盛有溶液和沉淀的混合物的离心管放入离心机的试管套筒内，如果离心机是手摇的，插上摇柄，然后按顺时针方向摇转。启动时要慢，逐渐加快，停止离心操作时，必须先取下摇柄，试管套管自然停止转动，不可用手去按住离心机的轴，否则不仅易损坏离心机，且因骤然停止会使已沉淀物又翻腾起来。

为了防止由于两支管套中重量不均衡所引起的振动而造成轴的磨损，必须在放入离心管的对面位置上放一同样大小的试管，内中装有与混合物等体积的水，以保持平衡（电动离心机的使用方法和注意事项与手摇式离心机基本相同）。

离心操作完毕后，从套管中取出离心试管，再取一小滴管，先捏紧其橡皮头，然后插入试管中，插入的深度以尖端不接触沉淀为限（图 1-20）。然后慢慢放松捏紧的橡皮头，吸出溶液，移去。这样反复数次，尽可能把溶液移去，留下沉淀。

如要洗涤试管中存留的沉淀，可由洗瓶挤入少量蒸馏水，用玻璃棒搅拌，再进行离心沉降后按上法将上层清液尽可能地吸尽。重复洗涤沉淀 2～3 次。

六、滴定操作

滴定操作中需使用容量瓶、移液管和滴定管等。与量筒相比，容量瓶、移液管和滴定管有较高的精确度，容积在 100mL 以下的这些滴定仪器的精度一般可到 0.01mL。

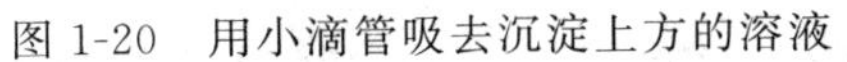
图 1-20　用小滴管吸去沉淀上方的溶液

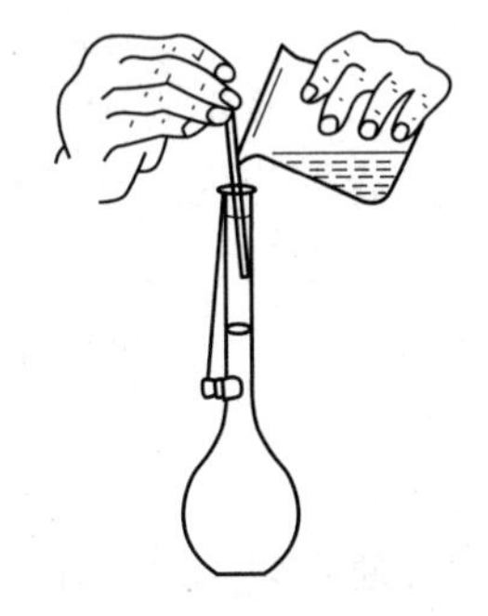
图 1-21　将溶液沿玻璃棒注入容量瓶中

1. 容量瓶

容量瓶是用来精确地配制一定体积和一定浓度的溶液的量器。如果是用浓溶液（尤其是浓硫酸）配制稀溶液，应先在烧杯中加入少量去离子水，将一定体积的浓溶液沿玻璃棒分数次慢慢地注入水中，每次注入浓溶液后，应搅拌。如果是用固体溶质配制溶液，应先将固体溶质放入烧杯中用少量去离子水溶解，然后，将杯中的溶液沿玻璃棒小心地注入容量瓶中（图 1-21），再从洗瓶中挤出少量水淋洗烧杯及玻璃棒 2～3 次，并将每次淋洗的水注入容量瓶中。最后，加水到标准线处。但需注意，当液面将接近标准线时，应使用滴管小心地逐滴将水加到标线处（注意：观察时视线、液面与标线均应在同一水平面上）。塞紧瓶塞，将容量瓶倒转数次（此时必须用手指压紧瓶塞，以免脱落），并在倒转时加以摇荡，以保证瓶内溶液浓度上下各部分均匀。瓶塞是磨口的，不能张冠李戴，一般可用橡皮圈系在瓶颈上。

2. 滴定管

滴定管主要是滴定时用作精确量度液体的量器，刻度由上而下，与量筒刻度相反。常用滴定管的容量限度为 50mL，刻度为 0.1mL，而读数可估计到 0.01mL。

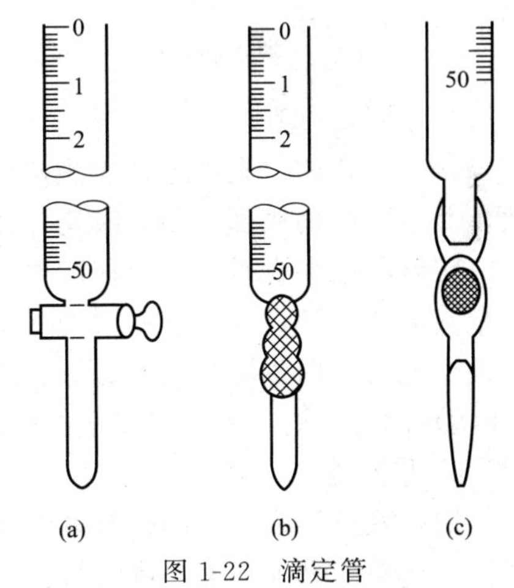

图 1-22　滴定管

滴定管的阀门有两种（图 1-22），一种是玻璃活塞如图 1-22(a)，另一种是装在橡皮管中的玻璃小球如图 1-22(b)。对前者，旋转玻璃活塞（切勿将活塞横向移动，以致活塞松开或脱出，使液体从活塞旁边漏失），可使液体沿活塞当中的小孔流出；对后者，用大拇指与食指稍微捏挤玻璃小球旁侧的橡皮管，使之形成一缝隙如图 1-22(c)，液体即可从缝隙流出。若要量度对玻璃有侵蚀作用的液体如碱液，只能使用带橡皮管的滴定管（碱式滴定管）。若要量度能侵蚀橡皮的液体如 $KMnO_4$、$AgNO_3$ 溶液等，则必须使用带玻璃塞的滴定管（酸式滴定管）。

3. 滴定管的使用

（1）洗涤

使用滴定管前先用自来水洗，再用少量蒸馏水淋洗 2～3 次，每次 5～6mL，洗净后，管的内壁上不应附着有液滴，如果有液滴需用肥皂水或洗液洗涤，再用自来水、蒸馏水洗涤，最后用少量滴定用的待装溶液洗涤两次，以免加入滴定管内的待装溶液被附于壁上的蒸馏水稀释而改变浓度。

（2）装液

将待装溶液加入滴定管中到刻度“0”以上，开启旋塞或挤压玻璃圆球，把滴定管下端的气泡逐出，然后把管内液面的位置调节到刻度“0”。把滴定管下端的气泡逐出的方法如下：如果是酸式滴定管，可使滴定管倾斜（但不要使溶液流出），启开旋塞，气泡就容易被流出的溶液逐出；如果是碱式滴定管，可把橡皮管稍弯向上（图 1-23），然后挤压玻璃圆球，气泡也可被逐出。

（3）读数

常用滴定管的容量为 50mL，每一大格为 1mL，每一小格为 0.1mL，管中液面位置的读数可读到小数点后两位，如 34.43mL。读数时，滴定管应保持垂直。视线应与管内液体凹面的最低处保持水平，偏高偏低都会带来误差。读数时，可以在滴定液体凹面的后面衬一张白纸，以便于观察（图 1-24）。注意：滴定前后均需记录读数。

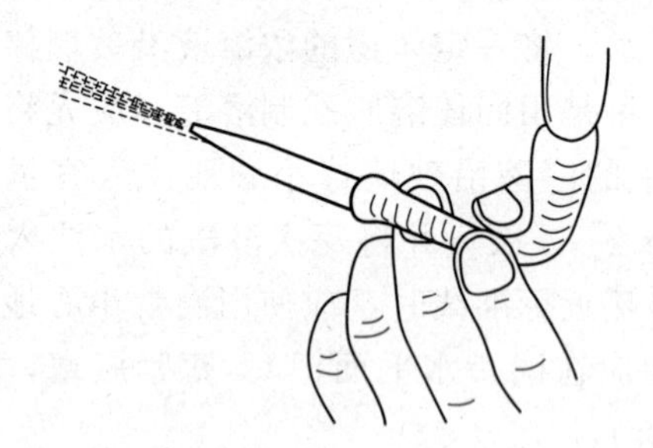

图 1-23　碱式滴定管排气泡方法

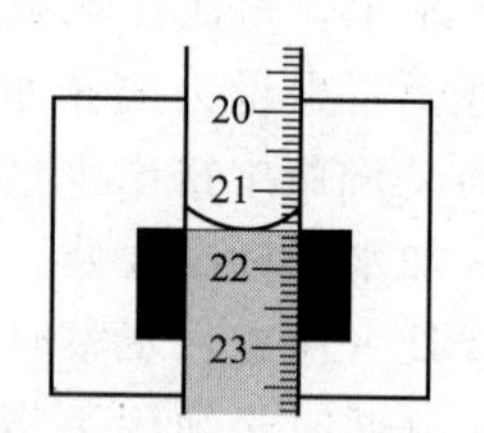

图 1-24　滴定管读数

（4）滴定

滴定开始前，先把悬挂在滴定管尖端的液滴除去，滴定时用左手控制阀门，右手持锥形瓶，并不断摇荡底部，使溶液均匀混合（图 1-25）。

将到滴定终点时，滴定速度要慢，最后要一滴一滴地滴入，防止过量，并且要用洗瓶挤少量水淋洗瓶壁，以免有残留的液滴未起反应。为了便于判断终点时指示剂颜色的变化，可把锥形瓶放在白色瓷板或白纸上观察。最后，必须待滴定管内液面完全稳定后，方可读数（在滴定刚完毕时，常有少量沾在滴定管壁上的溶液仍在继续下流）。

4. 移液管

用移液管移取液体的操作方法是把移液管的尖端部分深深地插入液体中，用左手拿洗耳球把液体慢慢吸入管中，待溶液上升到标线以上约 2cm 处立即用食指（不要用大拇指）按住管口。将移液管竖直离开液面，如图 1-26(a)，微微移动食指或用大拇指和中指轻轻转动移液管，使管内液体的弯月面慢慢下降到标线处（注意：视线、液面、标线均应在同一水平面上），立即压紧管口；若管尖挂有液滴，可使管尖与容器壁接触使液滴落下，把移液管移入另一容器（如锥形瓶）中，并使管尖与容器壁接触，放开食指让液体自由流出如图 1-26(b)；待管内液体不再流出后，稍停片刻（约十几秒钟），再把移液管拿开；此时遗留在管内的液滴不必吹出，因移液管的容量只计算自由流出液体的体积，刻制标线时已把留在管内的液滴考虑在内了。

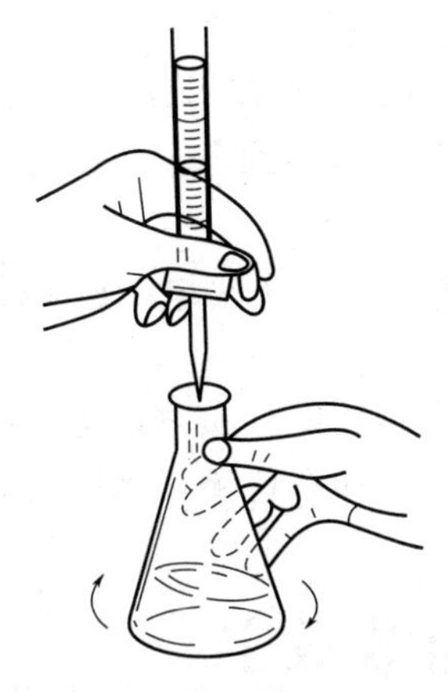

图 1-25 酸式滴定管的操作

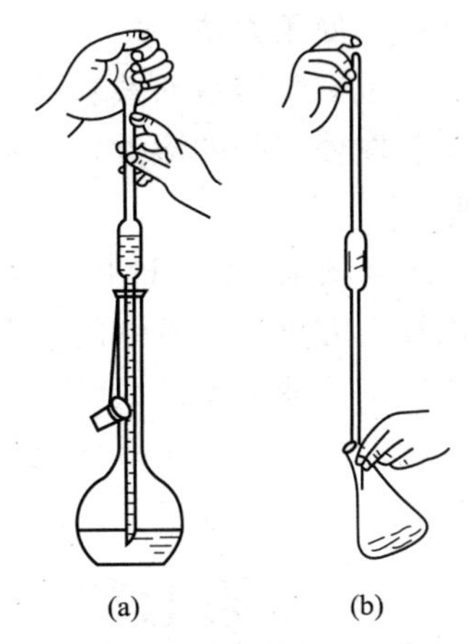

图 1-26 移液管的使用

移液管在使用前的洗涤方法与滴定管相仿，除分别用洗涤液、水及去离子水洗涤外，还需用少量被移取的液体洗涤。可先慢慢地吸入少量洗涤的水或液体至移液管中，用食指按住管口，然后将移液管平持，松开食指，转动移液管，使洗涤的水或液体与管口以下的内壁充分接触，再将移液管持直，让洗涤水或液体流出，如此反复洗涤数次。

用移液管吸取有毒或有恶臭的液体时，必须用配有洗耳球或其他装置的移液管。

此外，为了精确地移取小量的不同体积（如 1.00mL、2.00mL、5.00mL 等）的液体，也常用标有精细刻度的吸量管。吸量管的使用方法与移液管相仿。

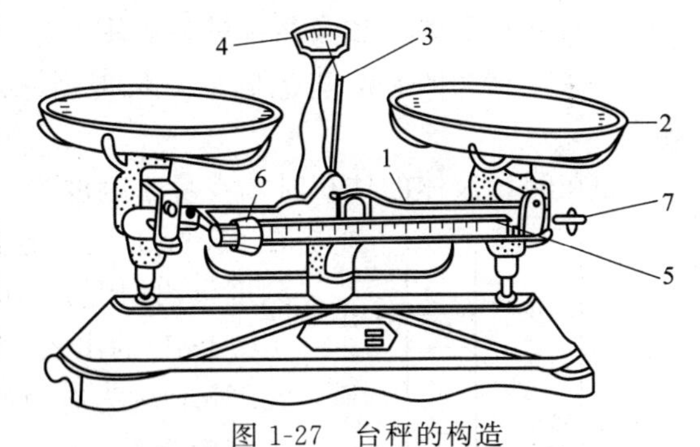

图 1-27 台秤的构造

1—横梁；2—托盘；3—指针；4—刻度盘；5—游码标尺；6—游码；7—平衡调节螺丝

七、台秤的使用法

台秤的构造如图 1-27 所示。

1. 使用前的检查工作

先将游码拨至游码标尺左端“0”处，观察指针摆动情况。如果指针在刻度尺的左右摆动距离几乎相等，即表示台秤可以使用；如果指针在刻度的左右摆动的距离相差很大，则应将调节零点的螺丝加以调节后方可使用。

2. 物品称量

① 称量的物品放在左盘，砝码放在右盘。

② 先加大砝码，再加小砝码，最后（在 10g 以内）用游码调节，至指针在刻度尺左右两边摇摆的距离几乎相等时为止。

③ 记下砝码和游码的数值至小数点后第一位，即得所称物品的质量。

④ 称固体药品时，应在两盘内各放一张重量相仿的蜡光纸，然后用药匙将药品放在左盘的纸上（称 NaOH、KOH 等易潮解或有腐蚀性的固体时，应衬以表面皿）。称液体药品时，要用已称过重量的容器盛放药品，称法同前（注意：台秤不能称量热的物体）。

3. 称量后的结束工作

称量后，把砝码放回砝码盒中，将游码退到刻度“0”处、取下盘上的物品。

台秤应保持清洁，如果不小心把药品撒在台秤上，必须立刻清除。

八、试纸的使用方法

用石蕊试纸试验溶液的酸碱性时，先将石蕊试纸剪成小条，放在干燥清洁的表面皿上，再用玻璃棒蘸取要试验的溶液，滴在试纸上，然后观察石蕊试纸的颜色，切不可将试纸投入溶液中试验。

用 pH 试纸试验溶液 pH 的方法与石蕊试纸相同，但最后需将 pH 试纸所显示的颜色与标准颜色比较，方可测得溶液的 pH。

用石蕊试纸、醋酸铅试纸与碘化钾淀粉试纸试验挥发性物质的性质时，将一小块试纸润湿后粘在玻璃棒的一端，然后用此玻璃棒将试纸放到试管口，如有待测气体逸出则变色。

第七节　化学计算中的有效数字

在化学实验中，经常要根据实验测得的数据进行化学计算，但是在测定实验数据时，应该用几位有效数字？在化学计算时，计算的结果应该保留几位有效数字？这些都是需要首先解决的问题。为了解决这两个问题，需要了解有效数字的概念及其运算规则。

一、有效数字的概念及其位数的确定

具有实际意义的有效数字位数，是根据测量仪器和观察的精确程度来决定的。现举例说明。

例如在测量液体的体积时，在最小刻度为 1mL 的量筒中测得该液体的弯月面最低处是在 25.3mL 的位置如图 1-28(a) 所示，其中 25 是直接由量筒的刻度读出时是准确的，而 0.3mL 是由肉眼估计的，它可能有 ±0.1mL 的出入，是可疑的。而该液体的液面在量筒中的读数 25.3mL 均为有效数字，故有效数字为三位。如果该液体在最小刻度为 0.1mL 的滴定管中测量时，它的弯月面最低处是在 25.35mL 的位置，如图 1-28(b) 所示，其中 25.3mL 是直接从滴定管的刻度读出的，是准确的，而 0.05mL 是由肉眼估计的，它可能有 ±0.01mL 的出入，是可疑的，而该液体的液面在滴定管中的读数 25.35mL 均为有效数字，故有效数字为四位。从以上例子可知，从仪器上能直接读出（包括最后一位估计读数在内）的几位数字叫作有效数字。实验数据的有效数字与测量用的仪器的精确度有关。由于有效数字中的最后一位数字已经不是十分准确的，因此任何超过或低于仪器精确程度的有效位数的数字都是不恰当的。例如在台秤上读出的 5.6g，不能写作 5.6000g；在分析天平上读出的数值恰巧是 5.6000g，也不能写 5.6g，这是因为前者夸大了实验的精确度，后者缩小了实验的精确度。

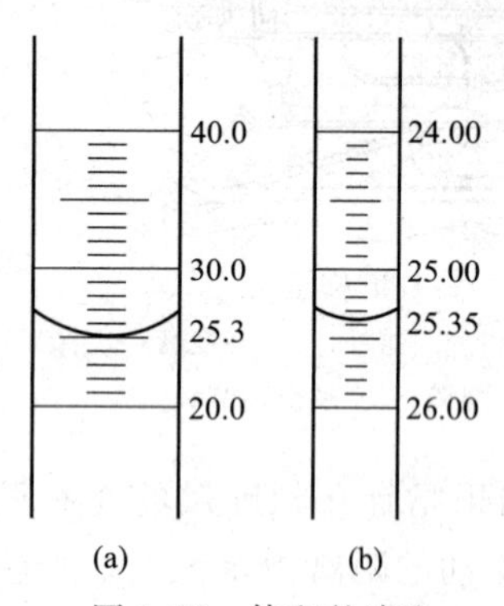

图 1-28　体积的读取

移液管只有一根刻度，其精确度如何？例如 25mL 移液管其精确度规定为 ±0.01mL，即读数为 25.00mL，不能读作 25mL。同样，容量瓶也只有一根刻度，如 50mL，容量瓶其精确度规定为 ±0.01mL，其读数为 50.00mL。

由上述可知，有效数字与数学上的数有着不同的含义，数学上的数仅表示大小，有效数字则不仅表示量的大小，而且还反映了所用仪器的精确度，各种仪器，由于测量的精确度不同，其有效数字表示的位数也不同。

我们经常需要知道别人报出的测量结果的有效数字的位数，现以下例推断说明。

例： 某教师要求学生称量一金属块，在学生报告的质量记录中有下列数据。

20.03g； 0.02003kg； 20.0g； 20g。

上述情况各是几位有效数字？

解： 报告20.03g的学生显然相信，四位数字的每一位都是有意义的，他给出了四位有效数字。

报告0.02003kg的学生也给出四位有效数字。紧靠小数点两侧的“0”没有意义，它的存在，只不过是因为此处质量是用“kg”而不是用“g”表示罢了。

报告20.0g的学生给出了三位有效数字，他将“0”放在小数点之后，说明金属块称准至0.1g。

我们无法确认“20g”所具有的有效数字。有可能这个学生将金属块称准至克并想表示两位有效数字，但也可能他想告诉我们他的天平只称到17g，在这种情况下，“20g”中只有第一位数是有效的，为避免这种混淆，可用指数表示法给出质量，即：2.0×10^{1}g（两位有效数字）；2×10^{1}g（一位有效数字）。采用指数表示法表示数字时，测量所得的有效数字位数就等于给出数字的位数。

可见“0”在数字中是否是有效数字与“0”在数字中的位置有关。

（1）“0”在数字前，仅起定位作用，“0”本身不是有效数字，如0.0275中，数字2前的两个“0”都不是有效数字，所以0.0275是三位有效数字。

（2）“0”在数字中，是有效数字，如2.0065中的两个“0”都是有效数字，2.0065是五位有效数字。

（3）“0”在小数点的数字后，是有效数字，如6.5000中的三个“0”都是有效数字，6.5000是五位有效数字。

思考：0.0030是几位有效数字？

（4）如54000g或2500mL等以“0”结尾的正整数中，就很难说“0”是有效数字或非有效数字，有效数字的位数不确定，如54000可能是二位、三位、四位甚至五位有效数字。这种数应根据有效数字情况用指数形式表示，以10的方次前面的数字代表有效数字。

如：二位有效数字则写成5.4×10^{4}，三位有效数字则写成5.40×10^{4}等。

此外，在化学计算中一些不需经过测量所得的数值如倍数或分数等的有效数字位数，可认为无限制，即在计算中需要几位就可以写几位。

二、有效数字的运算规则

1. 加减法

在计算几个数字相加或相减时，所得的和或差的有效数字中小数的位数应与各加减数中小数的位数最少者相同。

例如：2.0114＋31.25＋0.357＝33.62

```
   2.0114
  31.25
+  0.357
---------
  33.6184 → 33.62
```

（可疑数以“ ”标出）

可见小数位数最少的数是 31.25，其中的“5”已是可疑，相加后使得和 33.6184 中的“1”也可疑，因此再多保留几位已无意义，也不符合有效数字只保留一位可疑数字的原则，这样相加后，按“四舍五入”[1] 的规则处理，结果应是 33.62。一般情况，可先取舍后运算，即：

```
  2.0114→2.01
   31.25→31.25
   0.357→+0.36
 ─────────────
         33.62
```

2. 乘除法

在计算几个数相乘或相除时，其积或商的有效数字位数，应与各数值中有效数字位数最少者相同，而与小数点的位置无关。

例：1.202×21=25

```
    1.20[2]
    ×2 [1]
 ──────────
   [1202]
  240[4]
 ──────────
  2[5.442]→25
```

显然，由于 21 中的“1”是可疑的，使得积 25.242 中的“5”也可疑，所以保留两位即可，其余按“四舍五入”处理，结果是 25。也可先取舍后运算，即：

```
 1.202→1.2
       ×21
 ──────────
        12
       24
 ──────────
      25.2→25
```

3. 对数

进行对数运算时，对数值的有效数字只由尾数部分的位数决定，首数部分为 10 的幂数，不是有效数字。

如：2345 为四位有效数字，其对数，lg2345=3.3701，尾数部分仍保留四位。

首数“3”不是有效数字，故不能记成：lg2345=3.370，这只有三位有效数字，就与原数 2345 的有效数字位数不一致了。

例如：pH 值的计算

若 $c(H^+)=4.9\times10^{-11}\,mol\cdot L^{-1}$，是两位有效数字，所以 $pH=-\lg c(H^+)=10.31$，有效数字仍只两位，反之，由 pH=10.31 计算氢离子浓度时，也只能记作 $c(H^+)=4.9\times10^{-11}$，而不能记成 4.898×10^{-11}。

[1] 现有根据“四舍六入五成双”来处理的。即凡末位有效数字后边的第一位数字大于 5，则在其前一位上增加 1；小于 5 则弃去不计；等于 5 时，如前一位为奇数，则增加 1，如前一位为偶数，则弃去不计。例如对 21.0248，取四位有效数字时，结果为 21.02。取五位有效数字时，结果为 21.025，但将 21.025 与 21.035 取四位有效数字时，则分别为：21.02 与 21.04。

第八节　实验预习、实验记录和实验报告的基本要求

学生学习本课程开始时，必须阅读本书基础化学实验第一部分“基础化学实验的一般知识”。在进行每个实验时，必须做好预习、实验记录和实验报告。

一、预习

为了使实验能够达到预期效果，在进行每个实验之前，必须认真预习有关实验的内容。首先要明确实验的目的，领会实验原理、内容和方法，然后写出简要的实验步骤提纲，特别应着重注意实验的关键地方和安全问题。总之，要安排好实验计划。

以合成实验为例，预习提纲包括以下内容。

① 实验目的；

② 实验原理（主要反应方程式）；

③ 原料、产物等的物理常数；原料用量（单位：g，mL，mol，等），计算理论产率；

④ 正确而清楚地画出装置图；

⑤ 用图、表形式表示实验步骤。

二、实验记录

实验记录本应是一装订本，不要用活页纸或散纸。记录本按照下列格式做实验记录：

① 空出记录本头几页，留作编目用；

② 把记录本编好页码；

③ 每做一个实验，应从新的一页开始；

④ 应记录的主要内容：试剂的规格和用量，仪器的名称、规格、牌号，实验的日期，实验所用去的时间，实验现象和数据。对于观察的现象应忠实地、详细地记录，不能虚假。判断记录本内容的标准，是记录必须完整，且组织得好和清楚，不仅自己现在能看懂，甚至几年后也能看懂，而且还使他人能看明白。如漏记了主要内容，就将难于补救了。

三、实验报告的基本要求

实验报告应包括实验的目的及要求、反应式、主要试剂的规格用量（指合成实验）、实验步骤和现象、产率计算、讨论等。要如实记录填写报告，文字精练，图要准确，讨论要认真。关于实验步骤的描述，不应照抄书上的实验步骤，应对所做的实验内容作概要的描述。实验报告应包括：

实验题目

1. 实验目的
2. 实验原理（包括反应式等）
3. 主要试剂及产物的物理常数
4. 仪器装置图
5. 实验步骤
6. 现象记录和理论解释
7. 产品外观、重量、产率计算
8. 讨论

附录中有具体格式，仅供参考。

第二章　无机化学实验

实验一　玻璃仪器的洗涤与干燥（3学时）

【实验目的】

1. 熟悉无机化学实验规则和要求。

2. 认识无机化学实验常用仪器，熟悉其名称、规则，了解使用注意事项。

3. 学习并练习常用仪器的洗涤和干燥方法。

【实验内容】

1. 玻璃仪器的洗涤

为了使实验得到正确的结果，实验所用的玻璃仪器必须是洁净的，有些实验还要求是干燥的，所以需对玻璃仪器进行洗涤和干燥。要根据实验要求、污物性质和沾污的程度选用适宜的洗涤方法。玻璃仪器的一般洗涤方法有冲洗、刷洗及药剂洗涤等。对一般沾附的灰尘及可溶性污物可用水冲洗去。洗涤时先往容器内注入约容积1/3的水，稍用力振荡后把水倒掉，如此反复冲洗数次。

当容器内壁附有不易冲洗掉的污物时，可用毛刷刷洗，通过毛刷对器壁的摩擦去掉污物。刷洗时需要选用合适的毛刷。毛刷可按所洗涤的仪器的类型，规格（口径）大小来选择。洗涤试管和烧瓶时，端头无直立竖毛的秃头毛刷不可使用（为什么?）。刷洗后，再用水连续振荡数次。冲洗或刷洗后，必要时还应用蒸馏水淋洗三次。

对于以上两法都洗不去的污物则需要洗涤剂或药剂来洗涤。对油污或一些有机污物等，可用毛刷蘸取肥皂液或合成洗涤剂或去污粉来刷洗。对更难洗去的污物或仪器口径较小、管细长不便刷洗的仪器可用铬酸洗液或王水洗涤，也可针对污物的化学性质选用其他适当的药剂洗涤（例如碱、碱性氧化物、碳酸盐等可用$6mol \cdot L^{-1}$ HCl溶解）。用铬酸洗液或王水洗涤时，先往仪器内注入少量洗液，使仪器倾斜并慢慢转动，让仪器内壁全部被洗液湿润。再转动仪器，使洗液在内壁流动，经流动几圈后，把洗液倒回原瓶（不可倒入水池或废液桶，铬酸洗液变暗绿色失效后可另外回收再生使用）。对沾污严重的仪器可用洗液浸泡一段时间，或者用热洗液洗涤。用洗液洗涤时，绝不允许将毛刷放入洗瓶中！（为什么?）倾出洗液后，再用水冲洗或刷洗，必要时还应用蒸馏水淋洗。

洗净标准：仪器是否洗净可通过器壁是否挂水珠来检查。将洗净后的仪器倒置，如果器壁透明，不挂水珠，则说明已洗净；如器壁有不透明处或附着水珠或有油斑，则未洗净应予重洗。

注意事项：

（1）仪器壁上只留下一层既薄又均匀的水膜，不挂水珠，表示仪器已洗净；

（2）已洗净的仪器不能用布或纸抹；

(3) 不要未倒废液就注水;

(4) 不要几只试管一起刷洗;

(5) 用水原则是少量多次。

2. 玻璃仪器的干燥

(1) 晾干 是让残留在仪器内壁的水分自然挥发而使仪器干燥。

(2) 烘干 将洗净的仪器放进烘箱中烘干,放进烘箱前先将水沥干,放置仪器时,仪器的口应朝下。

(3) 烤干 烧杯、蒸发皿等可放在石棉网上,用小火烤干,试管可用试管夹夹住,在火焰上来回移动,直至烤干,但管口须低于管底。

(4) 用有机溶剂干燥 在洗净的仪器内加入少量易挥发有机溶剂(最常用的是酒精和丙酮),转动仪器使容器内的水与其混合,倾出混合液(回收),晾干或用电吹风将仪器吹干(不能放烘箱内干燥)。

带有刻度的计量仪器不能用加热的方法进行干燥,一般可采取晾干或有机溶剂干燥的方法,吹风时宜用冷风。

【思考题】

1. 烤干试管时为什么管口略向下倾斜?

2. 什么样的仪器不能用加热的方法进行干燥,为什么?

3. 画出离心试管、多用滴管、井穴板、量筒、容量瓶的简图,讨论其规格、主要用途和注意事项。

实验二 灯的使用及玻璃加工(3学时)

【实验目的】

1. 弄清酒精喷灯的构造和原理,掌握其正确的使用方法。

2. 了解正常火焰部分的温度。

3. 学会截断、弯曲、拉制、熔烧玻璃管(棒)的基本操作。

【仪器药品】

仪器、材料:酒精喷灯、三角锉、玻璃管、玻璃棒

药品:酒精。

【实验内容】

1. 酒精喷灯的使用

(1) 类型和构造

分为座式和挂式酒精喷灯(图2-1)。

(2) 使用

① 用烧杯取适量酒精,拧下铜帽,用漏斗向酒精壶内添加酒精,酒精量不超过其体积的2/3。

② 预热盘中加适量酒精(盛酒精的烧杯须远离火源)并点燃,充分预热,保证酒精全部气化,并适时调节空气调节器。

③ 当灯管中冒出的火焰呈浅蓝色,形成正常火焰,并发出"哧哧"的响声时,拧紧空气调节器,此时可以进行玻璃管加工了。正常的氧化火焰分为三层(图2-2)。

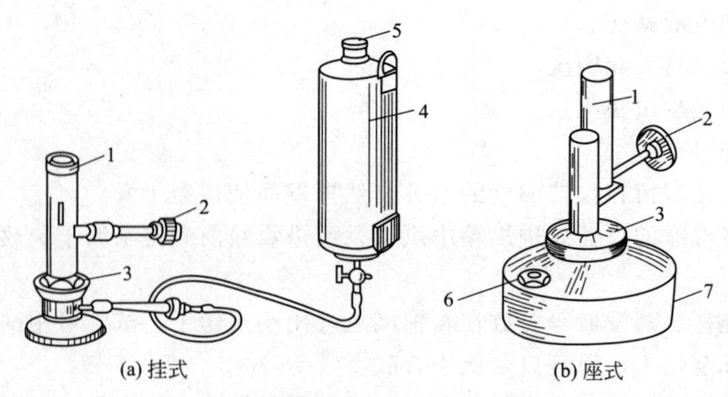

图 2-1　酒精喷灯的类型和构造

1—灯管；2—空气调节器；3—预热盘；4—酒精储罐；5—盖子；6—铜帽；7—酒精壶

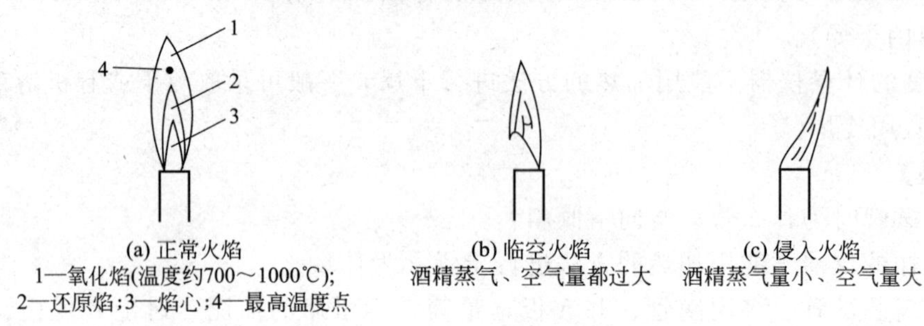

图 2-2　灯焰的几种情况

④ 若一次预热后不能点燃喷灯时，可在火焰熄火后重新往预热盘添加酒精（用石棉网或湿抹布盖在灯管上端即可熄灭酒精喷灯），重复上述操作点燃。但连续两次预热后仍不能点燃时，则需用捅针疏通酒精蒸气出口后，方可再预热。

⑤ 座式喷灯连续使用不应过长，如果超过半个小时，应先暂时熄灭喷灯。冷却，添加酒精后继续使用，在使用过程中，要特别注意安全，手尽量不要碰到酒精喷灯金属部位。

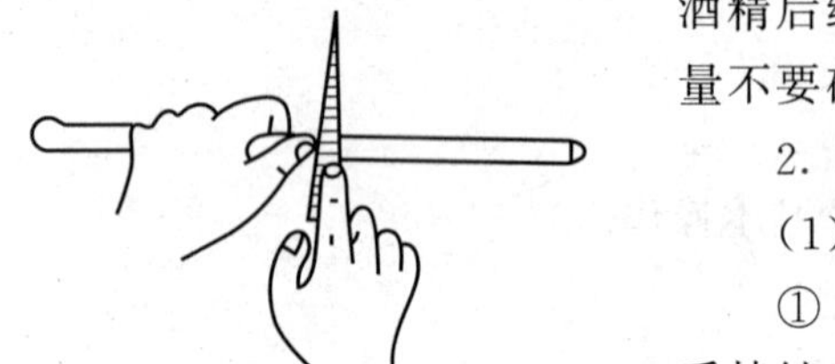

图 2-3　玻璃管（棒）的锉痕

2. 玻璃管（棒）的简单加工

（1）玻璃管的截断和熔光

① 锉痕　左手按紧玻璃管（棒）（平放在桌面上），右手持锉刀，用刀的棱适当用力向前方锉，锉划痕深度适中，不可往复锉，锉痕范围在玻璃管（棒）周长的 1/6～1/3，且锉痕应与玻璃管（棒）垂直（图 2-3）。

② 折断　双手持玻璃管（棒）锉痕两端，拇指齐放在划痕背后向前推压，同时食指向外拉（图 2-4）。

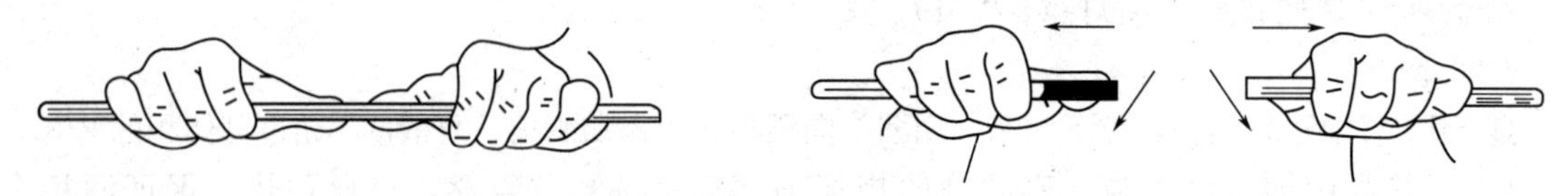

图 2-4　玻璃管（棒）的折断

③ 熔光　将玻璃管断面斜插入氧化焰上，并不停转动，使其均匀受热，熔光截面，待玻璃管加热端刚刚微红即可取出，若截断面不够平整，此时可将加热端在石棉网上轻轻按一

下（图 2-5）。

实验作业：截割 15cm 的玻璃管三支，20cm、15cm 的玻璃棒各一支，并熔光。

（2）弯曲玻璃管

① 烧管　加热前，先用干抹布将玻璃管擦净，并小火预热加热时，双手托住玻璃管，水平置于火焰上，均匀转动，并左右移动，用力要均匀，移动范围稍大，可稍向中间渐推（图 2-6）。

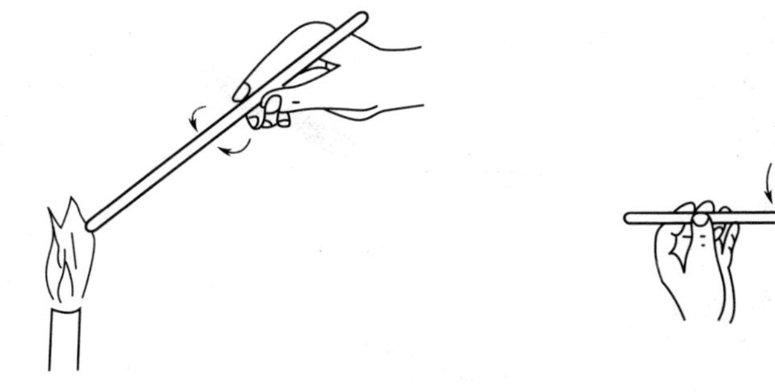

图 2-5　玻璃管（棒）截面的熔光

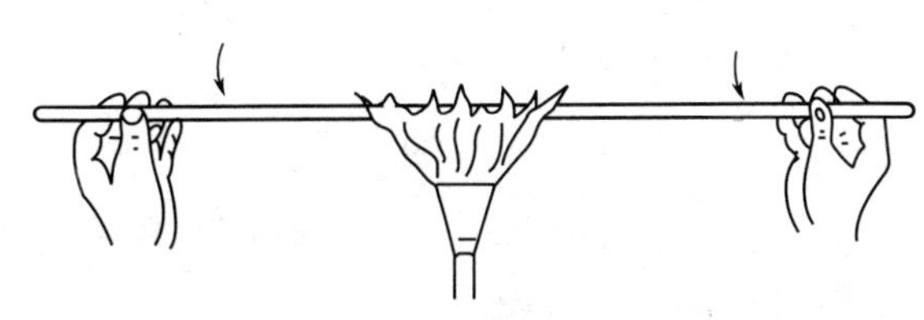

图 2-6　烧管

② 弯管　待玻璃管发黄变软后，将玻璃管移离火焰，进行弯管操作。

吹气法：用棉球堵住玻管一端，用嘴对着另一端吹气，同时用“V”字形手法将它准确地弯成所需的角度［图 2-7(a)］。

不吹气法：拇指和食指垂直夹住玻璃管两端，1～2 秒后，用“V”字形手法将它准确地弯成所需的角度。

“V”字形弯管手法：手在上边，玻璃管的弯曲部分在两手中间的正下方，拇指水平用力于玻璃管，使玻璃管弯曲成约 120°左右的角。然后，分别对 M、N 部位加热，注意均匀转动，掌握火候，脱离火焰，弯成所需角度。标准的弯管是弯曲部位内外均匀平滑［图 2-7(b)］。

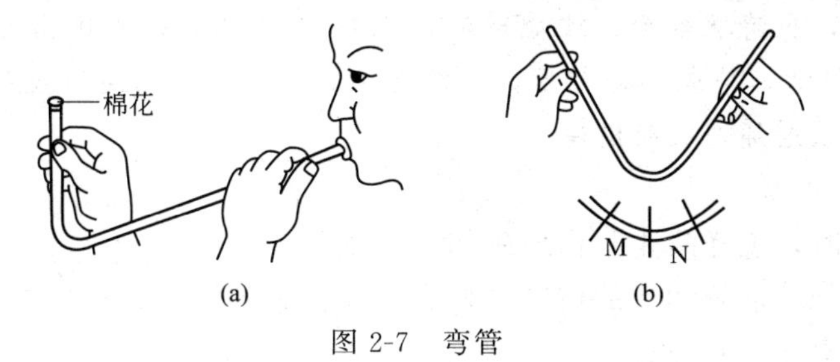

图 2-7　弯管

弯管好坏的比较和分析（图 2-8）。

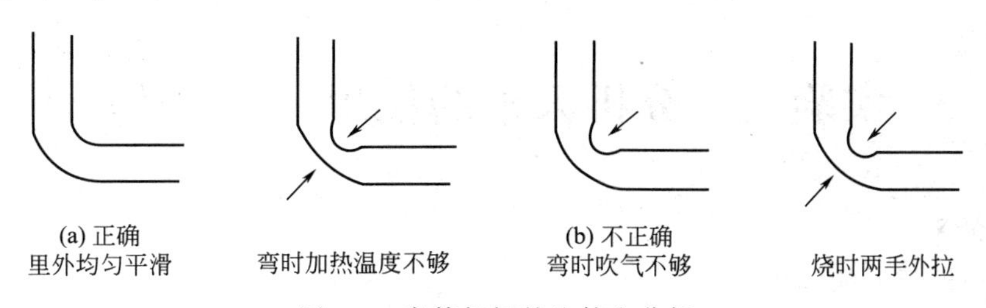

图 2-8　弯管好坏的比较和分析

实验作业：弯制 90°、110°弯管各一支。

（3）制备滴管

① 烧管　将两端已熔光的 15cm 长的玻璃管，按图 2-6 中相同方法将玻璃管在火焰上加

热，但烧管的时间要长些，软化程度要大些，玻璃管受热面积应小些。

注：玻璃管加热时间与其厚度有很大关系。

② 拉管　待玻璃管软化好后，自火焰中取出，沿水平方向向两边边拉边转，使中间细管长 8cm 左右为止，并使细管口径约等于 1.5mm，如图 2-9(a)。

③ 扩口　待拉管截断后，细端熔光，粗端灼烧至红热后，用灼热的锉刀柄斜放在管口内迅速而均匀的转动，如图 2-9(b)。

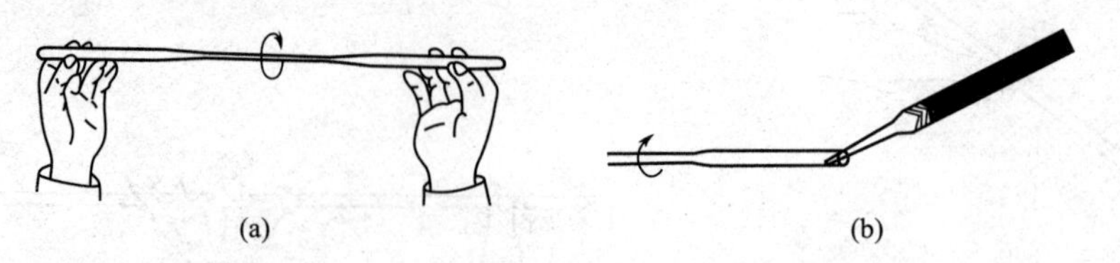

图 2-9　玻璃管拉制和扩口

拉管好坏的比较（图 2-10）。

图 2-10　拉管好坏的比较

实验作业：弯制 90°、110°弯管各一支。

【注意事项】

1. 灼热的玻璃制品，应放在石棉网上冷却，不要放在桌面上，以免烧焦桌面，也不要用手去摸，以免烫伤，未用完的酒精应远离火源，在实验过程中要细致小心，防烫伤，防割伤，防火灾。

2. 实验完毕后，应清理台面、玻璃碎渣，未用完的玻璃管放在指定的容器中，熄灭酒精喷灯，保证台面整洁，待成品冷却后，交给老师，预习报告给老师签字。

3. 遇到问题请教老师，及时解决。

【思考题】

1. 在切割玻璃时，怎样防止割伤或刺伤手和皮肤？
2. 烧过的灼热的玻璃管和冷的玻璃管外表往往很难分辨，怎样防止烫伤？
3. 制作滴管时应注意些什么？
4. 酒精喷灯火焰分几层？各层的温度和性质是怎样的？

实验三　分析天平的使用（3 学时）

【实验目的】

1. 了解分析天平的构造。
2. 掌握分析天平的使用方法。
3. 熟悉直接称量法和减量称量法。

【实验原理】

天平是根据杠杆原理制成的，它用已知质量的砝码来衡量被称物体的质量。

设杠杆ABC的支点为B（如图2-11），$\overline{AB}$和$\overline{BC}$的长度相等，A、C两点是力点，A点悬挂的被称物体的质量为P，C点悬挂的砝码质量为Q。当杠杆处于平衡状态时，力矩相等，即：

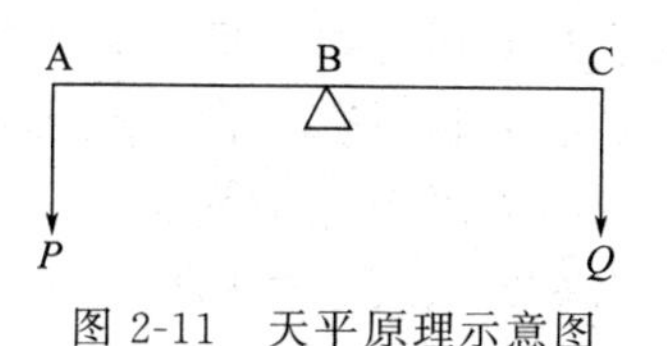

图2-11　天平原理示意图

$$P\times\overline{AB}=Q\times\overline{BC}$$

因为$\overline{AB}=\overline{BC}$，所以$P=Q$，即天平称量的结果是物体的质量。

【仪器药品】

仪器、材料：半自动电光分析天平、台秤、纸。

药品：氯化钠、铜片。

【实验内容】

1. 称量前的准备

（1）分析天平的使用规则

① 天平的前门不得随意打开；

② 开关天平的动作要轻、缓；

③ 加减砝码和物品时必须先关上天平；

④ 转动读数盘加减圈码时，动作要轻、缓；

⑤ 砝码必须用镊子夹取，严禁用手触摸；

⑥ 不得超载称量；

⑦ 称量完毕，应将天平还原。

（2）使用指定的分析天平。

（3）取下天平布罩，叠好。

（4）观察天平立柱后的水准仪是否指示水平位置。若天平不处于水平状态，应在指导教师的指导下，调节垫脚螺丝，使天平处于水平状态。

（5）检查天平横梁、秤盘、吊耳的位置是否正常，指数盘是否回零。转动升降枢纽，使横梁轻轻落下，观察指针摆动是否正常。秤盘上若有灰尘，应用软毛刷轻轻拂净。

（6）检查砝码盒中砝码是否齐全，圈码钩上的圈码位置是否正常。

（7）调节好天平零点。用平衡螺丝粗调和投影屏调节杆细调，调节天平零点是分析天平称量练习的基本内容之一。

2. 称量练习

（1）直接法：准备一块铜片，先在台秤上预称其质量（准确至0.1g），再在分析天平上准确称量（准确至0.1mg），记录实验数据。

（2）差减法：用洁净的纸带从干燥器中夹取一盛有氯化钠的称量瓶，在台秤上预称其质量后，再在分析天平上准确称量，记下其质量为m_1。左手用纸带夹住称量瓶，置于烧杯上方，使称量瓶倾斜，右手用一洁净的纸片夹住称量瓶盖手柄，打开瓶盖，用瓶盖轻轻敲击称量瓶上部，使试样慢慢落入烧杯中。当倾出的试样已接近所要称的质量时（要求称取0.2～0.3g NaCl），慢慢地将称量瓶竖起，用称量瓶盖轻轻敲击称量瓶上部，使沾附在瓶口上的试样落下，然后盖好瓶盖，将称量瓶放回天平盘上，称得其质量为m_2。m_1-m_2即为试样的质量m_3。

3. 称量后的检查

（1）天平盘内有无物品，若有则用毛刷轻轻拂净。

（2）检查圈码有无脱落，读数盘是否回零。

（3）吊耳是否滑落，天平是否关好。

（4）检查砝码盒中砝码是否按数归还原位。

（5）调节天平零点。

（6）填写“使用登记”，请指导教师检查签名后，罩好天平布罩，方可离开。

直接法实验数据记录表

天平位置	砝码	圈码	光标尺	铜片质量/g
读数				

差减法实验数据记录表

称量内容	m_1（称量瓶＋NaCl）	m_2（称量瓶＋NaCl）	m_3（称取的 NaCl）
质量/g			

【思考题】

1. 在分析天平上取放物品或加减砝码（包括圈码）时，应特别注意哪些事项？

2. 以下操作是否正确？

① 称量时，每次都将砝码和物品放在天平盘的中央。

② 急速打开或关闭升降枢纽。

③ 在砝码与称量物的质量相差悬殊的情况下，完全打开升降枢纽。

④ 在半自动电光分析天平上若称得物体的质量恰巧为 4.5000g，可记为 4.5g。

3. 称量时，若刻度标尺偏向左方，需要加砝码还是减砝码？若刻度标尺偏向右方呢？

4. 使用砝码应注意什么？

【附】 TG-328B 半自动电光分析天平的结构（图 2-12）

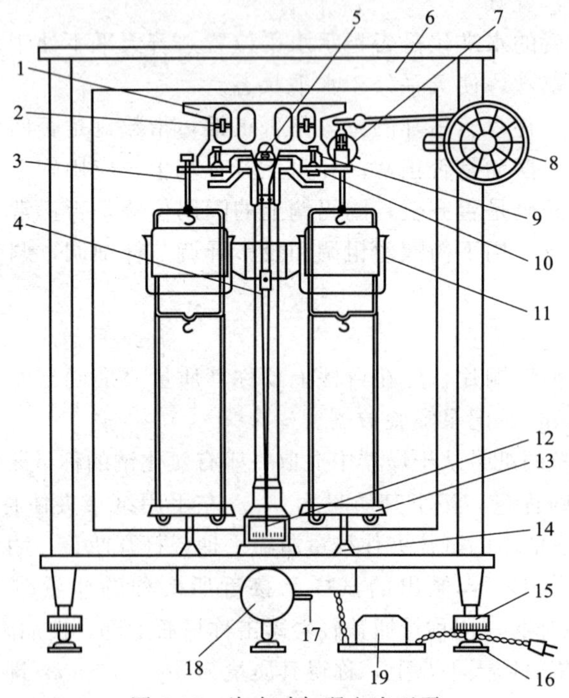

图 2-12　半自动加码电光天平

1—横梁；2—平衡螺丝；3—吊耳；4—指针；5—支点刀；6—框罩；7—环码；8—指数盘；9—立柱；10—托叶；11—空气阻尼器；12—投影屏；13—秤盘；14—托盘；15—螺旋脚；16—垫脚；17—微动调零杆；18—升降旋钮；19—变压器

1. 横梁

天平是通过横梁起杠杆作用来实现称量的。横梁上装有起支承作用的玛瑙刀和调整计量性能的一些零件和螺丝。

① 支点刀和承重刀 横梁上装有三把三棱形的玛瑙或宝石刀。通过刀盒固定在横梁上，起承受和传递载荷的作用。中间为固定的支点刀（中刀），刀刃向下；两边为可调整的承重刀（边刀），刀刃向上。三把刀的刀刃平行，并处于同一平面上。刀的质地（如刀的夹角、刃部圆弧半径、光洁度等）及各刀间的相互位置都直接影响天平的计量性能，故使用时务必注意刀刃的保护。

② 平衡螺丝 横梁两侧圆孔中间装有对称可调节的平衡螺丝，用以调节天平的零点。

③ 重心球 横梁背后上部装有重心球，上下移动重心球可改变横梁重心的位置，起调节天平灵敏度的作用。

④ 指针及微分标尺 为观测天平横梁的倾斜度，在横梁的下部装有与横梁相互垂直的指针，指针末端附有缩微刻度照相底板制成的微分标尺，从－10至110共120个分度，每分度代表0.1mg。

2. 立柱

立柱是一个空心柱体，垂直地固定在底板上作为支撑横梁的基架。天平制动器的升降杆通过立柱空心孔，带动托梁架和托盘翼板上、下运动。立柱上装有：

① 刀承 安装在立柱顶端一个“土”字形的金属中刀承座上。

② 阻尼架 立柱中上部设有阻尼架，用以固定外阻尼筒。

③ 水准器 装在立柱上供校正天平水平位置用。

3. 制动系统

制动系统是控制天平工作和制止横梁及秤盘摆动的装置，包括开关旋钮、开关轴、升降杆、梁托架、盘托翼板、盘托等部件。

旋转开关旋钮可以使升降杆上升（或下降），带动托梁架、盘托翼板及盘托等同时下降（或上升），从而使天平进入工作（或休止）状态。为了保护刀刃，当天平不用时，应将横梁托起，使刀刃与刀承分开。

4. 悬挂系统

悬挂系统包括秤盘、吊耳、内阻尼筒等部件，是天平载重及传递载荷的部件。

① 吊耳 两把边刀通过吊耳承受秤盘、砝码和被称物体。这是一个设计得十分灵巧的装置（图2-13）。不管被称物置于秤盘上什么位置或横梁摆动时，吊耳背都能平稳地保持水平状态，使载荷的重力均匀地分布在吊耳背底部的刀承上。吊耳上一般都有区分左、右的标记，如“1”、“2”等，通常是左1、右2。右吊耳上还设有一条圈码承受架，供承受圈码用。

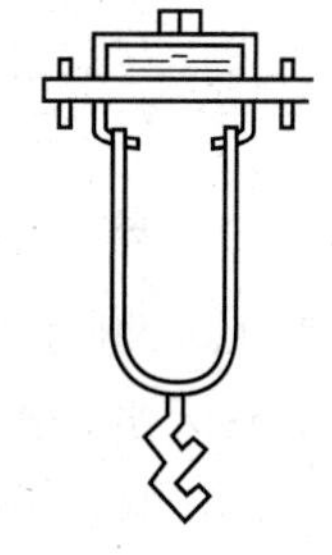

图2-13 蹬（吊耳）

② 秤盘 挂在吊耳钩的上挂钩内，供载重物（砝码或被称物）用，盘上刻有与吊耳相同的左、右标记。

③ 阻尼器 阻尼器是利用空气阻力减慢横梁摆动的“速停装置”，由内筒和外筒组成。外筒固定在立柱上，内筒悬挂在吊耳钩的下钩槽内。通过调整外筒位置使其与悬挂的内筒保持同轴，防止两筒相互擦碰。

5. 框罩

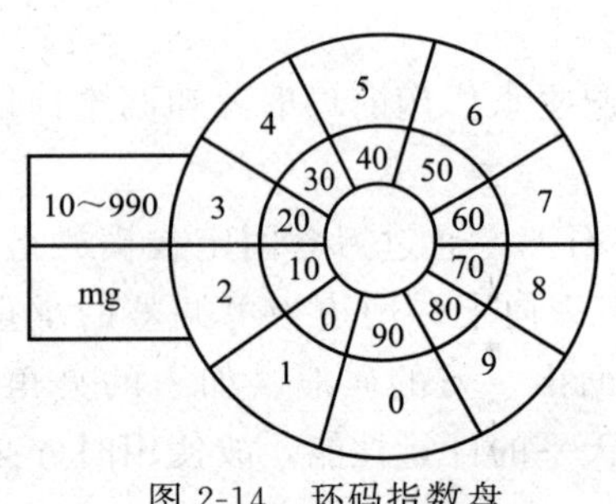

图 2-14　环码指数盘

框罩的作用除了保护天平外，还可以防止外界气流、热辐射、湿度、尘埃等的影响。框罩的前门只有在必要时（如装拆天平）才可打开。取放砝码和被称物只可由左、右边门出入，并随时关好边门。

① 底板　框罩和立柱都固定在底板上，底板一般由大理石制作。

② 底脚　底板下有三只底脚，前面两只为供调水平用的底脚，后面一只是固定的。每只底脚下有一只脚垫，起保护桌面的作用。

③ 指数盘　指数盘设在框罩右边门的上方，用以控制加码杆加减圈码。指数盘分内外两圈，上面刻有所加圈码的质量值。转动外圈可加 100～900mg，转动内圈可加 10～90mg。天平达到平衡时，可由标线处直接读出圈码的量值。如图 2-14 中的量值为 320mg。

④ 加码杆　加码杆通过一系列齿轮的组合与指数盘连接。杆端有小钩，用以挂圈码。TG—328B 型天平圈码的顺序从前到后依次是 100、100、200、500、10、10、20、50mg。

6. 光学读数系统

光学读数系统（图 2-15）由变压器、灯泡、灯罩、聚光管、微分标尺、物镜、反射镜、投影屏等组成。聚光管将光源光变成平行光束；微分标尺的刻度经物镜放大 10～20 倍，经反射镜反射到投影屏上；投影屏中央有一垂直的刻线，天平平衡时，该刻线与微分标尺的重合处就是天平的平衡位置，可方便地读取 0.1～10mg。左右拨动底板下的调零杆来移动投影屏，可做天平零点的微调。

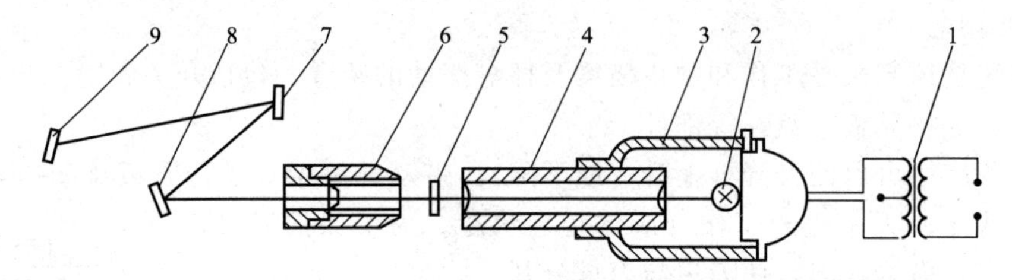

图 2-15　光学读数系统

1—变压器；2—灯泡；3—灯罩；4—聚光管；5—微分标标牌；6—物镜；7、8—反射镜；9—投影屏

7. 砝码组合

每台天平都附有一盒配套的砝码。为了便于称量，砝码的大小有一定的组合形式。与 TG—328B 型天平配套的砝码采用 5、2、2、1 组合形式，并按固定的顺序放在砝码盒中。重量相同的砝码其质量仍有微小的差别，故其上面打有标记以示区别。

实验四　溶液的配制与滴定操作（3 学时）

【实验目的】

1. 掌握几种常用的配制溶液的方法，熟悉有关溶液的计算。

2. 了解酸碱滴定的原理和基本操作。

3. 练习使用量筒、移液管、容量瓶、滴定管。

【实验原理】

酸碱滴定法常用的标准溶液是 HCl 溶液和 NaOH 溶液，由于浓盐酸易挥发，氢氧化钠易吸收空气中的水分和二氧化碳，故不能直接配制成准确浓度的溶液，一般先配制成近似浓度，再用基准物质标定。

本实验选用草酸（$H_2C_2O_4 \cdot 2H_2O$）作基准物质，标定 NaOH 溶液的准确浓度，反应式如下：

$$H_2C_2O_4 + OH^- = C_2O_4^{2-} + 2H_2O$$

反应达终点时，溶液呈弱碱性，用酚酞作指示剂。由此计算出 NaOH 溶液的准确浓度。

再用盐酸溶液滴定氢氧化钠溶液，反应式如下：

$$H_3O^+ + OH^- = 2H_2O$$

反应达终点时，溶液呈弱酸性，用甲基橙作指示剂。由此可计算出 HCl 溶液的准确浓度。

【仪器药品】

仪器：分析天平、台秤。

药品：NaOH、草酸晶体、浓 H_2SO_4、$0.200mol \cdot L^{-1}$ HAc、约 $0.1mol \cdot L^{-1}$ HCl、约 $0.1mol \cdot L^{-1}$ NaOH、甲基橙、酚酞。

【实验内容】

（一）溶液的配制

1. 一般浓度溶液的配制

（1）配制 $6mol \cdot L^{-1}$ H_2SO_4 50mL

在烧杯中加 20mL 左右的水，用量筒量取 16mL 浓 H_2SO_4，沿烧杯壁缓慢倒入水中，并不断搅动，冷却后稀释至 50mL 即可。

（2）配制 $6mol \cdot L^{-1}$ NaOH 50mL

药品置于烧杯中，用台秤称取 12g NaOH 固体，用少量水溶解 NaOH 固体，冷却后加水至 50mL。

2. 准确浓度溶液的配制

（1）配制 $0.1000mol \cdot L^{-1}$ $H_2C_2O_4$ 溶液 100mL

台秤粗称 50g（瓶＋总药品），分析天平称量草酸晶体约 1.2600g。用少量水溶解草酸晶体，注入 100mL 容量瓶，洗涤烧杯 3 次，洗涤液注入容量瓶中，加水至刻度线，振荡，摇匀。

（2）由 $0.200mol \cdot L^{-1}$ HAc 溶液配制 $0.100mol \cdot L^{-1}$ HAc 溶液 100mL

用移液管吸取 50mL $0.200mol \cdot L^{-1}$ HAc 溶液，将溶液注入 100mL 容量瓶，加水至刻度线，振荡，摇匀。

（二）酸碱滴定

1. 滴定管的洗涤

先用自来水冲洗，再用蒸馏水洗 2～3 次，最后用待测液润洗 3 次。

2. 强碱滴定强酸的练习

用量筒量取 5mL 未知浓度的 HCl 溶液于锥形瓶中，加水 20mL 左右，加 2 滴酚酞作指示剂。把 NaOH 溶液装入碱式滴定管内，左手挤压玻璃球，右手持锥形瓶，滴定开始，同时缓慢旋转摇荡锥形瓶。滴定至溶液呈微红色，此红色保持 30 秒不褪色即为终点。若锥形瓶内溶液颜色半分钟不褪色，采取返滴定，直到溶液颜色变为粉红色 30

秒不褪色。

3. 强酸滴定强碱的练习

用量筒量取5mL未知浓度NaOH于锥形瓶中，加水约20mL，加2～3滴甲基橙指示剂。把HCl溶液装入酸式滴定管中，右手持锥形瓶，左手转动活塞，待黄色溶液变为橙红色，滴定完毕。若盐酸过量，可采取返滴定。

4. 氢氧化钠溶液的标定

（1）用洁净的移液管取10.00mL 0.1000mol·L^{-1}草酸溶液于锥形瓶内，加15mL水和1滴酚酞。

（2）右手握锥形瓶，左手捏小圆珠进行滴定，眼睛注意观察锥形瓶内溶液的颜色，右手不断振荡溶液，直到溶液变为粉红色。粉红色不褪去，计算消耗NaOH体积。

（3）以同样步骤重复滴定两次。

5. HCl溶液的滴定

（1）用5mL移液管准确移取10mL NaOH加入洁净锥形瓶中，加15mL水和1滴甲基橙。

（2）先用少量蒸馏水洗酸式滴定管，再用盐酸润洗，用5mL移液管移取约10mL盐酸于滴定管中，使液面不高于“0”刻度，记下始读数。

（3）滴定开始，左手控制开关，右手握锥形瓶慢慢振动，双眼注视锥形瓶内颜色的变化，直至溶液呈橙红色，半分钟不褪去，记下滴定终读数。

（4）重复上述步骤滴定两次。

<table>
<tr><td colspan="3">实验编号
实验项目</td><td>1</td><td>2</td></tr>
<tr><td rowspan="3">氢氧化钠浓度标定</td><td colspan="2">草酸用量/mL</td><td></td><td></td></tr>
<tr><td rowspan="2">NaOH 用量/mL</td><td>起始位置</td><td></td><td></td></tr>
<tr><td>终点位置</td><td></td><td></td></tr>
<tr><td rowspan="3">盐酸溶液浓度滴定</td><td colspan="2">NaOH 用量/mL</td><td></td><td></td></tr>
<tr><td rowspan="2">HCl 用量/mL</td><td>起始位置</td><td></td><td></td></tr>
<tr><td>终点位置</td><td></td><td></td></tr>
</table>

【思考题】

1. 由浓H_2SO_4配制稀H_2SO_4溶液过程中应注意哪些问题？

2. 用容量瓶配制溶液时，要不要把容量瓶干燥？能否用量筒量取溶液？

3. 使用吸管时应注意些什么？

4. 试用已知浓度的盐酸测定未知浓度的氢氧化钠溶液为例（选用甲基橙溶液为指示剂），讨论中和滴定实验的误差。

① 滴定管只经过蒸馏水洗，未经标准酸液润洗。

② 滴定管末端尖嘴处未充满标准溶液或有气泡。

③ 滴定完毕后，滴定管尖嘴处有酸液剩余。

④ 观察滴定终点时，仰视液面。

⑤ 移取碱溶液时，剩余液体在尖嘴外。

⑥ 向锥形瓶待测的碱液中，加入少量蒸馏水。

实验五　醋酸电离常数和电离度的测定（3 学时）

【实验目的】

1. 联系弱电解质的电离，了解醋酸在水溶液中的电离平衡以及电离度、电离常数、氢离子浓度间的定量关系。

2. 进一步熟悉移液管的使用方法，并学会用移液管和容量瓶配制一定浓度的溶液。

3. 了解 pH 计的使用方法和操作中应注意的问题。

【实验原理】

醋酸是弱电解质，在水溶液中存在着电离平衡：

$$\mathrm{HAc} \rightleftharpoons \mathrm{H^+} + \mathrm{Ac^-}$$

	HAc	H^+	Ac^-
初始浓度/$mol \cdot L^{-1}$	c	0	0
平衡浓度/$mol \cdot L^{-1}$	$c-x$	x	x

电离常数表达式为：

$$K^{\ominus}_{\mathrm{a,HAc}} = \frac{c(\mathrm{Ac^-})c(\mathrm{H^+})}{c(\mathrm{HAc})} = \frac{x^2}{c-x} \approx \frac{x^2}{c}$$

用 pH 计测定已知浓度的醋酸的 pH，再由 pH 值算出氢离子浓度，从而计算出平衡常数，同时，可求出醋酸电离度 $\alpha = c(\mathrm{H^+})/c$。

【仪器药品】

仪器、材料：pH 计、滤纸。

药品：已知浓度的 HAc。

【实验内容】

（1）用移液管分别移取已知浓度的醋酸 2.5mL、5mL、25mL 于三个 50mL 容量瓶中，然后加水稀释到刻度，摇匀。

（2）将上述所配溶液倒入洁净干燥小烧杯中，用 pH 计按浓度由稀到浓分别测定上述三种稀释溶液及原浓度醋酸的 pH，记录数据。

温度______℃

溶液编号	c/$mol \cdot L^{-1}$	pH	$c(H^+)$/$mol \cdot L^{-1}$	α	电离平衡常数 K	
					测定值	平均值
1						
2						
3						
4						

【思考题】

1. $K^{\ominus}_{\mathrm{HAc}}$、$\alpha$ 是否随温度变化？怎样变化？

2. 哪些玻璃器皿需要干燥或用相应溶液洗涤？为什么？

3. “电离度越大，酸度就越大”这句话是否正确？根据本实验加以说明。

4. 若 HAc 溶液的浓度极稀，是否能用 $K^{\ominus}_{\mathrm{HAc}} = c^2(\mathrm{H^+})/c$ 求 $K^{\ominus}_{\mathrm{HAc}}$？

5. 在测定时，为什么要按由稀到浓的顺序进行？

实验六　化学反应速率与活化能的测定（4 学时）

【实验目的】

1. 了解浓度、温度及催化剂对化学反应速率的影响。
2. 测定 $(NH_4)_2S_2O_8$ 与 KI 反应的速率和反应的活化能。
3. 掌握利用速率系数测定活化能的原理和方法。

【实验原理】

$(NH_4)_2S_2O_8$ 和 KI 在水溶液中发生如下反应：

$$S_2O_8^{2-}(aq)+3I^-(aq)=\!=\!=2SO_4^{2-}(aq)+I_3^-(aq) \qquad \text{慢反应(1)}$$

反应（1）的平均反应速率 $\overline{v}$ 和瞬时速率 r 分别为：

$$\overline{v}=-\frac{\Delta c(S_2O_8^{2-})}{\Delta t} \tag{2-1}$$

$$r=kc^m(S_2O_8^{2-})c^n(I^-) \tag{2-2}$$

式中　$\Delta c(S_2O_8^{2-})$——Δt 时间内 $S_2O_8^{2-}$ 的浓度变化；

$c(S_2O_8^{2-})$，$c(I^-)$——$S_2O_8^{2-}$、I^- 的起始浓度；

k——该反应的速率系数；

m，n——反应物 $S_2O_8^{2-}$、I^- 的反应级数，$N=(m+n)$ 为该反应的总级数。

在 Δt 很小的时间间隔内，反应的平均速率 $\overline{v}$ 近似于反应的瞬时速率 r：

$$\overline{v}\approx r$$

为了测出一定时间 Δt 内 $S_2O_8^{2-}$ 的浓度变化，在混合 $(NH_4)_2S_2O_8$ 和 KI 溶液的同时，加入一定体积的已知浓度的 $Na_2S_2O_3$ 溶液和淀粉溶液，这样在反应（1）进行的同时，还发生以下反应：

$$2S_2O_3^{2-}(aq)+I_3^-(aq)=\!=\!=S_4O_6^{2-}(aq)+3I^-(aq) \qquad \text{快反应(2)}$$

由于反应（2）的速率比反应（1）的速率快得多，故反应（1）生成的 I_3^- 会立即与溶液中的 $S_2O_3^{2-}$ 反应生成无色的 I^- 和 $S_4O_6^{2-}$。因此，在反应开始的一段时间内，溶液呈无色，当 $Na_2S_2O_3$ 耗尽的那刻，由反应（1）生成的 I_3^- 立即与淀粉作用，使溶液呈蓝色。

由反应（1）和（2）的关系可以看出，每消耗 1mol $S_2O_8^{2-}$ 就要消耗 2mol 的 $S_2O_3^{2-}$，即

$$\Delta c(S_2O_8^{2-})=\frac{1}{2}\Delta c(S_2O_3^{2-})$$

由于在 Δt 时间内，$S_2O_3^{2-}$ 已全部耗尽，所以 $\Delta c(S_2O_3^{2-})$ 就是反应开始时 $S_2O_3^{2-}$ 的浓度，即

$$-\Delta c(S_2O_3^{2-})=c_0(S_2O_3^{2-})$$

式中　$c_0(S_2O_3^{2-})$——$Na_2S_2O_3$ 的起始浓度。

在本实验中，由于每份混合液中 $Na_2S_2O_3$ 的起始浓度都相同，因而 $\Delta c(S_2O_3^{2-})$ 也是相同的，这样，只要记下从反应开始到出现蓝色所需要的时间 Δt，就可以算出一定温度下

该反应的平均反应速率：

$$r \approx \overline{v} = -\frac{\Delta c(S_2O_8^{2-})}{\Delta t} = -\frac{\Delta c(S_2O_3^{2-})}{2\Delta t} = \frac{c_0(S_2O_3^{2-})}{2\Delta t} \tag{2-3}$$

按照初始速率法，通过改变 $(NH_4)_2S_2O_8$ 和 KI 的初始浓度，测定消耗等量的 $(NH_4)_2S_2O_8$ 的物质的量浓度 $\Delta c(S_2O_8^{2-})$ 所需的不同时间间隔 Δt，计算出不同浓度下的初速率，从而确定速率方程和反应速率常数。

将(2-2)式两边取对数，得：

$$\lg r = \lg k + m\lg c(S_2O_8^{2-}) + n\lg c(I^-)$$

当 $c(I^-)$ 不变（实验Ⅰ、Ⅱ、Ⅲ）时，以 $\lg r$ 对 $\lg c(S_2O_8^{2-})$ 作图，得一直线，其斜率为 m。同理，当 $c(S_2O_8^{2-})$ 不变（实验Ⅰ、Ⅳ、Ⅴ）时，以 $\lg r$ 对 $\lg c(I^-)$ 作图，得 n。

再由下式求出不同温度的速率系数 k：

$$k = \frac{r}{c^m(S_2O_8^{2-})c^n(I^-)} \tag{2-4}$$

由 Arrhenius 方程得：

$$\lg k = A - \frac{E_a}{2.303RT} \tag{2-5}$$

式中　E_a——反应的活化能；

R——摩尔气体常数，$R=8.314\text{J}\cdot\text{mol}^{-1}\cdot\text{K}^{-1}$；

T——热力学温度。

以 $\lg k$ 对 $\frac{1}{T}$ 作图，可得一直线，由直线的斜率 $-\frac{E_a}{2.303\text{R}}$ 可求得反应的活化能 E_a。

Cu^{2+} 可以加快 $(NH_4)_2S_2O_8$ 与 KI 反应的速率。

【仪器药品】

仪器：恒温水浴，烧杯（50mL）5 个，量筒（10mL 4 个、5mL 2 个），秒表，温度计，玻璃棒或电磁搅拌器。

药品：$(NH_4)_2S_2O_8$（0.20mol·L^{-1}），KI（0.20mol·L^{-1}），$Na_2S_2O_3$（0.010mol·L^{-1}），KNO_3（0.20mol·L^{-1}），$(NH_4)_2SO_4$（0.20mol·L^{-1}），淀粉溶液（0.2%），$Cu(NO_3)_2$（0.020mol·L^{-1}）。

【实验内容】

1. 浓度对反应速率的影响

在室温下，按表 2-1 所列各反应物的用量，用量筒（每种试剂所用的量筒贴上标签，以免混用）准确量取各种试剂。除 0.20mol·L^{-1} $(NH_4)_2S_2O_8$ 溶液外，将其余各试剂按量在各编号烧杯中混合均匀（用玻璃棒搅拌或把烧杯放在电磁搅拌器上搅拌）。将 0.20mol·L^{-1} $(NH_4)_2S_2O_8$ 溶液迅速加到混合液中搅拌均匀，同时立即启动秒表计时，观察溶液，刚一出现蓝色时立即停止计时，记录反应时间 Δt 和室温。

2. 温度对反应速率的影响

按表 2-1 中实验Ⅳ的试剂用量分别在低于室温 10℃（在冰水浴中冷却）、高于室温 10℃和 20℃（在恒温水浴中加热）的温度下进行实验，测定这三个温度下的反应时间。

3. 催化剂对反应速率的影响

在室温下，按实验Ⅳ药品用量进行实验，在 $(NH_4)_2S_2O_8$ 溶液加入 KI 混合液之前，先在KI混合液中加入2滴0.020mol·L^{-1} $Cu(NO_3)_2$溶液，搅匀，其他操作同实验内容1。记录反应时间，将此反应速率与实验Ⅳ的反应速率进行对比可得到什么结论？

表 2-1　浓度对反应速率的影响

室温________℃

实验编号		Ⅰ	Ⅱ	Ⅲ	Ⅳ	Ⅴ
试剂用量/mL	0.20mol·L^{-1} $(NH_4)_2S_2O_8$	10.0	5.0	2.50	10.0	10.0
	0.20mol·L^{-1}KI	10.0	10.0	10.0	5.0	2.50
	0.010mol·L^{-1} $Na_2S_2O_3$	3.0	3.0	3.0	3.0	3.0
	0.20mol·L^{-1} KNO_3	0	0	0	5.0	7.50
	0.20mol·L^{-1} $(NH_4)_2SO_4$	0	5.0	7.50	0	0
	0.2%淀粉溶液	1.0	1.0	1.0	1.0	1.0
反应时间 Δt/s						

表 2-2　温度对反应速率的影响

实验编号	Ⅳ	Ⅵ	Ⅳ	Ⅶ
T/K				
Δt/s				

【数据处理】

1. 求反应级数和速率常数 k

利用表2-1中各次实验数据，根据式(2-3）计算出 r；作 $\lg r$-$\lg c(S_2O_8^{2-})$ 图和 $\lg r$-$\lg c(I^-)$图，求两直线斜率，即得 m 和 n，反应级数 $N=m+n$；由式(2-4）求各 k，各 k 的平均值即为反应（1）的速率常数。记录数据于表2-3中。

表 2-3　反应速率、反应级数、速率常数

实验编号		Ⅰ	Ⅱ	Ⅲ	Ⅳ	Ⅴ
溶液总体积/mL						
混合液中反应物起始浓度/(mol·L^{-1})	$(NH_4)_2S_2O_8$					
	KI					
	$Na_2S_2O_3$					
$\Delta c(S_2O_3^{2-})$/(mol·L^{-1})						
$\Delta c(S_2O_8^{2-})$/(mol·L^{-1})						
反应时间 Δt/s						
r/(mol·L^{-1}·s^{-1})						
反应级数		$m=$　；$n=$　；$N=$				
反应速率常数 k						
k 平均值						

注：m 和 n 取正整数。

2. 求反应的活化能 E_a

利用表2-2中各次实验数据，计算不同温度下的 r 和 k；作 $\lg k$-$1/T$ 图，求出直线的斜率，进而求出反应（1）的活化能 E_a，记录于表2-4中。

表 2-4 反应的活化能

实验编号	Ⅳ	Ⅵ	Ⅳ	Ⅶ
T/K				
$(1/T)\times10^3$				
反应速率常数 k				
活化能 E_a				

【思考题】

1. 若用 I^-（或 I_3^-）的浓度变化来表示该反应的速率，则 v 和 k 是否和用 $S_2O_8^{2-}$ 的浓度变化表示的一样？

2. $(NH_4)_2S_2O_8$ 缓慢加入 KI 等混合溶液中，对实验有何影响？

3. 实验中当蓝色出现后，反应是否就终止了？

实验七 氯化铵生成焓的测定（4 学时）

【实验目的】

1. 学习用量热计测定物质生成焓的简单方法。

2. 加深对有关热化学知识的理解。

【实验原理】

本实验用量热计分别测定 $NH_4Cl(s)$ 的溶解热和 $NH_3(aq)$ 与 $HCl(aq)$ 反应的中和热，再利用 $NH_3(aq)$ 和 $HCl(aq)$ 的标准摩尔生成焓数据，通过 Hess 定律计算 $NH_4Cl(s)$ 的标准摩尔生成焓。

$$NH_3(aq)+HCl(aq)\longrightarrow NH_4Cl(aq)$$

$$\Delta_r H^{\ominus}_{m,中和}=\Delta_f H^{\ominus}_{m,NH_4Cl(aq)}-\Delta_f H^{\ominus}_{m,HCl(aq)}-\Delta_f H^{\ominus}_{m,NH_3(aq)}$$

$$NH_4Cl(s)\longrightarrow NH_4Cl(aq)$$

$$\Delta_r H^{\ominus}_{m,溶解}=\Delta_f H^{\ominus}_{m,NH_4Cl(aq)}-\Delta_f H^{\ominus}_{m,NH_4Cl(s)}$$

$$\Delta_f H^{\ominus}_{m,NH_4Cl(aq)}=\Delta_r H^{\ominus}_{m,中和}+\Delta_f H^{\ominus}_{m,HCl(aq)}+\Delta_f H^{\ominus}_{m,NH_3(aq)}$$

$$=\Delta_r H^{\ominus}_{m,溶解}+\Delta_f H^{\ominus}_{m,NH_4Cl(s)}$$

$$\Delta_f H^{\ominus}_{m,NH_4Cl(s)}=\Delta_r H^{\ominus}_{m,中和}+\Delta_f H^{\ominus}_{m,HCl(aq)}+\Delta_f H^{\ominus}_{m,NH_3(aq)}-\Delta_r H^{\ominus}_{m,溶解}$$

量热计是用来测定反应热的装置。本实验采用保温杯式简易量热计测定反应热（图 2-16）。化学反应在量热计中进行时，放出（或吸收）的热量会引起量热计和反应物质的温度升高（或降低）。

$$\Delta_r H^{\ominus}_{m,中和}=-(Cm\Delta T+C_p\Delta T)/n$$

$$\Delta_r H^{\ominus}_{m,溶解}=-(Cm\Delta T+C_p\Delta T)/n$$

式中 $\Delta_r H^{\ominus}_{m,中和}$——中和热，$J\cdot mol^{-1}$；

$\Delta_r H^{\ominus}_{m,溶解}$——溶解热，$J\cdot mol^{-1}$；

m——物质的质量，g；

C——物质的比热容，$J\cdot g^{-1}\cdot K^{-1}$；

ΔT——反应终了温度与起始温度之差，K；

C_p——量热计的热容，$J \cdot K^{-1}$；

n——反应物质的物质的量，mol。

由于反应后的温度需要一段时间才能升到最高值，而实验所用简易量热计不是严格的绝热系统，在这段时间，量热计不可避免地会与周围环境发生热交换。为了校正由此带来的温度偏差，需用图解法确定系统温度变化的最大值，即以测得的温度为纵坐标，时间为横坐标绘图，按虚线外推到开始混合的时间（$t=0$），求出温度变化最大值（ΔT），这个外推的 ΔT 值能较客观地反映出由反应热所引起的真实温度变化（图 2-17）。

量热计的热容是使量热计温度升高 1K 所需要的热量。确定量热计热容的方法是：在量热计中加入一定质量 m（如 50g）、温度为 T_1 的冷水，再加入相同质量温度为 T_2 的热水，测定混合后水的最高温度 T_3。已知水的比热容为 $4.184J \cdot g^{-1} \cdot K^{-1}$，设量热计的热容为 C_p，则：

$$热水失热 = 4.184m(T_2 - T_3)$$

$$冷水得热 = 4.184m(T_3 - T_1)$$

$$量热计得热 = C_p(T_3 - T_1)$$

$$热水失热 = 冷水得热 + 量热计得热$$

$$C_p = 4.184m[(T_2 - T_3) - (T_3 - T_1)]/(T_3 - T_1)$$

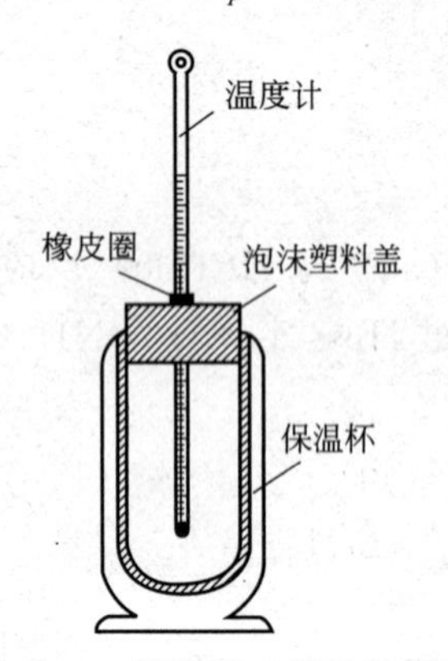

图 2-16　保温杯式简易量热计

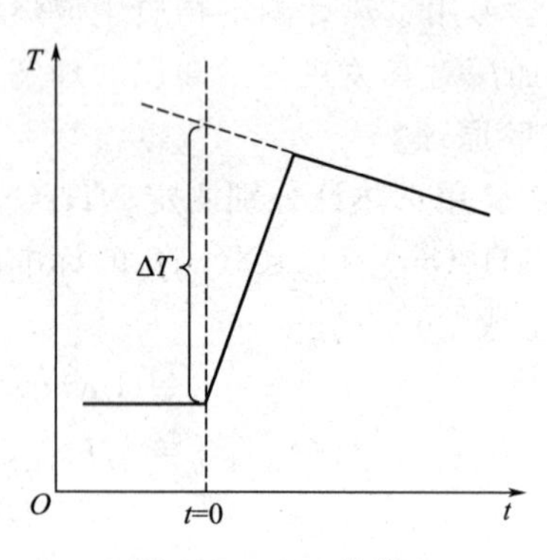

图 2-17　T-t 曲线

【仪器药品】

仪器：保温杯、1/10℃温度计、台秤、秒表、烧杯（100mL）、量筒（100mL）。

药品：HCl 溶液（$1.5mol \cdot L^{-1}$）、$NH_3 \cdot H_2O$（$1.5mol \cdot L^{-1}$）、$NH_4Cl(s)$。

【实验内容及数据处理】

1. 量热计热容的测定

（1）用量筒量取 50.0mL 去离子水，倒入量热计中，盖好后适当摇动，待系统达到热平衡后（5～10min），记录温度 T_1（精确到 0.1℃）。

（2）在 100mL 烧杯中加入 50.0mL 去离子水，加热到高于 T_1 30℃左右，静置 1～2min，待热水系统温度均匀时，迅速测量温度 T_2（精确到 0.1℃），尽快将热水倒入量热计中，盖好后不断地摇荡保温杯，并立即计时和记录水温。每隔 30s 记录一次温度，直至温度上升到最高点，再继续测定 3min。

将上述实验重复一次，取两次实验所得结果，作温度-时间图，用外推法求最高温度 T_3，并计算量热计热容 C_p 的平均值。

2. 盐酸与氨水的中和热及氯化铵溶解热的测定

(1) 用量筒量取 50.0mL 1.5mol·L^{-1} HCl 溶液，倒入烧杯中备用。洗净量筒，再量取 50.0mL 1.5mol·L^{-1} $NH_3·H_2O$，倒入量热计中，在酸碱混合前，先记录氨水的温度 5min（间隔 30s，温度精确到 0.1℃，以下相同）。将烧杯中的盐酸加入量热计，立刻盖上保温杯顶盖，测量并记录温度-时间数据，并不断地摇荡保温杯，直至温度上升到最高点，再继续测量 3min。依据温度-时间数据作图，用外推法求 ΔT。

(2) 称取 4.0g $NH_4Cl(s)$ 备用。量取 100mL 去离子水，倒入量热计中，测量并记录水温 5min。然后加入 $NH_4Cl(s)$ 并立刻盖上保温杯顶盖，测量温度-时间数据，不断地摇荡保温杯，促使固体溶解，直至温度下降到最低点，再继续测量 3min。最后作图用外推法求 ΔT。

3. 实验数据记录

(1) 量热计热容的测定

水的质量________g，冷水温度________K，热水温度________K，混合后最高温度________K。

时间/s	30	60	90	120	150	180
最高温度后的测定温度/K						

(2) 盐酸与氨水中和热的测定

水溶液的质量________g，反应前温度________K，反应后达到的最高温度________K。

时间/s	30	60	90	120	150	180
最高温度后的测定温度/K						

(3) 氯化铵溶解热的测定

水溶液的质量________g，反应前温度________K，反应后达到的最高温度________K。

时间/s	30	60	90	120	150	180
最高温度后的测定温度/K						

4. 计算实验误差

已知 $NH_3(aq)$ 和 HCl(aq) 的标准摩尔生成焓分别为 −80.29kJ·mol^{-1} 和 −167.159kJ·mol^{-1}，根据 Hess 定律计算 $NH_4Cl(s)$ 的标准摩尔生成焓，并对照查得的数据计算实验误差（如操作与计算正确，所得结果的误差可小于 3%）。

【注意事项】

实验中的 NH_4Cl 溶液浓度很小，作为近似处理可以假定：

① 溶液的体积为 100mL；

② 中和反应热只能使水和量热计的温度升高；

③ $NH_4Cl(s)$ 溶解时吸热，只能使水和量热计的温度下降。

【思考题】

1. 为什么放热反应的温度-时间曲线的后半段逐渐下降，而吸热反应则相反？

2. $NH_3(aq)$ 和 $HCl(aq)$ 反应的中和热和 $NH_4Cl(s)$ 的溶解热之差，是哪一个反应的热效应？

3. 实验产生误差的可能原因是什么？

实验八　水溶液中的解离平衡（3 学时）

【实验目的】

1. 了解同离子效应对解离平衡的影响。
2. 掌握缓冲溶液的配制并了解其缓冲原理及应用。
3. 了解盐类水解及其影响因素。
4. 试验沉淀的生成及溶解的条件。

【实验原理】

对于弱电解质，在溶液中存在解离平衡：

$$AB(aq) \rightleftharpoons A^+(aq) + B^-(aq)$$

相应地存在一个解离平衡常数：

$$K = \frac{[A^+][B^-]}{[AB]}$$

弱电解质的解离平衡会受一些因素的影响，会产生移动。

1. 同离子效应

同离子效应能使弱电解质的解离度降低。对于弱酸弱碱而言，解离度的改变会引起弱电解质溶液 pH 的变化。pH 的变化可借助指示剂变色来确定。

2. 缓冲溶液

能抵抗外加少量强酸、强碱或水的稀释而保持溶液 pH 基本不变。

缓冲溶液的 pH 可通过以下公式计算：

$$pH = pK_a - \lg \frac{c_{酸}}{c_{盐}} \qquad pOH = 14 - pK_a + \lg \frac{c_{碱}}{c_{盐}}$$

3. 盐类水解

$$Ac^- + H_2O \rightleftharpoons HAc + OH^-$$

$$NH_4^+ + H_2O \rightleftharpoons NH_3 \cdot H_2O + H^+$$

盐类水解的程度，主要由盐类的本性决定。此外还受温度、盐的浓度和酸度等因素的影响。

根据同离子效应，向溶液中加入 H^+ 或 OH^- 可以抑制它们的水解。另外，由于水解反应是吸热反应，加热可促使盐类水解。

4. 沉淀-溶解平衡

$$AB(s) \rightleftharpoons A^+(aq) + B^-(aq)$$

溶度积规则可判断：

当 $Q_i = c_{A^+} c_{B^-} > K_{sp}$ 时，溶液过饱和，将有沉淀析出；

当 $Q_i = c_{A^+} c_{B^-} = K_{sp}$ 时，溶液达到饱和，但无沉淀析出；

当 $Q_i = c_{A^+} c_{B^-} < K_{sp}$ 时，溶液未饱和，无沉淀析出。

如果在溶液中有两种或两种以上的离子都可以与同一种沉淀剂反应生成难溶盐，沉淀的先后次序是根据所需沉淀剂离子浓度的大小而定。所需沉淀剂离子浓度小的先沉淀出来，所需沉淀剂离子浓度大的后沉淀出来，这种先后沉淀的现象，称为分步沉淀。

使一种难溶电解质转化为另一种难溶电解质的过程称为沉淀的转化，一般说来，溶解度大的难溶电解质容易转化为溶解度小的难溶电解质。

【仪器药品】

仪器：离心机，量筒（10mL）、烧杯、试管等。

药品：HAc（$0.1mol \cdot L^{-1}$），HCl（$0.1mol \cdot L^{-1}$、$6mol \cdot L^{-1}$），HNO_3（$2mol \cdot L^{-1}$），$NH_3 \cdot H_2O$（$0.1mol \cdot L^{-1}$、$1mol \cdot L^{-1}$），NaOH（$0.1mol \cdot L^{-1}$），NH_4Cl（$0.1mol \cdot L^{-1}$），$MgCl_2$（$0.1mol \cdot L^{-1}$），$FeCl_3$（$0.1mol \cdot L^{-1}$），NaAc（$0.5mol \cdot L^{-1}$），$Pb(NO_3)_2$（$0.01mol \cdot L^{-1}$），KI（$0.001mol \cdot L^{-1}$、$0.1mol \cdot L^{-1}$），KCl（$0.1mol \cdot L^{-1}$），NaCl（$0.1mol \cdot L^{-1}$），K_2CrO_4（$0.1mol \cdot L^{-1}$），$AgNO_3$（$0.1mol \cdot L^{-1}$），NH_4Ac(s)，NH_4Cl(s)，$FeCl_3$(s)，甲基橙，酚酞，广泛 pH 试纸，精密 pH 试纸（8.9～10.0）。

【实验内容】

1. 同离子效应

（1）在试管中加入 5 滴 $0.1mol \cdot L^{-1}$ HAc 溶液和 1 滴甲基橙指示剂，摇匀，观察溶液颜色。再加入固体 NH_4Ac 少许，振摇使之溶解，观察溶液颜色的变化，解释原因。

（2）在试管中加入 5 滴 $0.1mol \cdot L^{-1}$ $NH_3 \cdot H_2O$ 溶液和 1 滴酚酞指示剂，摇匀，观察溶液颜色。再加入固体 NH_4Cl 少许，振摇使之溶解，溶液颜色有何变化，解释原因。

2. 缓冲溶液

（1）缓冲溶液的配制及其 pH 的测定

用移液管吸取 $1mol \cdot L^{-1}$ $NH_3 \cdot H_2O$ 和 $0.1mol \cdot L^{-1}$ NH_4Cl 溶液各 25.00mL，置于 100mL 干燥洁净的小烧杯中，混匀后，用精密 pH 试纸测定该缓冲溶液的 pH，并与计算值比较。

（2）缓冲溶液的缓冲作用

在上面配制的缓冲溶液中，用量筒量取 1mL $0.1mol \cdot L^{-1}$ HCl 溶液加入摇匀，用精密 pH 试纸测定 pH；再加入 2mL $0.1mol \cdot L^{-1}$ NaOH 溶液并摇匀，测定 pH。

（3）缓冲溶液的应用

用 $1mol \cdot L^{-1}$ $NH_3 \cdot H_2O$ 和 $0.1mol \cdot L^{-1}$ NH_4Cl 溶液配制成 pH=9 的缓冲溶液 10mL，然后一分为二，在 1 支试管中加入 10 滴 $0.1mol \cdot L^{-1}$ $MgCl_2$，另 1 支试管中加入 10 滴 $0.1mol \cdot L^{-1}$ $FeCl_3$ 溶液，观察现象，试说明能否用此缓冲溶液分离 Mg^{2+} 和 Fe^{3+}。

3. 盐类的水解及其影响因素

（1）温度对水解平衡的影响

在 2 支试管中分别加入 1mL $0.5mol \cdot L^{-1}$ NaAc 溶液，先将其中 1 支试管加热，然后同时向 2 支试管中加入 1 滴酚酞指示剂，观察溶液颜色的变化，并解释。

（2）溶液酸度对水解平衡的影响

在试管中加米粒大 $SbCl_3$ 固体，再加约 1mL 水，摇匀后观察现象。然后往试管中逐滴加 $6mol \cdot L^{-1}$ HCl 溶液至沉淀完全溶解为止。再用水稀释又有何变化？解释有关现象。在配制 $SbCl_3$ 溶液时应注意什么问题？

4. 沉淀溶解平衡

（1）沉淀的生成

取 2 支试管，分别加入 0.01mol·L^{-1} $Pb(NO_3)_2$ 溶液 2 滴，再在第 1 支试管中加入 5 滴 0.001mol·L^{-1} KI，在第 2 支试管中加入 5 滴 0.1mol·L^{-1} KI，观察现象并解释。

（2）沉淀的溶解

取 1 支试管，加入 2 滴 0.1mol·L^{-1} KCl 和 2 滴 0.1mol·L^{-1} $AgNO_3$ 溶液，振荡试管，观察反应产物的状态和颜色。然后再加数滴 1mol·L^{-1} $NH_3·H_2O$ 溶液，观察现象并解释。

（3）分步沉淀

取 2 只离心试管，分别加入 2 滴 0.1mol·L^{-1} K_2CrO_4、NaCl 溶液，均加入 2 滴 0.1mol·L^{-1} $AgNO_3$ 溶液，观察 Ag_2CrO_4 和 AgCl 沉淀的生成和颜色。离心，弃去清液，往 Ag_2CrO_4 沉淀中加入 0.1mol·L^{-1} NaCl 溶液，往 AgCl 沉淀中加入 0.1mol·L^{-1} K_2CrO_4 溶液，充分搅拌，哪种沉淀的颜色发生变化？实验说明 Ag_2CrO_4、AgCl 中何者溶解度较小？

（4）沉淀的转化

往试管中加 2 滴 0.1mol·L^{-1} NaCl 和 K_2CrO_4 溶液，混合均匀后，逐滴加入 0.1mol·L^{-1} $AgNO_3$ 溶液，并随即摇荡试管，观察沉淀的出现和颜色变化。最后得到外观为砖红色的沉淀中有无 AgCl？用实验证实你的想法（提示：可往沉淀中加 2mol·L^{-1} HNO_3，并观察）。

【思考题】

1. $NaHPO_4$ 溶液是否有缓冲能力？为什么？
2. 如何配制 Sn^{2+}、Fe^{3+} 等盐的水溶液？
3. 利用平衡移动原理，判断下列难溶电解质是否可用 HNO_3 来溶解？

实验九　氧化还原反应（3 学时）

【实验目的】

1. 理解电极电势与氧化还原反应方向的关系。
2. 了解介质及反应物浓度对氧化还原反应的影响。
3. 了解原电池的组成及电动势的粗略测定方法。

【实验原理】

元素的氧化值发生改变的化学反应称为氧化还原反应。氧化剂和还原剂的氧化、还原能力强弱，可根据它们的电极电势的相对大小来衡量。一个电对的电极电势值越大，则其氧化态的氧化能力越强，还原态的还原能力越弱；反之亦然。对于一个氧化还原反应，只有当氧化剂对应的电极电势大于还原剂对应的电极电势时，反应才可以正方向进行。即下式是氧化还原反应的正向进行的必备条件：

$$\varphi_{氧化剂}-\varphi_{还原剂}>0$$

对于一个电对，氧化型和还原型的强度还与其浓度有关。浓度对电极电势的影响，可用 Nernst 方程式表示：

$$\varphi=\varphi^{\ominus}+\frac{0.0592}{n}\lg\frac{[氧化型]}{[还原型]}$$

Nernst 方程式表明，当氧化型或还原型的浓度改变时，都会改变电对的电极电势φ，从

而引起电动势 E 也将发生改变。尤其是有沉淀剂或配位剂存在，能显著降低氧化型物质或还原型物质的浓度时，甚至可以改变氧化还原反应的方向。

在有些电极反应（特别是有含氧酸根离子参加的电极反应）中，H^+ 的氧化值虽然没有变化，却参与了电极反应，这时，介质的酸度也会对电极电势产生影响。

原电池是利用氧化还原反应产生电流的装置。原电池的电动势等于正、负两极的电极电势之差：

$$E=\varphi_{正}-\varphi_{负}$$

准确测定电动势需用对消法在电位计上进行。本实验采用伏特计进行定性比较。

【仪器药品】

仪器：伏特计、表面皿（大小各 1）、烧杯、试管等。

药品：HAc($6mol\cdot L^{-1}$)，HCl($1mol\cdot L^{-1}$、浓)，HNO_3($2mol\cdot L^{-1}$、浓)，H_2SO_4($2mol\cdot L^{-1}$)，NaOH($6mol\cdot L^{-1}$)，浓氨水，KI($0.1mol\cdot L^{-1}$)，$K_4[Fe(CN)_6]$($0.1mol\cdot L^{-1}$)，$Fe_2(SO_4)_3$($0.1mol\cdot L^{-1}$)，$FeSO_4$($0.1mol\cdot L^{-1}$)，KBr($0.1mol\cdot L^{-1}$)，$CuSO_4$($0.5mol\cdot L^{-1}$)，$ZnSO_4$($0.5mol\cdot L^{-1}$)，Na_2SO_3($0.5mol\cdot L^{-1}$)，$KMnO_4$($0.001mol\cdot L^{-1}$、$0.1mol\cdot L^{-1}$)，碘水，溴水，CCl_4，锌粒，MnO_2(s)，pH 试纸。

材料：铜片、锌片、导线、盐桥。

【实验内容】

1. 氧化还原反应和电极电势

(1) 在试管中加 $0.1mol\cdot L^{-1}$ KI 溶液、$0.1mol\cdot L^{-1}$ $Fe_2(SO_4)_3$ 溶液各 5 滴，摇匀后加入 1mL CCl_4，充分振荡，观察现象。[反应混合液保留，在实验内容(2) 中使用]

(2) 用 $0.1mol\cdot L^{-1}$ KBr 溶液代替 KI 溶液进行同样的实验，观察现象。

(3) 向两支试管中分别加入 5 滴碘水、溴水，然后加入约 5 滴 $0.1mol\cdot L^{-1}$ $FeSO_4$ 溶液，摇匀后，注入 1mL CCl_4，充分振荡，观察现象。

解释以上现象，定性比较 Br_2/Br^-、I_2/I^-、Fe^{3+}/Fe^{2+} 3 个电对的电极电势。

2. 浓度对氧化还原反应的影响

(1) 浓度对电极电势的影响

向两只 50mL 烧杯中分别加 25mL $0.5mol\cdot L^{-1}$ $CuSO_4$ 溶液、25mL $0.5mol\cdot L^{-1}$ $ZnSO_4$ 溶液，用盐桥将两只烧杯中的溶液连接。在 $CuSO_4$ 溶液中插入铜片，在 $ZnSO_4$ 溶液中插入锌片，构成两个电极。用导线分别将铜电极和锌电极与伏特计的正、负极相接，测量两个电极之间的电势差。

边加边搅拌地向 $CuSO_4$ 溶液中加浓氨水至最初生成的沉淀完全溶解，再测量两个电极之间的电势差，电势差有何变化？

边加边搅拌地向 $ZnSO_4$ 溶液中加浓氨水至最初生成的沉淀完全溶解，再测量两个电极之间的电势差，电势差又有何变化？

(2) 浓度对氧化还原反应产物的影响

在 2 支试管中分别加 10 滴浓硝酸和 10 滴 $2mol\cdot L^{-1}$ 硝酸，各加 1 粒锌粒，观察现象。

稀硝酸的还原产物的检验：取 5 滴反应后试液于一表面皿中心，滴加 5 滴 $6mol\cdot L^{-1}$ NaOH 使反应液呈碱性。在另一小表面皿中心沾附一小条湿润的 pH 试纸，将此小表面皿反扣于盛有试液的大表面皿上作成“气室”（如图 2-18 所示）。将“气室”放在水浴上加热，观察 pH 试纸的变化。

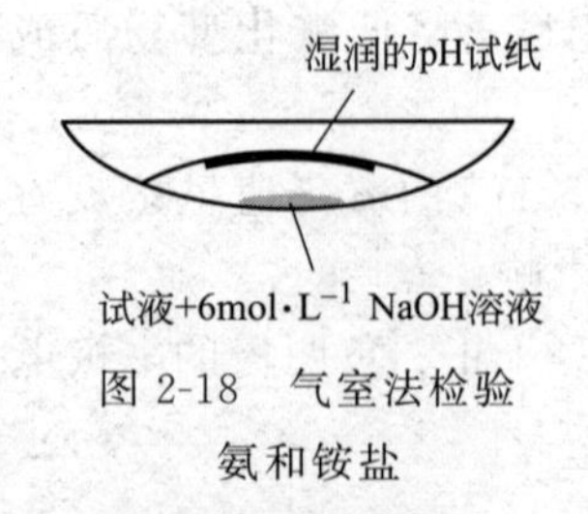

图 2-18　气室法检验氨和铵盐

（3）浓度对氧化还原反应方向的影响

在试管中加 0.1mol·L^{-1} $K_4[Fe(CN)_6]$ 溶液和碘水各 5 滴，振荡，观察现象。与实验内容 1(1) 保留液现象进行比较。

3. 酸度对氧化还原反应的影响

（1）酸度对电极电势的影响

取两支试管，分别加绿豆大小量的 MnO_2 固体，向其中一支试管中加 10 滴 1mol·L^{-1} HCl 溶液，另一支试管中加 10 滴浓盐酸，观察两支试管中发生的现象。

（2）酸度对氧化还原反应产物的影响

取三支试管，分别加 5 滴 0.5mol·L^{-1} Na_2SO_3，向其中一支试管中加 5 滴 2mol·L^{-1} H_2SO_4 溶液，另一支试管中加 5 滴蒸馏水，第三支试管中加 5 滴 6mol·L^{-1} NaOH 溶液，混合后再各加 1 滴 0.1mol·L^{-1} $KMnO_4$ 溶液，观察颜色变化有何不同。

（3）酸度对氧化还原反应速率的影响

取两支试管，分别加 5 滴 0.1mol·L^{-1} KBr 溶液，向其中一支试管中加 5 滴 2mol·L^{-1} H_2SO_4 溶液，另一支试管中加 5 滴 6mol·L^{-1} HAc 溶液，然后在两支试管中分别各加 2 滴 0.001mol·L^{-1} $KMnO_4$ 溶液。观察两支试管中紫红色褪色快慢的差异。

【思考题】

1. 为什么 $KMnO_4$ 可以氧化盐酸中的 Cl^-，而不能氧化氯化钠中的 Cl^-？

2. 用实验事实说明浓度如何影响电极电势？在实验中应如何控制介质条件？

3. 即使在 Fe^{3+} 浓度很大的溶液中，仍不能抑制 MnO_4^- 氧化 Fe^{2+}，这与化学平衡移动原理是否有矛盾？

实验十　配位化合物的生成和性质（3 学时）

【实验目的】

1. 学会配位化合物的制备。

2. 验证简单离子与配离子、配离子和复盐之间的区别。

3. 了解配位平衡与酸碱平衡、沉淀平衡、氧化还原平衡的影响。

4. 认识螯合物的生成。

【实验原理】

配位化合物的组成一般分为内界和外界两部分。中心离子和配体组成配合物的内界，其余离子为外界。内界与外界之间以离子键结合，在水溶液中完全解离。配合物内界在水溶液中分步解离，在一定条件下，中心离子、配体和配离子间达到配位平衡：

$$M+nL \rightleftharpoons [ML_n]$$

$$K_{稳}^{\ominus}=\frac{[ML_n]}{[M][L]^n}$$

一般地，配合物的 $K_{稳}^{\ominus}$ 越大，其稳定性越好。

根据平衡移动原理，中心原子或配体的浓度发生改变，会引起配位平衡的移动。加入有效的沉淀剂、氧化剂或还原剂、其他的配位剂，或改变溶液的酸度，都会使配位平衡发生移动。

配合物是由中心原子与多齿配体形成的具有环状结构的配合物。配合物的稳定性与环结构有关，一般地，多环比少环稳定，五元环、六元环比较稳定。

【仪器药品】

仪器：烧杯、试管等。

药品：H_2SO_4(6mol·L^{-1})、HCl(6mol·L^{-1})、NaOH(2mol·L^{-1})、氨水(6mol·L^{-1})、$CuSO_4$(0.2mol·L^{-1})、$BaCl_2$(0.1mol·L^{-1})、$K_3[Fe(CN)_6]$(0.1mol·L^{-1})、KSCN(0.5mol·L^{-1})、$FeCl_3$(0.1mol·L^{-1})、$NH_4Fe(SO_4)_2$(0.1mol·L^{-1})、NH_4F(4mol·L^{-1})、$AgNO_3$(0.1mol·L^{-1})、NaCl(0.1mol·L^{-1})、KI(0.1mol·L^{-1})、$HgCl_2$(0.1mol·L^{-1})、$SnCl_2$(0.1mol·L^{-1})、$NiSO_4$(0.1mol·L^{-1})、EDTA 二钠盐(0.1mol·L^{-1})、丁二酮肟乙醇溶液、红色石蕊试纸。

【实验内容】

1. 配离子的生成和配位化合物的组成

（1）各取 1mL 0.2mol·L^{-1} $CuSO_4$ 溶液于两支试管中，向其中一支试管加入 3 滴 0.1mol·L^{-1} $BaCl_2$ 溶液，向另一支加入 3 滴 2mol·L^{-1} NaOH 溶液，观察现象。

（2）另取一支试管，加入 2mL 0.2mol·L^{-1} $CuSO_4$ 溶液，逐滴加入 6mol·L^{-1}氨水，边加边振荡，待生成的沉淀完全溶解后，再滴加几滴氨水。将溶液分成两份，向其中一支试管加入 3 滴 0.1mol·L^{-1} $BaCl_2$ 溶液，向另一支试管加入 3 滴 2mol·L^{-1} NaOH 溶液，观察现象。

解释上述现象。

2. 配离子与简单离子的性质比较

（1）$K_3[Fe(CN)_6]$ 的性质

在试管中加 5 滴 0.1mol·$L^{-1}$$K_3[Fe(CN)_6]$ 溶液和 2 滴 0.5mol·L^{-1} KSCN 溶液，观察现象。

（2）$FeCl_3$ 的性质

在试管中加 5 滴 0.1mol·L^{-1} $FeCl_3$ 溶液和 2 滴 0.5mol·L^{-1} KSCN 溶液，观察现象（试液保留，做后面实验用）。

（3）复盐 $NH_4Fe(SO_4)_2$ 的性质

在 2 支试管中各加入 1mL 0.1mol·L^{-1} $NH_4Fe(SO_4)_2$ 溶液。

① 在第 1 支试管中滴加 0.1mol·L^{-1} $BaCl_2$ 溶液 2 滴，观察现象。

② 在第 2 支试管中滴加 0.1mol·L^{-1} KSCN 溶液 2 滴，观察现象。

③ 在一大表面皿中心加 5 滴 0.1mol·L^{-1} $NH_4Fe(SO_4)_2$ 溶液，再加 5 滴 2mol·L^{-1} NaOH，混合均匀。在另一块较小的表面皿中心沾上一条湿润的红色石蕊试纸，把它盖在大表面皿上做成气室，将此气室置于水浴上微热 2 分钟，观察试纸颜色的变化。

以上实验现象说明了什么？

3. 配位平衡移动

（1）酸碱平衡的影响

① 实验内容 2(2) 保留液，滴加 0.5mL 6mol·L^{-1} H_2SO_4 溶液，观察溶液颜色的变化，解释现象。

② 在试管中加入 5 滴 0.1mol·L^{-1} $FeCl_3$ 溶液，逐滴加入 4mol·L^{-1} NH_4F 至溶液呈无

色。向溶液中滴加 2mol·L^{-1} NaOH 溶液，观察现象并加以解释。

（2）沉淀平衡的影响

在试管中加入 3 滴 0.1mol·L^{-1} $AgNO_3$ 溶液，再加 3 滴 0.1mol·L^{-1} NaCl 溶液，在生成的沉淀中加入 2mol·L^{-1}氨水至沉淀刚好溶解。再向溶液中加入 1 滴 0.1mol·L^{-1} NaCl 溶液，观察是否有 AgCl 白色沉淀生成。再加 1 滴 0.1mol·L^{-1} KI 溶液，观察有无 AgI 沉淀生成，解释现象。

（3）氧化还原平衡的影响

向一盛有 0.5mL 0.1mol·L^{-1} $HgCl_2$ 溶液的试管中，逐滴加入 0.1mol·L^{-1} KI 溶液至生成的红色沉淀消失后，再逐滴加入 0.1mol·L^{-1} $SnCl_2$ 溶液，观察现象并加以解释。

（4）配位平衡的影响

取 3 滴 0.1mol·L^{-1} $FeCl_3$ 溶液，逐滴加入 6mol·L^{-1} HCl 溶液，观察溶液颜色的变化。再加 1 滴 0.5mol·L^{-1} KSCN 溶液，颜色又有何变化？最后向溶液中滴加 4mol·L^{-1} NH_4F 至溶液颜色完全退去（试液保留，做下面实验用）。由溶液颜色变化比较三种酸离子的稳定性。

4. 配合物的生成

（1）丁二酮肟合镍(Ⅱ) 的生成

在试管中加入 1 滴 0.1mol·L^{-1} $NiSO_4$ 溶液和 2 滴 6mol·L^{-1} $NH_3 \cdot H_2O$ 溶液，观察现象。再加入 2 滴丁二酮肟的乙醇溶液，观察鲜红色丁二酮肟合镍(Ⅱ) 沉淀的生成：

$$Ni^{2+} + 2\begin{matrix} CH_3-C{=}NOH \\ | \\ CH_3-C{=}NOH \end{matrix} \rightleftharpoons Ni(CH_3C{=}NO)_2(CH_3C{=}NOH)_2 \text{ (chelate: two N}\rightarrow\text{Ni, two O–Ni, with O–H}\cdots\text{O bridges)} + 2H^+$$

（2）实验内容 3(4) 保留液，加 0.1mol·L^{-1} EDTA 溶液，观察溶液变化。EDTA 与 Fe^{3+}生成含 5 个五元环的配合物，反应可简写为：

$$Fe^{3+} + [H_2(EDTA)]^{2-} \rightleftharpoons [Fe(EDTA)]^{-} + 2H^{+}$$

【思考题】

1. 根据实验现象说明配离子和简单离子，配离子和复盐有哪些区别？

2. 举例说明配位平衡受哪些因素的影响？

3. 在印染业的染浴中，常因某些离子（如 Fe^{3+}、Cu^{2+}等）使染料颜色改变，加入 EDTA 便可纠正此弊，试说明原理。

4. 设计适当的方案使下列各组化合物逐一溶解：

（1）AgCl，AgBr，AgI

（2）CuC_2O_4，CuS

实验十一　氯化钠的提纯（3 学时）

【实验目的】

1. 掌握提纯 NaCl 的原理和方法。

2. 学习溶解、沉淀、过滤、抽滤、蒸发浓缩、结晶和烘干等操作。

3. 了解 Ca^{2+}、Mg^{2+}、SO_4^{2-} 等离子的定性鉴定。

【实验原理】

粗盐中含 Ca^{2+}、Mg^{2+}、K^{+}、SO_4^{2-} 杂质离子和泥沙等机械杂质，可依次用 $BaCl_2$ 除去 SO_4^{2-}，用 Na_2CO_3 除去 Ca^{2+}，Mg^{2+}、Fe^{3+}、K^{+}，在结晶后抽滤时除去。

$$Ba^{2+} + SO_4^{2-} = BaSO_4 \downarrow$$

$$Ca^{2+} + CO_3^{2-} = CaCO_3 \downarrow$$

$$Ba^{2+} + CO_3^{2-} = BaSO_4 \downarrow \text{（多余的 } Ba^{2+}\text{）}$$

$$2Mg^{2+} + 2OH^{-} + CO_3^{2-} = Mg_2(OH)_2CO_3 \downarrow$$

$$2Fe^{3+} + 3CO_3^{2-} + 3H_2O = 2Fe(OH)_3 \downarrow + 3CO_2$$

【仪器药品】

仪器：循环水真空泵、台秤。

材料：滤纸、pH 试纸。

固体药品：粗盐。

液体药品：饱和 Na_2CO_3、$1mol \cdot L^{-1}$ $BaCl_2$、$6mol \cdot L^{-1}$ HCl、$3mol \cdot L^{-1}$ H_2SO_4、$2mol \cdot L^{-1}$ HAc、饱和$(NH_4)_2C_2O_4$、$6mol \cdot L^{-1}$ NaOH、无水乙醇。

【实验内容】

1. 称重

称 8g 粗盐，加 3～4mL 水溶解（加热搅拌）。

2. 除 SO_4^{2-}

将粗盐溶液加热至沸腾，边搅拌边滴加 $1mol \cdot L^{-1}$ $BaCl_2$ 溶液（共 2～3mL），继续加热 5 分钟。

3. 检验 SO_4^{2-} 是否除尽

停止加热，让溶液静置，沉降至上部澄清，取上清液 0.5mL，加几滴 $6mol \cdot L^{-1}$ HCl，加几滴 $BaCl_2$ 溶液，若无沉淀产生，示 SO_4^{2-} 已除尽；若有沉淀，需再加 $BaCl_2$ 至 SO_4^{2-} 沉淀完全。

4. 除去 Ca^{2+}、Mg^{2+} 和过量 Ba^{2+}

将上述混合物加热至沸腾，边搅拌边滴加饱和 Na_2CO_3 溶液（共 3～4mL），直至沉淀完全。

5. 检验 Ba^{2+} 是否除去

将上述混合物放置沉降，取 0.5mL 上清液，滴加 $3mol \cdot L^{-1}$ H_2SO_4，若无沉淀，示 Ba^{2+} 已除净；否则，再补加 Na_2CO_3 至沉淀完全。

验证沉淀完全后，常压过滤，弃去沉淀，保留溶液。

6. 用 HCl 调酸度，除去 CO_3^{2-}

在滤液中滴加 $6mol \cdot L^{-1}$ HCl，搅匀，用 pH 试纸检验，至 pH 为 3～4。

7. 加热，蒸发，结晶

将滤液在蒸发皿中加热蒸发，体积为 1/3 时（糊状，勿蒸干），停止加热，冷却、结晶、抽滤。用少量 2∶1 酒精洗涤沉淀，抽干。

8. 烘干

将抽滤得到的 NaCl 晶体，在干净干燥的蒸发皿中小火烘干，冷却，称重，计算产率。

9. 产品纯度的检验

称取粗盐和精盐各0.5g，分别用5mL蒸馏水溶解备用。

(1) SO_4^{2-} 的检验

各取上述两种盐溶液1mL，各加2滴6mol·L^{-1} HCl和3～4滴$BaCl_2$，观察有无$BaSO_4$沉淀。

(2) Ca^{2+}的检验

各取上述两种盐溶液1mL，各加几滴2mol·L^{-1} HAc酸化，分别滴加3～4滴饱和$(NH_4)_2C_2O_4$溶液，观察有无CaC_2O_4白色沉淀。

(3) Mg^{2+}的检验

各取上述两种盐溶液1mL，各加4～5滴6mol·L^{-1} NaOH摇匀，各加3～4滴镁试剂，若有蓝色絮状沉淀，表示含Mg^{2+}。

【思考题】

1. 在除去Ca^{2+}，Mg^{2+}，SO_4^{2-}时，为什么要先加入$BaCl_2$溶液，然后再加入Na_2CO_3溶液？
2. 能否用$CaCl_2$代替$BaCl_2$来除SO_4^{2-}？
3. 在除Ca^{2+}、Mg^{2+}、Ba^{2+}等离子时，能否用其他可溶性碳酸盐代替Na_2CO_3？
4. 怎样除去粗盐中的K^+？
5. 在除去溶液中过量的NaOH和Na_2CO_3时，为什么要控制溶液的pH值为3～4?

实验十二　硫代硫酸钠的制备（4学时）

【实验目的】

1. 学习制备硫代硫酸钠的原理和方法。
2. 练习和掌握溶液的蒸发、浓缩、结晶以及减压过滤等基本操作。
3. 学习定性鉴定硫代硫酸钠的方法。

【实验原理】

由于硫代硫酸钠具有不稳定性、较强的还原性和配位能力，所以对制好的产品应进行性质鉴定。用盐酸溶液检验其不稳定性，用碘水和淀粉溶液检验其还原性，用硝酸银溶液和溴化钾溶液检验其配合性。

硫代硫酸钠是最重要的硫代硫酸盐，俗称“海波”，又名“大苏打”，是无色透明单斜晶体，易溶于水，难溶于乙醇。硫代硫酸钠在酸性条件下极不稳定，易分解；硫代硫酸钠具有较强的还原性和配位能力，可用于照相行业的定影剂，洗染业、造纸业的脱氯剂，定量分析中的还原剂。

采用亚硫酸钠法制备硫代硫酸钠，用近饱和的亚硫酸钠溶液与硫黄粉共煮。

$$Na_2SO_3+S+5H_2O \xlongequal{} Na_2S_2O_3\cdot 5H_2O$$

反应液经脱色、过滤、浓缩结晶、过滤、干燥即得产品。$Na_2S_2O_3$于40～45℃熔化，48℃分解，因此，在浓缩过程中要注意不能蒸发过度。

【仪器药品】

仪器：电热套、台秤、100mL锥形瓶、10mL量筒、蒸发皿、磁力搅拌器、玻璃棒、石棉网、抽滤瓶、布氏漏斗、试管。

药品：Na_2SO_3、硫黄粉、活性炭、乙醇、$AgNO_3$（1mol•L^{-1}）、碘水、淀粉溶液、盐酸（6mol•L^{-1}）、KBr(0.1mol•L^{-1})。

【实验内容】

1. 硫代硫酸钠的制备（图 2-19）

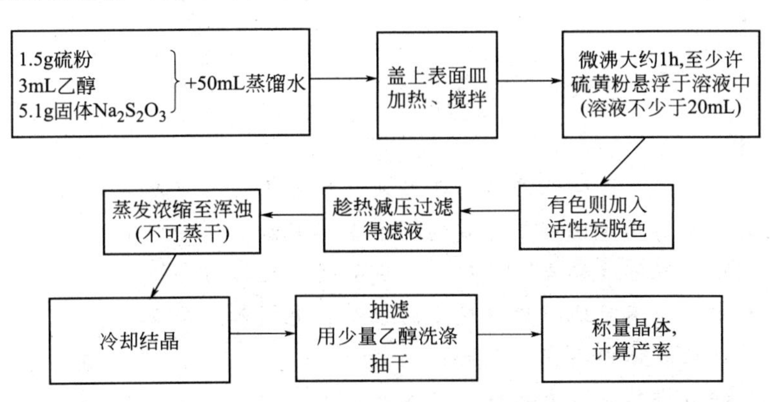

图 2-19　硫代硫酸钠的制备流程图

（1）称取 5.1g $Na_2S_2O_3$ 固体于 100mL 锥形瓶中，加 50mL 蒸馏水搅拌溶解。

（2）称取 1.5g 硫黄粉于 100mL 烧杯中，加 3mL 乙醇充分搅拌均匀，再加入 $Na_2S_2O_3$ 溶液混合，盖上表面皿，加热并不断搅拌。

（3）待溶液沸腾后改用小火加热，保持微沸状态 1h，不断地用玻璃棒充分搅拌，直至仅有少许硫粉悬浮于溶液中，加少量活性炭作脱色剂。

（4）趁热减压过滤，将滤液转至蒸发皿中，水浴加热浓缩至液体表面出现结晶为止。

（5）自然冷却、结晶。

（6）减压过滤，滤液回收。

（7）用少量乙醇洗涤晶体，用滤纸吸干后，称重，计算产率。

2. 硫代硫酸钠的性质鉴定

取少量自制的 $Na_2S_2O_3 \cdot 5H_2O$ 晶体溶于 10mL 水中，进行以下实验。

（1）$S_2O_3^{2-}$ 鉴定

在点滴板加入 $Na_2S_2O_3$ 溶液再加 2 滴 0.1mol•L^{-1} $AgNO_3$ 溶液，观察现象。如果沉淀由白色变黄色变棕色最后变为黑色，可证明含有 $S_2O_3^{2-}$。

$$2Ag^+ + S_2O_3^{2-} \xlongequal{} Ag_2S_2O_3$$

$$Ag_2S_2O_3 + H_2O \xlongequal{} Ag_2S + H_2SO_4$$

（2）$Na_2S_2O_3 \cdot 5H_2O$ 的稳定性

取少量 $Na_2S_2O_3$ 溶于试管中，加入 3 滴 6mol•L^{-1}盐酸溶液，振荡片刻，用湿润的蓝色石蕊试纸检验逸出气体，观察现象。观察到蓝色石蕊试纸变红色，有浅黄色沉淀生成。

$$S_2O_3^{2-} + 2H^+ \xlongequal{} S\downarrow + SO_2 + H_2O$$

（3）$Na_2S_2O_3 \cdot 5H_2O$ 的还原性

滴入少量的碘水和淀粉溶液于试管中，然后再滴入少量 $Na_2S_2O_3$ 溶液于试管中，观察现象。观察到溶液由蓝色变为无色。

$$2S_2O_3^{2-} + I_2 \xlongequal{} S_4O_6^{2-} + 2I^-$$

（4）$Na_2S_2O_3 \cdot 5H_2O$ 配位性

在点滴板滴加 2 滴 0.1mol·L^{-1} $AgNO_3$ 溶液和 2 滴 0.1mol·L^{-1} KBr 溶液，再滴入 3 滴 $Na_2S_2O_3$ 溶液，观察现象。

$$Ag^+ + Br^- = AgBr\downarrow$$

$$AgBr + 2S_2O_3^{2-} = [Ag(S_2O_3)_2]^{3-} + Br^-$$

【数据处理】

$$产率 = \frac{实际产量}{理论产量} \times 100\% = \frac{m}{10.0} \times 100\%$$

【注意事项】

1. 蒸发浓缩时，速度太快，产品易于结块；速度太慢，产品不易形成结晶。
2. 反应中的硫黄粉用量已经是过量的，不需再多加。
3. 实验过程中，浓缩液终点不易观察，有晶体出现即可。
4. 反应过程中，应不时地将烧杯壁上的硫黄粉也搅入反应液中。
5. 注意保持反应液体积不少于 32mL。
6. 抽滤时应细心操作，避免活性炭进入滤液。
7. 浓缩结晶时，切忌蒸出较多溶剂，免得产物因缺水而固化，得不到 $Na_2S_2O_3 \cdot 5H_2O$ 晶体。
8. 若放置一段时间仍没有晶体析出，是形成了过饱和溶液，可采用摩擦器壁或加一粒硫代硫酸钠晶体引发结晶。

【思考题】

1. 硫黄粉稍有过量，为什么？为什么加入乙醇？目的何在？为什么要加入活性炭？
2. 蒸发浓缩硫代硫酸钠溶液时，为什么不能蒸发得太浓？干燥硫代硫酸钠晶体的温度为什么控制在 40℃。
3. 减压过滤操作要注意什么？

实验十三　硫酸亚铁铵的制备（3 学时）

【实验目的】

1. 掌握制备复盐硫酸亚铁铵的方法，了解复盐的特性。
2. 练习无机制备中的一些基本操作。
3. 学习限量分析法检验产品中的 Fe^{3+} 杂质。

【实验原理】

$(NH_4)_2SO_4FeSO_4 \cdot 6H_2O$ 俗称摩尔盐，易溶于水，难溶于乙醇，比一般的亚铁盐稳定，在空气中不易被氧化，因此在化学实验中常用来配制亚铁离子溶液。

实验中常采用过量的铁屑与稀 H_2SO_4 反应生成 $FeSO_4$：

$$Fe + H_2SO_4 = FeSO_4 + H_2\uparrow$$

再将等物质的量的 $FeSO_4$ 与饱和的 $(NH_4)_2SO_4$ 反应，生成复盐硫酸亚铁铵，其反应如下：

$$FeSO_4 + (NH_4)_2SO_4 + 6H_2O = (NH_4)_2SO_4 \cdot FeSO_4 \cdot 6H_2O$$

【仪器药品】

仪器、材料：循环水真空泵、台秤、滤纸、pH 试纸。

药品：铁屑、$(NH_4)_2SO_4$、10% Na_2CO_3 溶液、$3mol \cdot L^{-1}$ H_2SO_4、$3mol \cdot L^{-1}$ HCl 溶液、25% KSCN 溶液。

【实验内容】

1. 硫酸亚铁的制备

称取 3g 铁屑，放入烧杯内，加 20mL 10% Na_2CO_3 溶液，将烧杯放在石棉网上加热 10 分钟，以除去铁屑上的油污，用倾析法倒掉碱溶液，再用水把铁屑洗净，把水倒掉。

在盛铁屑的锥形瓶中加入 20mL $3mol \cdot L^{-1}$ H_2SO_4，放在水浴上加热（在通风橱内进行），等铁屑与 H_2SO_4 充分反应后（不再有气泡产生），趁热用减压过滤法分离溶液与残渣。滤液转移到蒸发皿内，将留在锥形瓶内和滤纸上的残渣（铁屑）洗净，收集在一起用吸水纸吸干后称重。通过已反应的铁屑重量计算出溶液中 $FeSO_4$ 的量。

2. 硫酸亚铁铵的制备

根据计算所得 $FeSO_4$ 的量，按 $FeSO_4$ 与 $(NH_4)_2SO_4$ 物质的量比为 1∶0.8（因过滤会损失一部分 $FeSO_4$）的比例，称取 $(NH_4)_2SO_4$ 固体，把它配制成饱和溶液（20℃时，$(NH_4)_2SO_4$ 的溶解度为 75.4g)，加到 $FeSO_4$ 溶液中。然后在水浴上加热浓缩溶液，至表面出现晶膜为止，放置，让溶液自然冷却（不要搅拌），即得到硫酸亚铁铵晶体。减压过滤后，用吸水纸将晶体表面的水吸干，称重，计算产率。

3. Fe^{3+} 的检验（Fe^{3+} 限量分析）

将样品配制成溶液，与各种含一定量杂质离子的标准溶液进行比色或比浊，以确定杂质含量范围。如果样品溶液的颜色或浊度不深于标准溶液，则认为杂质含量低于某一规定限度，这种分析方法称为限量分析。

(1) 配制浓度为 $0.0100mg \cdot mL^{-1}$ 的 Fe^{3+} 标准溶液

称取 0.0216g $NH_4Fe(SO_4)_2 \cdot 12H_2O$ 于烧杯中，加入少量蒸馏水溶解，再加入 6mL $3mol \cdot L^{-1}$ H_2SO_4，转入 250mL 容量瓶中，洗涤烧杯 3 次，洗涤液全部倒入容量瓶，最后加蒸馏水稀释至刻度，摇匀。此溶液中 Fe^{3+} 浓度即为 $0.0100mg \cdot mL^{-1}$。

(2) 配制标准色阶

用移液管移取 5.00mL Fe^{3+} 标准溶液于比色管中，加 2mL $3mol \cdot L^{-1}$ HCl 和 1mL 25% KSCN 溶液，再加入不含氧的蒸馏水（取一定量的蒸馏水于锥形瓶中，在石棉网上加热煮沸 10～20 分钟，冷却即用)。将溶液稀释至 25mL，摇匀，即得到一级试剂标准液（其中含 Fe^{3+} 0.05mg)。再分别移取 10mL 和 20mL Fe^{3+} 标准溶液于比色管中，用同样的方法可配得二级和三级标准液，其中含 Fe^{3+} 分别为 0.10mg 和 0.20mg。

(3) 硫酸亚铁铵等级的确定

称取 1g 硫酸亚铁铵晶体，加到 25mL 比色管中，用 15mL 不含氧的蒸馏水溶解，再加 2mL $3mol \cdot L^{-1}$ HCl 和 1mL 25% KSCN 溶液，最后加入不含氧的蒸馏水将溶液稀释到 25mL，摇匀，与标准溶液进行目视比色，确定产品的等级。

【思考题】

1. 本实验的反应过程中是铁过量还是 H_2SO_4 过量？为什么要这样？

2. 在 $FeSO_4$ 的制备过程中，所得溶液为什么要趁热过滤？

3. 本实验在计算硫酸亚铁铵的产率时，应以 $FeSO_4$ 的量还是以 $(NH_4)_2SO_4$ 的量为准？为什么？

实验十四　去离子水的制备（3学时）

【实验目的】

1. 了解离子交换法制取去离子水的原理和方法。

2. 掌握杂质离子的定性鉴定方法。

3. 学会电导率仪的正确使用方法。

【实验原理】

工农业生产、科学研究和日常生活用水，对水质各有一定的要求。自来水中常溶有钠、镁、钙的碳酸盐和酸式碳酸盐、硫酸盐和氯化物以及某些气体和有机物等杂质。为了除去水中杂质，常采用蒸馏法和离子交换法。本实验用离子交换法制取去离子水。

自来水流经阳离子交换树脂时，水中的阳离子如 Na^+、Ca^{2+}、Mg^{2+} 等被树脂交换吸附，并发生如下反应：

$$RSO_3^- H^+ + Na^+ \rightleftharpoons RSO_3Na + H^+$$

$$2RSO_3^- H^+ + Ca^{2+} \rightleftharpoons (RSO_3)_2Ca + 2H^+$$

$$2RSO_3^- H^+ + Mg^{2+} \rightleftharpoons (RSO_3)_2Mg + 2H^+$$

从阳离子交换树脂出来的水流经阴离子交换树脂时，水中的阴离子如 Cl^-、SO_4^{2-}、CO_3^{2-} 等被树脂交换吸附，并发生如下反应：

$$RN(CH_3)_3^+ OH^- + Cl^- \rightleftharpoons RN(CH_3)_3^+ Cl^- + OH^-$$

$$2RN(CH_3)_3^+ OH^- + SO_4^{2-} \rightleftharpoons [RN(CH_3)_3^+]_2 SO_4^{2-} + 2OH^-$$

$$2RN(CH_3)_3^+ OH^- + CO_3^{2-} \rightleftharpoons [RN(CH_3)_3^+]_2 CO_3^{2-} + 2OH^-$$

阳离子交换树脂中产生的 H^+ 和阴离子交换树脂中产生的 OH^- 结合成水：

$$H^+ + OH^- \rightleftharpoons H_2O$$

水质检测有如下几种方法。

（1）用电导仪测定电导。

（2）用铬黑T检验 Mg^{2+}：在 pH=8～11 的溶液中，铬黑T本身显蓝色，若样品液中含有 Mg^{2+}，则与铬黑T形成葡萄酒红色。

（3）用 $AgNO_3$ 溶液检验 Cl^-。

（4）用 $BaCl_2$ 溶液检验 SO_4^{2-}。

（5）用钙指示剂检验 Ca^{2+}：游离的钙指示剂呈蓝色，在 pH>12 的碱性溶液中，它能与 Ca^{2+} 结合显红色。在此 pH 值下 Mg^{2+} 不干涉 Ca^{2+} 的检验，因为 pH>12 时，Mg^{2+} 已生成 $Mg(OH)_2$ 沉淀。

【仪器药品】

仪器材料：离子交换装置1套、玻璃纤维或脱脂棉、强酸型阳离子交换树脂（型号732）100g、强碱型阴离子交换树脂（型号711）100g。

药品：$AgNO_3$（0.1mol·L^{-1}）、$BaCl_2$（1mol·L^{-1}）、铬黑T、钙指示剂、$NH_3·H_2O$-NH_4Cl 缓冲溶液（pH 10～11）。

【实验内容】

1. 装柱

装置示意如图 2-20 所示。阳离子交换柱内装有阳离子交换树脂，在底部有孔橡皮塞上面放有一层支撑树脂用的玻璃纤维或玻璃布，橡皮塞中装有一根 T 形玻璃管，用来连接取样管和连接阴离子交换柱。取样时，旋转取样管上的旋塞，水样即可流出。取样管也可用乳胶管和 T 形玻璃管连接，乳胶管内装有一颗玻璃珠，取样时，手捏玻璃珠，水样即可流出，其操作和碱式滴定管相同。阴离子交换柱内装有阴离子交换树脂（体积均为阳离子交换树脂的两倍）。下面橡皮管中也装有 T 形玻璃管，用来取样。

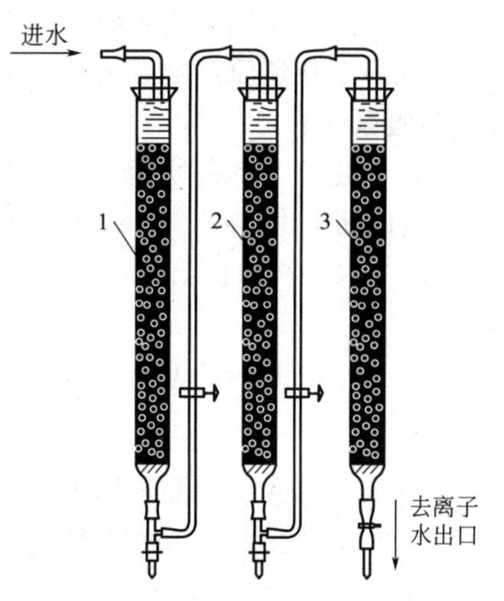

图 2-20 离子交换法净化水的装置示意图

1—阳离子交换柱；2—阴离子交换柱；3—阴、阳离子混合交换柱

2. 交换

依次使自来水流过阳离子交换柱和阴离子交换柱。

3. 水质检测

依次取自来水试样、阳离子交换柱流出液、阴离子交换柱流出液样品进行以下项目的检测。

（1）用电导仪分别检测自来水和阴离子交换柱流出液的电导。

（2）用铬黑 T 检验 Mg^{2+}：取自来水试样和阳离子交换柱流出液各 1mL，分别加入 1 滴 $2mol \cdot L^{-1}$ 氨水和少量固体铬黑 T 指示剂。根据颜色判断有无 Mg^{2+}。

（3）用钙指示剂检验 Ca^{2+}：取自来水试样和阳离子交换柱流出液各 1mL，分别加入 2 滴 $2mol \cdot L^{-1}$ NaOH，再加入少许钙指示剂。观察颜色，判断有无 Ca^{2+}。

（4）用 $AgNO_3$ 溶液检验 Cl^-：取自来水试样和阴离子交换柱流出液各 1mL，分别加入 2 滴 $2mol \cdot L^{-1}$ HNO_3，再加入 2 滴 $0.1mol \cdot L^{-1}$ $AgNO_3$ 溶液。观察有无白色沉淀产生。

（5）用 $BaCl_2$ 溶液检验 SO_4^{2-}：取自来水试样和阴离子交换柱流出液各 1mL，分别加入 2 滴 $1mol \cdot L^{-1}$ $BaCl_2$ 溶液。观察有无白色沉淀产生。

注意：检验水样所用的试管必须洁净，并用少量蒸馏水淋洗过。

根据实验结果做出结论。

【思考题】

1. 离子交换法制备去离子水的原理是什么？
2. 为什么经阳离子交换树脂处理后的自来水。电导率比原来大？
3. 用电导率仪测定水纯度的根据是什么？
4. 用 $AgNO_3$ 溶液检测氯离子的机理是什么？

备注

游离的钙指示剂呈蓝色，在 pH>12 的碱性溶液中，与 Ca^{2+} 结合呈红色。在此 pH 下，Mg^{2+} 因形成 $Mg(OH)_2$ 沉淀而不干扰 Ca^{2+} 的检验。

实验十五 过氧化钙的制备（6 学时）

【实验目的】

1. 综合练习无机化合物制备的操作。

2. 了解过氧化钙的制备原理和方法。

3. 练习氧化还原滴定分析等基本操作。

【实验原理】

1. 过氧化钙的制备原理

过氧化钙可由$CaCl_2$在碱性条件下与H_2O_2反应，或$Ca(OH)_2$、NH_4Cl与H_2O_2反应来制备。在水溶液中析出的过氧化钙为八水合物$CaO_2 \cdot 8H_2O$，故需经脱水处理，方可得到产品。

$$CaCl_2 + H_2O_2 + 2NH_3 \cdot H_2O + 6H_2O = CaO_2 \cdot 8H_2O + 2NH_4Cl$$

$$CaO_2 \cdot 8H_2O \xlongequal{\sim 150℃} CaO_2 + 8H_2O$$

2. 过氧化钙含量的测定原理

利用在酸性条件下，过氧化钙与酸反应生产过氧化氢，再用$KMnO_4$标准溶液滴定，而测得其含量。

$$5CaO_2 + 2MnO_4^- + 16H^+ = 5Ca^{2+} + 2Mn^{2+} + 5O_2\uparrow + 8H_2O$$

$$w(CaO_2) = \frac{5/2c(MnO_4^-)V(MnO_4^-)M(CaO_2)}{m_s}$$

【仪器药品】

仪器：分析天平，电炉，循环水真空泵，烧杯（500mL、250mL），减压抽滤设备，量筒，容量瓶（250mL），移液管（25mL），锥形瓶（250mL），酸式滴定管，恒温干燥箱等。

药品：$HCl(2mol \cdot L^{-1})$，$NH_3 \cdot H_2O$(浓)，H_2O_2(30%)，$KMnO_4$标准溶液（$0.02mol \cdot L^{-1}$），$MnSO_4(0.05mol \cdot L^{-1})$，$CaCl_2 \cdot 2H_2O(s)$，冰。

材料：滤纸。

【实验内容】

1. 过氧化钙的制备

称取7.5g $CaCl_2 \cdot 2H_2O$，用5mL水溶解，制成$CaCl_2$溶液A；另量取15mL 30% H_2O_2和5mL浓$NH_3 \cdot H_2O$混合均匀，制成溶液。分别将A、B置于冰水浴中冷却（控制温度在0～8℃）。待溶液充分冷却后，在搅拌下将A溶液逐滴加入B溶液中（滴加时仍置于冰水浴中）。滴加结束后继续搅拌20min。抽滤，用少量冰水洗涤晶体2～3次。然后抽干置于恒温箱，先在60℃下烘0.5d（脱水成二水合物），再在140℃下烘0.5d（脱水成无水状态），转入干燥器中冷却后称重，计算产率。

2. 过氧化钙含量分析

准确称取约0.2g样品置于250mL锥瓶中，加入50mL水和15mL $2mol \cdot L^{-1}$ HCl，振荡使溶解，再加入1mL $0.05mol \cdot L^{-1}$ $MnSO_4$，立即用$KMnO_4$标准溶液滴定溶液呈微红色并且在半分钟内不褪色为止。平行测定3次，计算$w(CaO_2)$。

【数据记录与结果处理】

1. 过氧化钙的制备

$CaCl_2 \cdot 2H_2O$质量/g	CaO_2外观	CaO_2产量/g	CaO_2产率

2. 过氧化钙含量分析

滴定编号		Ⅰ	Ⅱ	Ⅲ
CaO_2 样品质量 m_s/g				
$KMnO_4$ 标准溶液用量	终读数/mL			
	初读数/mL			
	净用量/mL			
$w(CaO_2)$				
平均值				

【思考题】

1. 所得产物中的主要杂质是什么？如何提高产品的产率与纯度？

2. $KMnO_4$ 滴定常用 H_2SO_4 调节酸度，而测定 CaO_2 产品时为什么要用 HCl，对测定结果会有影响吗？如何证实？

3. 测定时加入 $MnSO_4$ 的作用是什么？不加可以吗？

实验十六　硼、碳、硅、氮、磷（3 学时）

【实验目的】

1. 掌握硼酸及硼砂的主要性质，练习硼砂珠的有关实验操作。
2. 了解碳酸盐的热稳定性。
3. 掌握硅酸盐的主要性质。
4. 试验并掌握不同氧化态氮的化合物的主要性质。
5. 试验磷酸盐的酸碱性和溶解性。

【仪器药品】

材料：pH 试纸、冰、木条、铂丝（或镍铬丝）。

固体药品：碳酸氢钠、碳酸钠、氯化铵、三氯化铁、三氯化铬、氯化钙、硝酸钠、硝酸铜、硝酸银、硝酸钴、硫酸铵、硫酸铜、硫酸镍、硫酸锰、硫酸锌、硫酸亚铁、重铬酸铵、硼酸、硼砂、锌片。

液体药品：H_2SO_4（浓、3mol·L^{-1}），HNO_3（浓、1.5mol·L^{-1}），HCl（浓、6moL·L^{-1}、2mol·L^{-1}），$NaNO_2$（饱和、0.5mol·L^{-1}），$KMnO_4$（0.1mol·L^{-1}），Na_2HPO_4（0.1mol·L^{-1}），NaH_2PO_4（0.1mol·L^{-1}），H_3PO_4（0.1mol·L^{-1}），$Na_4P_2O_7$（0.1mol·L^{-1}），Na_3PO_4（0.1mol·L^{-1}），氨水（2mol·L^{-1}），$AgNO_3$（0.1mol·L^{-1}）、$CaCl_2$（0.5mol·L^{-1}），$BaCl_2$（0.5mol·L^{-1}），KI（0.1mol·L^{-1}），Na_2SiO_3（20%），硼砂（饱和），无水乙醇，甘油，NH_4Cl（饱和），HAc（2mol·L^{-1}），$CuSO_4$（0.2mol·L^{-1}），NaOH（40%），澄清石灰水（饱和）。

【实验内容】

1. 硼元素

（1）硼酸的性质

取一支试管加 1mL 饱和硼酸，测其 pH。滴加 3～4 滴甘油，再测其 pH。

（2）硼酸的鉴定反应

蒸发皿中放入少量硼酸晶体，加1mL乙醇和几滴浓硫酸，混合，点燃，观察火焰颜色。

（3）硼砂珠试验

① 硼砂珠的制备

用6mol·L^{-1} HCl清洗铂丝，然后将其置于氧化焰中灼烧片刻，取出再浸入酸中，如此重复数次直至铂丝在氧化焰中灼烧不产生离子特征的颜色，表示铂丝已经洗净。将这样处理过的铂丝蘸上一些硼砂固体，在氧化焰中灼烧并熔融成圆珠，硼砂珠呈透明玻璃状固体。

② 用硼砂珠鉴定钴盐和铬盐

用烧热的硼砂珠分别蘸上少量硝酸钴和三氯化铬固体，然后熔融。冷却后观察硼砂珠的颜色。

2. 碳元素

碳酸盐热稳定性的比较：分别用带导气管的试管加热3g $NaHCO_3$ 和3g Na_2CO_3，将导气管伸入澄清石灰水中，比较现象。

3. 硅元素

（1）硅酸水凝胶的生成

取一支试管加2mL 20%硅酸钠溶液，滴加6mol·L^{-1}盐酸，观察产物颜色、状态。

（2）微溶性硅酸盐的生成

100mL的小烧杯中加约50mL 20%硅酸钠溶液，然后把氯化钙、硝酸钴、硫酸铜、硫酸镍、硫酸锌、硫酸锰、硫酸亚铁、三氯化铁固体各一粒投入杯内（各种固体盐颗粒要尽可能大，要保持一定间隔，固体放好后烧杯不能摇动）。

4. 氮元素

（1）铵盐的热分解

取一支试管加1g氯化铵加热，用润湿的pH试纸放在试管口，观察试纸有何变化和试管壁上部有何现象。

用同样方法试验硫酸铵和重铬酸铵。

（2）亚硝酸和亚硝酸盐

① 亚硝酸的生成和分解

取一支试管加1mL饱和 $NaNO_2$，冰水浴，加1mL 3mol·L^{-1} H_2SO_4，观察现象。试管从冰水浴中取出，放置片刻，观察现象。

② 亚硝酸的氧化性和还原性

取一支试管加1～2滴3mol·L^{-1} KI，加3mol·L^{-1} H_2SO_4 酸化，再滴加0.5mol·L^{-1} $NaNO_2$，观察现象。

用0.1mol·L^{-1} $KMnO_4$ 溶液代替KI溶液重复上述实验。

（3）硝酸和硝酸盐

① 硝酸的氧化性

2支试管分别盛有少量锌片，分别加入1mL浓硝酸和1mL 0.5mol·L^{-1}硝酸溶液，比较2支试管的反应速度和反应产物有何不同。将滴加稀硝酸的反应液滴加到一只表面皿上，再将润湿的红色石蕊试纸贴在另一只表面皿凹处。向装有溶液的表面皿中滴加40% NaOH，迅速将贴有试纸的表面皿倒扣在其上并放在热水浴上加热。观察红色石蕊试纸是否变为蓝色。此法称为气室法检验 NH_4^+。

② 硝酸盐的热分解

分别试验固体硝酸钠、硝酸铜、硝酸银的热分解，观察反应的情况和产物的颜色，检验反应生成的气体。

5. 磷元素

（1）磷酸盐酸碱性

① 用 pH 试纸测 Na_3PO_4、Na_2HPO_4、NaH_2PO_4 溶液的 pH。

② 分别往盛有 0.5mL 0.5mol·L^{-1} Na_3PO_4、Na_2HPO_4、NaH_2PO_4 溶液中加入 0.5mL 0.1mol·L^{-1} $AgNO_3$ 溶液，观察现象，溶液的酸碱性有无变化？

（2）溶解性

3 支试管分别装有 0.5mL 0.1mol·L^{-1} Na_3PO_4、Na_2HPO_4 和 NaH_2PO_4 溶液，各加入 0.5mL 0.5mol·L^{-1} $CaCl_2$ 溶液，观察现象，并检验溶液的 pH。再滴加氨水，又有何变化？

（3）配位性

取一支试管加 0.5mL 0.2mol·L^{-1} $CuSO_4$，逐滴加 0.1mol·L^{-1} 焦磷酸钠，观察现象。继续滴加焦磷酸钠，又有何现象？

【思考题】

1. 设计三种区别硝酸盐和亚硝酸盐的方案。

2. 欲用酸溶解磷酸银沉淀，在盐酸、硫酸和硝酸中，选用哪一种最适宜？为什么？

3. 通过实验可以用几种方法将无标签的试剂磷酸钠、磷酸氢钠、磷酸二氢钠一一鉴别出来。

4. 现有一瓶白色粉末状固体，它可能是碳酸钠、硝酸钠、硫酸钠、氯化钠、溴化钠、磷酸钠中的任意一种，试设计鉴别。

实验十七　氧、硫、氯、溴、碘（3 学时）

【实验目的】

1. 验证氧、硫主要化合物的性质。

2. 学会 H_2O_2、S^{2-} 和 $S_2O_3^{2-}$ 的鉴定方法。

3. 掌握卤素的氧化性、卤素离子的还原性、次卤酸盐及卤酸盐的氧化性；了解卤素的歧化反应。

4. 掌握鉴定 Cl^-、Br^- 和 I^- 的方法。

【仪器药品】

仪器：离心机。

材料：石蕊试纸、$Pb(Ac)_2$ 试纸、pH 试纸、淀粉-KI 试纸。

固体药品：MnO_2、NaCl、KBr、KI、锌粉。

液体药品：NaOH（2.0mol·L^{-1}），HCl（2.0mol·L^{-1}、6.0mol·L^{-1}），HNO_3（浓、2.0mol·L^{-1}），H_2SO_4（浓、2.0mol·L^{-1}、1.0mol·L^{-1}），NaCl（0.1mol·L^{-1}），KI（0.1mol·L^{-1}），KBr（0.1mol·L^{-1}），$Pb(NO_3)_2$（0.5mol·L^{-1}），$KMnO_4$（0.01mol·L^{-1}），$K_2Cr_2O_7$（0.1mol·L^{-1}），$FeCl_3$（0.01mol·L^{-1}），Na_2S（0.1mol·L^{-1}），$Na_2S_2O_3$（0.1mol·L^{-1}），$AgNO_3$（0.1mol·L^{-1}），KIO_3（0.1mol·L^{-1}），H_2O_2（3%），戊醇，氯水（饱和），碘水

（0.01mol·L^{-1}，饱和），H_2S（饱和），品红溶液，淀粉溶液，CCl_4。

【实验内容】

1. 过氧化氢的性质

(1) 在试管中加入$Pb(NO_3)_2$(0.5mol·L^{-1}) 溶液，再加 H_2S溶液（饱和）至沉淀生成，离心分离，弃去清液；水洗沉淀后加入 H_2O_2(3%) 溶液，观察沉淀颜色的变化。写出反应方程式。

(2) 取适量 H_2O_2(3%) 溶液和戊醇，加 H_2SO_4(1.0mol·L^{-1}) 溶液酸化后，滴加 $K_2Cr_2O_7$(0.1mol·L^{-1}) 溶液，摇荡试管，观察现象。

2. 硫化氢和硫化物性质

(1) 取适量 $KMnO_4$(0.01mol·L^{-1}) 溶液，酸化后，滴加 H_2S(饱和) 溶液，观察有何变化。写出反应方程式。

(2) 试验 $FeCl_3$(0.01mol·L^{-1}) 溶液和 H_2S（饱和）溶液的反应，根据现象写出反应方程式。

(3) 在试管中加入适量 Na_2S(0.1mol·L^{-1}) 溶液和 HCl(6.0mol·L^{-1}) 溶液，并微热，观察实验现象，并在管口用湿润的 $Pb(Ac)_2$ 试纸检查逸出的气体。

3. 硫代硫酸盐的性质

(1) 在试管中加入适量 $Na_2S_2O_3$(0.1mol·L^{-1}) 溶液和 HCl(6.0mol·L^{-1}) 溶液，摇荡片刻观察现象，用湿润的蓝色石蕊试纸检验逸出的气体。

(2) 取适量碘水（0.01mol·L^{-1}），加几滴淀粉溶液，逐滴加入 $Na_2S_2O_3$(0.1mol·L^{-1}) 溶液，观察颜色变化。

(3) 在试管中加适量 $AgNO_3$(0.1mol·L^{-1}) 溶液和 KBr(0.1mol·L^{-1}) 溶液，观察沉淀颜色，然后加 $Na_2S_2O_3$(0.1mol·L^{-1}) 溶液使沉淀溶解。

(4) 在点滴板上加 2 滴 $Na_2S_2O_3$(0.1mol·L^{-1}) 溶液，再加 $AgNO_3$(0.1mol·L^{-1}) 溶液至产生白色沉淀，利用沉淀物分解时颜色的变化，确认 $S_2O_3^{2-}$ 的存在。

4. 卤素的氧化性

(1) 取适量 KBr(0.1mol·L^{-1}) 溶液和 CCl_4，滴入氯水和适量蒸馏水，振荡，观察 CCl_4 层中的颜色；取适量 KI(0.1mol·L^{-1}) 溶液和 CCl_4，滴入氯水和适量蒸馏水，振荡，观察 CCl_4 层中的颜色。

(2) 在试管中加入适量碘水和几滴淀粉指示剂，再加入 NaOH(2.0mol·L^{-1}) 溶液，振荡，有何现象发生。再加入适量 HCl(2.0mol·L^{-1}) 溶液，有何现象出现。写出上述反应有关的方程式。

5. 卤素离子的还原性

在 3 支干燥试管中分别加入黄豆粒大小 NaCl、KBr 和 KI 固体，再分别加入 2～3 滴浓 H_2SO_4（应逐个进行实验），观察反应物的颜色和状态，并分别用湿润的 pH 试纸、淀粉-KI 试纸和 $Pb(Ac)_2$ 试纸，在 3 个管口检验逸出的气体，写出有关的方程式，比较 HCl、HBr 和 HI 的还原性。

6. 次氯酸盐的氧化性

取适量氯水，逐滴加入 NaOH(2.0mol·L^{-1}) 溶液至呈弱碱性，将溶液分两份于 A 和 B 试管中，然后在 A 管中加适量 HCl(2.0mol·L^{-1}) 溶液，用湿润的淀粉-KI 试纸检验逸出的气体；在 B 管中加适量 KI(0.1mol·L^{-1}) 溶液及几滴淀粉溶液，判断反应产物。写出有关反应方程式。

7. 碘酸钾的氧化性

在适量 Na_2SO_3(0.1mol·L^{-1}) 溶液中，加入一定量 H_2SO_4(2.0mol·L^{-1}) 溶液和淀粉溶液，然后逐滴加入 KIO_3(0.1mol·L^{-1}) 溶液，边加边振荡，直至有深蓝色出现。写出有关反应方程式。

8. Cl^-、Br^- 和 I^- 的鉴定

某溶液中可能含有两种或三种 Cl^-、Br^- 和 I^-，请自行设计检出方案。

【思考题】

1. 长期放置的 H_2S、Na_2S 和 Na_2SO_3 溶液会发生什么变化，为什么？

2. 在鉴定 $S_2O_3^{2-}$ 时，如果 $Na_2S_2O_3$ 比 $AgNO_3$ 的量多，将会出现什么情况，为什么？

3. 检验氯气和溴蒸气时，可用什么试纸进行？检验氯气时，试纸开始变蓝，后来蓝色消失，这是为什么？

4. 在利用 KI 检验次氯酸钠氧化性时，为了观察到淀粉变蓝的现象，应如何控制 KI 的添加量？说明理由。

实验十八　碱金属和碱土金属（3学时）

【实验目的】

1. 比较碱金属、碱土金属的活泼性。

2. 试验并比较碱土金属氢氧化物和盐类的溶解性。

3. 练习焰色反应并熟悉使用金属钾、钠的安全措施。

【仪器药品】

仪器：离心机。

材料：铂丝（或镍铬丝）、pH 试纸、钴玻璃、滤纸。

固体药品：钠、钾、镁条、醋酸钠。

液体药品：汞，NaCl(1mol·L^{-1})，KCl(1mol·L^{-1})，$MgCl_2$(0.5mol·L^{-1})，$CaCl_2$(0.5mol·L^{-1})，$BaCl_2$(0.5mol·L^{-1})，新配制的 NaOH(2mol·L^{-1})，氨水(6mol·L^{-1})，NH_4Cl(饱和)，Na_2CO_3(0.5mol·L^{-1}、饱和)，HCl(2mol·L^{-1})，HAc(2mol·L^{-1}、6mol·L^{-1})，HNO_3(浓)，Na_2SO_4(0.5mol·L^{-1})，$CaSO_4$(饱和)，K_2CrO_4(0.5mol·L^{-1})，$KSb(OH)_6$（饱和)，$(NH_4)_2C_2O_4$(饱和)，$NaHC_4H_4O_6$(饱和)，$AlCl_3$(0.5mol·L^{-1})。

【实验内容】

1. 钠、钾、镁的性质

(1) 钠与空气中氧的作用

用镊子取一小块金属钠（绿豆大)，用滤纸吸干其表面的煤油，切去表面的氧化膜，立即置于坩埚中加热。当钠开始燃烧时，停止加热。观察反应情况和产物的颜色、状态。冷却后，往坩埚中加入 2mL 蒸馏水使产物溶解，然后把溶液转移到一支试管中，用 pH 试纸测定溶液的酸碱性。再用 2mol·L^{-1} H_2SO_4 酸化，滴加 1～2 滴 0.01mol·L^{-1} $KMnO_4$ 溶液。观察紫色是否褪去。由此说明水溶液是否有 H_2O_2，从而推知钠在空气中燃烧是否有 Na_2O_2 生成。写出以上有关反应方程式。

（2）钠、钾、镁与水的作用

用镊子取一小块金属钾和金属钠，用滤纸吸干其表面的煤油，切去表面的氧化膜，立即将它们分别放入盛水的烧杯中。可将事先准备好的合适漏斗倒扣在烧杯上，以确保安全。观察两者与水反应的情况，并进行比较。反应终止后，滴入1～2滴酚酞试剂，检验溶液的酸碱性。根据反应进行的剧烈程度，说明钠、钾的金属活泼性。写出反应式。

取一小段镁条，用砂纸擦去表面的氧化物，放入一支试管中，加入少量冷水。观察有无反应。然后将试管加热，观察反应情况。加入几滴酚酞检验水溶液的酸碱性，写出反应式。

2. 镁、钙、钡的氢氧化物的溶解性

（1）在3支试管中，分别加入0.5mL 0.5mol·L^{-1} $MgCl_2$、$CaCl_2$、$BaCl_2$氯化镁溶液，再各加入0.5mL 2mol·L^{-1}新配制的NaOH溶液。观察沉淀的生成。然后把沉淀分成两份，分别加入6mol·L^{-1}盐酸溶液和6mol·L^{-1}氢氧化钠溶液，观察沉淀是否溶解，写出反应方程式。

（2）在试管中加入0.5mL 0.5mol·L^{-1}氯化镁溶液，再加入等体积0.5mol·L^{-1} $NH_3\cdot H_2O$，观察沉淀的颜色和状态。往有沉淀的试管中加入饱和NH_4Cl溶液，又有何现象？为什么？写出反应方程式。

3. 碱金属、碱土金属元素的焰色反应

取一支铂丝（或镍铬丝），铂丝的尖端弯成小环状，蘸以6mol·L^{-1}盐酸溶液在氧化焰中烧片刻，再浸入盐酸中，再灼烧，如此重复直至火焰无色。依照此法，分别蘸取1mol·L^{-1}氯化钠、氯化钾、氯化钙、氯化锶、氯化钡溶液在氧化焰中灼烧，观察火焰的颜色。每进行完一种溶液的焰色反应后，均需蘸浓盐酸溶液灼烧铂丝（或镍铬丝），烧至火焰无色后，再进行新的溶液的焰色反应。观察钾盐的焰色时，为消除钠对钾焰色的干扰，一般需用蓝色钴玻璃片滤光后观察。

【思考题】

若实验室中发生镁燃烧的事故，可否用水或二氧化碳来灭火，应用何种方法灭火？

实验十九　锡、铅、锑、铋（3学时）

【实验目的】

1. 掌握锡、铅、锑、铋化合物的酸碱性。
2. 掌握锡、铅、锑、铋高低价态时的氧化还原性。
3. 锡、铅、锑、铋的硫化物和硫代酸盐的生成和性质。
4. 了解铅的难溶盐及其性质。

【仪器药品】

仪器：试管、离心试管、量筒、离心机、酒精灯等。

药品：HCl(2mol·L^{-1}、浓)，HNO_3(6mol·L^{-1})，H_2SO_4(2mol·L^{-1})，NaOH(2mol·L^{-1})，$SnCl_2$(0.1mol·L^{-1})，$SbCl_3$(0.1mol·L^{-1})，$Pb(NO_3)_2$(0.1mol·L^{-1})，$Bi(NO_3)_3$(0.1mol·L^{-1})，$HgCl_2$(0.1mol·L^{-1})，$MnSO_4$(0.1mol·L^{-1})，Na_2S(0.5mol·L^{-1})，$SnCl_4$(0.1mol·L^{-1})，KI(0.1mol·L^{-1})，K_2CrO_4(0.1mol·L^{-1})，$SnCl_2$(s)，$SbCl_3$(s)，$Bi(NO_3)_3$(s)，PbO_2(s)，$NaBiO_3$(s)，pH试纸，淀粉-碘化钾试纸。

【实验内容】

1. 锡、铅、锑、铋氢氧化物的生成及其酸碱性

往 2 支试管中各加 2 滴 $0.1mol \cdot L^{-1}$ $SnCl_2$ 溶液，再向试管中各滴加 $2mol \cdot L^{-1}$ NaOH 溶液（注意不要过量），观察现象。分别向 2 支试管中滴加 $2mol \cdot L^{-1}$ NaOH 溶液和 $2mol \cdot L^{-1}$ HCl，边加边振荡，观察现象。

分别用 $0.1mol \cdot L^{-1}$ $SbCl_3$、$Pb(NO_3)_2$、$Bi(NO_3)_3$ 溶液代替 $SnCl_2$ 溶液重复上述实验。

通过以上实验，说明锡、铅、锑、铋氢氧化物的酸碱性。

2. 锡、锑、铋盐的水解性

取米粒大的 $SnCl_2$ 固体于试管中，加 1mL 蒸馏水溶解，观察实验现象，并用 pH 试纸测溶液的 pH 值，然后逐滴加浓 HCl 至溶液澄清，再加入蒸馏水稀释，又有何现象。

分别用 $SbCl_3$、$Bi(NO_3)_3$ 代替 $SnCl_2$ 重复上述实验。

从上面实验小结水解性盐溶液的配制方法。

3. 锡、铅、锑、铋化合物的氧化还原性

（1）Sn(Ⅱ)、Sb(Ⅲ) 的还原性

往 $0.1mol \cdot L^{-1}$ $HgCl_2$ 溶液中逐滴加入 $0.1mol \cdot L^{-1}$ $SnCl_2$ 溶液，观察现象；继续滴加 $SnCl_2$，又有什么变化？写出反应方程式。此反应用来鉴定 Sn^{2+} 或 Hg^{2+}。

往亚锡酸钠溶液（自己配制）中，加入 $0.1mol \cdot L^{-1}$ $Bi(NO_3)_3$ 溶液，观察现象，写出反应方程式。此反应用来鉴定 Sn^{2+} 或 Bi^{3+}。

（2）Pb(Ⅳ)、Bi(Ⅴ) 的氧化性

在少量 PbO_2 固体中加入浓 HCl，观察现象，并鉴定生成的气体，写出反应方程式。

取 1 滴 $0.1mol \cdot L^{-1}$ 的 $MnSO_4$ 溶液和 2mL $6mol \cdot L^{-1}$ HNO_3，然后加入米粒大小的固体 $NaBiO_3$，用玻璃棒搅动并微热，观察现象，写出反应方程式。

4. 锡、铅、锑、铋的硫化物及硫代酸盐

于 3 支离心试管中加入 5 滴 $0.1mol \cdot L^{-1}$ $SnCl_2$ 溶液，然后滴加 $0.5mol \cdot L^{-1}$ Na_2S 溶液到有沉淀析出，观察沉淀的颜色，离心分离；弃去上层清液，分别加入 $2mol \cdot L^{-1}$ HCl、浓 HCl 和 $0.5mol \cdot L^{-1}$ Na_2S 溶液，记录有关现象。再在加入 $0.5mol \cdot L^{-1}$ Na_2S 溶液的离心试管中加入数滴 $2mol \cdot L^{-1}$ HCl，有何现象，写出有关的化学反应方程式。

分别用 $0.1mol \cdot L^{-1}$ $SnCl_4$ 溶液、$0.1mol \cdot L^{-1}$ $Pb(NO_3)_2$ 溶液、$0.1mol \cdot L^{-1}$ $SbCl_3$ 溶液和 $0.1mol \cdot L^{-1}$ $Bi(NO_3)_3$ 溶液代替 $SnCl_2$ 溶液，重复上述操作，记录有关现象，写出有关化学反应方程式。

通过以上试验掌握 SnS、SnS_2、PbS、Sb_2S_3、Bi_2S_3 的颜色，总结它们的溶解性质。

5. 难溶铅盐的性质

于 4 支试管中各加 2 滴 $0.1mol \cdot L^{-1}$ $Pb(NO_3)_2$ 溶液，分别加 2 滴 $2mol \cdot L^{-1}$ HCl、$2mol \cdot L^{-1}$ H_2SO_4、$0.1mol \cdot L^{-1}$ KI、$0.1mol \cdot L^{-1}$ K_2CrO_4 溶液，观察沉淀的生成和颜色，写出化学反应方程式。

将 $PbCl_2$、PbI_2 沉淀连同溶液一起加热，沉淀是否溶解，再把溶液冷却，又有什么变化？

【思考题】

1. 如何用实验证明铅丹的组成是 PbO、PbO_2？

2. 如何鉴别 $SnCl_4$ 和 $SnCl_2$？

3. 如何分离并鉴定 Sn^{2+}、Pb^{2+}？

实验二十　铜、银、锌、汞（3学时）

【实验目的】

1. 了解铜、银、锌、汞氧化物或氢氧化物的生成和性质。

2. 了解铜、银、锌、汞重要化合物的性质。

3. 试验铜(Ⅰ)和铜(Ⅱ)、汞(Ⅰ)和汞(Ⅱ)的相互转化。

【仪器药品】

仪器：试管、离心试管、量筒、烧杯、离心机、酒精灯等。

药品：NaOH($2mol \cdot L^{-1}$、$6mol \cdot L^{-1}$，40%)，$NH_3 \cdot H_2O$($2mol \cdot L^{-1}$、浓)，H_2SO_4($2mol \cdot L^{-1}$)，HNO_3($2mol \cdot L^{-1}$、$6mol \cdot L^{-1}$、浓)，HCl($6mol \cdot L^{-1}$、浓)，H_2S(饱和)，$CuSO_4$($0.1mol \cdot L^{-1}$)，$ZnSO_4$($0.1mol \cdot L^{-1}$)，$AgNO_3$($0.1mol \cdot L^{-1}$)，$Hg(NO_3)_2$($0.1mol \cdot L^{-1}$)，Na_2S($0.5mol \cdot L^{-1}$)，KI($0.1mol \cdot L^{-1}$)，$SnCl_2$($0.1mol \cdot L^{-1}$)，$Na_2S_2O_3$($0.5mol \cdot L^{-1}$)，葡萄糖(10%)，KI(s)，金属汞。

【实验内容】

1. 铜、银、锌、汞氢氧化物和氧化物的生成和性质

(1) 铜、锌氢氧化物的生成和性质

向2支试管中分别加入5滴 $0.1mol \cdot L^{-1}$ $CuSO_4$、$ZnSO_4$ 溶液，滴加新配制的 $2mol \cdot L^{-1}$ NaOH 溶液，观察沉淀的颜色和状态。将沉淀分为两份，一份滴加 $2mol \cdot L^{-1}$ H_2SO_4溶液，第二份滴入过量的 $2mol \cdot L^{-1}$ NaOH 溶液，观察现象，写出反应方程式。

(2) 银、汞氧化物的生成和性质

取5滴 $0.1mol \cdot L^{-1}$ $AgNO_3$ 溶液，慢慢滴加新配制的 $2mol \cdot L^{-1}$ NaOH 溶液，振荡，观察沉淀的颜色和状态。洗涤并离心分离沉淀，将沉淀分成两份，分别与 $2mol \cdot L^{-1}$ HNO_3 溶液和 $2mol \cdot L^{-1}$氨水反应，观察现象，并写出反应方程式。

取0.5mL $0.1mol \cdot L^{-1}$ $Hg(NO_3)_2$ 溶液，慢慢滴入新配制的 $2mol \cdot L^{-1}$ NaOH 溶液，振荡，观察溶液的颜色和状态。将沉淀分成两份，分别与 $2mol \cdot L^{-1}$ HNO_3 和 40% NaOH 溶液，观察现象，并写出反应方程式。

2. 铜、银、锌、汞硫化物的生成和性质

(1) 铜、银、锌、汞硫化物的生成和在酸中的溶解

在4支试管中，分别加入1～2滴 $0.1mol \cdot L^{-1}$ $CuSO_4$、$AgNO_3$、$Zn(NO_3)_2$ 和 $Hg(NO_3)_2$ 溶液，然后加入5滴饱和 H_2S 水溶液，充分搅拌，并在水浴上加热，使沉淀凝聚，待沉淀沉降后，观察沉淀颜色。弃去上层清液，在每一种沉淀上滴加 $6mol \cdot L^{-1}$ HCl，观察沉淀能否溶解，如果有沉淀不溶，用吸管弃去 HCl，再用少量去离子水洗涤沉淀，用吸管弃去溶液，在沉淀上再滴加 $6mol \cdot L^{-1}$ HNO_3，观察有几种沉淀溶解，最后把不溶于 HNO_3 的沉淀与王水进行反应。分别写出反应式，并用溶度积原理解释上述现象。

(2) HgS 在 Na_2S 溶液中的溶解

取2滴0.1mol·L^{-1} $Hg(NO_3)_2$溶液于一试管中，滴加0.5mol·L^{-1} Na_2S溶液直到初生成的HgS沉淀又复溶解，写出反应式。

3. 铜、银、锌、汞的配合物

(1) 氨合物的生成

往4支分别盛有5滴0.1mol·L^{-1} $CuSO_4$、$AgNO_3$、$ZnSO_4$、$Hg(NO_3)_2$溶液的试管中，分别滴入2mol·L^{-1}氨水，观察沉淀的生成。继续加入过量的2mol·L^{-1}氨水，又有何现象发生？写出反应方程式。比较Cu^{2+}、Ag^{2+}、Zn^{2+}、Hg^{2+}与氨水反应有什么不同。

(2) 汞配合物的生成和应用

往盛有2滴0.1mol·L^{-1} $Hg(NO_3)_2$溶液的试管中，滴入0.1mol·L^{-1} KI，观察沉淀的生成和颜色。再往该沉淀中加入少量KI固体（直至沉淀刚好溶解为止，不要过量），溶液显何色？写出反应方程式。

在所得的溶液中，滴入几滴40%NaOH，再与氨水反应，观察沉淀的颜色（此为奈氏试剂检氨法的原理）。

4. 铜、银、汞化合物的氧化性

(1) 铜(Ⅱ)的氧化性

取5滴0.1mol·L^{-1} $CuSO_4$溶液，滴入过量的6mol·L^{-1} NaOH溶液，边加边振荡，使起初生成的蓝色沉淀全部溶解成深蓝色溶液。再往此澄清的溶液中加1mL 10%葡萄糖溶液，混匀后微热，观察沉淀的生成，写出反应方程式。离心分离并且用蒸馏水洗涤沉淀，沉淀留待后面实验用。

(2) 银(Ⅰ)的氧化性

在1支洁净的试管中加1mL 0.1mol·L^{-1} $AgNO_3$溶液，再逐滴加2mol·L^{-1}氨水至生成的沉淀恰好溶解，然后加1mL 10%葡萄糖溶液，将此试管在水浴中加热。观察现象，写出反应式。

(3) Hg(Ⅰ、Ⅱ)的氧化性

在3滴0.1mol·L^{-1} $Hg(NO_3)_2$溶液中，滴加0.1mol·L^{-1} $SnCl_2$溶液，观察白色沉淀的产生。然后再继续滴加过量$SnCl_2$，并稍加热（或等待片刻），注意沉淀颜色的变化。

5. 铜(Ⅰ)和铜(Ⅱ)、汞(Ⅰ)和汞(Ⅱ)的相互转化

(1) 铜(Ⅰ)和铜(Ⅱ)的相互转化

取2滴0.1mol·L^{-1} $CuSO_4$溶液，滴入0.1mol·L^{-1} KI溶液，观察现象。再边加边振荡滴入少量0.5mol·L^{-1} $Na_2S_2O_3$溶液，以除去反应中生成的I_2（加入的$Na_2S_2O_3$不能过量，否则就会使CuI因生成CuI_2^-而溶解）。观察CuI的颜色和状态，写出反应方程式。

将实验内容4(1)中保留的沉淀分成两份。一份与1mL 2mol·L^{-1} H_2SO_4反应，静置一会儿，注意沉淀的变化。然后加热至沸，观察现象。另一份与1mL浓氨水反应，振摇后，静置10分钟，观察清液颜色。

(2) 汞(Ⅰ)和汞(Ⅱ)的相互转化

往0.1mol·L^{-1} $HgNO_3$溶液中，滴入1滴金属汞，充分振荡。用滴管把清液转入另两支试管中（余下的汞回收!），在一支试管中加入1mL 2mol·L^{-1} NaOH溶液，观察现象。写出反应方程式。另一支试管中加入2mol·L^{-1}氨水，观察现象，写出反应式。

【思考题】

1. 使用汞时应注意什么？为什么储存汞时要用水封？

2. 用电极电势变化讨论：为什么 Cu^{2+} 与 I^- 反应以及 Cu^{2+} 与浓 HCl 和 Cu 屑反应能顺利进行？

3. 混合液中含有 Cu^{2+}、Ag^+、Zn^{2+} 和 Hg^{2+}，试把它们分离？

实验二十一　铬、锰、铁、钴、镍（4学时）

【实验目的】

1. 熟悉铬、锰、铁、钴、镍主要氢氧化物的性质。

2. 了解铬、锰、铁、钴、镍重要化合物的性质。

3. 掌握 Fe、Co、Ni 配合物的性质及其在离子鉴定中的应用。

【仪器药品】

仪器：试管、点滴板、酒精灯等。

药品：HCl（$2mol \cdot L^{-1}$、浓），H_2SO_4（$2mol \cdot L^{-1}$、$6mol \cdot L^{-1}$），HNO_3（$6mol \cdot L^{-1}$），氨水（$6mol \cdot L^{-1}$、浓），NaOH（$2mol \cdot L^{-1}$、$6mol \cdot L^{-1}$），$CrCl_3$（$0.1mol \cdot L^{-1}$），$K_2Cr_2O_7$（$0.1mol \cdot L^{-1}$），H_2O_2（3%），Na_2SO_3（$0.5mol \cdot L^{-1}$），$K_3[Fe(CN)_6]$（$0.1mol \cdot L^{-1}$），$K_4[Fe(CN)_6]$（$0.1mol \cdot L^{-1}$），$AgNO_3$（$0.1mol \cdot L^{-1}$），$BaCl_2$（$0.1mol \cdot L^{-1}$），$Pb(NO_3)_2$（$0.1mol \cdot L^{-1}$），$MnSO_4$（$0.1mol \cdot L^{-1}$），KI（$0.1mol \cdot L^{-1}$），$KMnO_4$（$0.1mol \cdot L^{-1}$），$(NH_4)_2Fe(SO_4)_2$（$0.2mol \cdot L^{-1}$），$CoCl_2$（$0.2mol \cdot L^{-1}$），$NiSO_4$（$0.2mol \cdot L^{-1}$），$FeCl_3$（$0.2mol \cdot L^{-1}$），KSCN（$0.5mol \cdot L^{-1}$），NH_4F（$1mol \cdot L^{-1}$），氯水，溴水，CCl_4，戊醇，乙醚，丁二酮肟溶液，MnO_2(s)，$NaBiO_3$(s)，$KClO_3$(s)，KOH(s)，$(NH_4)_2Fe(SO_4)_2 \cdot 6H_2O$(s)，$NH_4Cl$(s)，KSCN(s)，碘化钾-淀粉试纸。

【实验内容】

1. 铬的化合物

(1) 三价铬化合物

① $Cr(OH)_3$ 的生成和性质

取两份 $0.1mol \cdot L^{-1}$ $CrCl_3$ 溶液各 2 滴，滴加 $2mol \cdot L^{-1}$ NaOH 溶液，观察沉淀的颜色和状态。然后分别向两份沉淀中滴加 $2mol \cdot L^{-1}$ HCl 溶液和 $2mol \cdot L^{-1}$ NaOH 溶液，观察现象（加 $2mol \cdot L^{-1}$ NaOH 溶液的试液保留，下面实验用），写出反应方程式。

② Cr(Ⅲ) 的还原性

上面实验保留的 CrO_2^- 试液中，加 1mL 3% H_2O_2 溶液，加热，观察现象，写出反应方程式。

(2) 六价铬化合物

① CrO_4^{2-} 与 $Cr_2O_7^{2-}$ 的相互转化　取 5 滴 $0.1mol \cdot L^{-1}$ $K_2Cr_2O_7$ 溶液，滴加 $2mol \cdot L^{-1}$ NaOH，边加边振荡，观察溶液颜色的变化。再滴加 $6mol \cdot L^{-1}$ H_2SO_4 溶液，振荡，观察溶液颜色又发生怎样的变化（试液保留，下面实验用），并写出反应方程式。

② Cr(Ⅵ) 的氧化性　在上面实验保留液中滴加 $0.5mol \cdot L^{-1}$ Na_2SO_3 溶液，振荡，观察溶液的颜色和状态，写出反应方程式。

③ Cr(Ⅵ) 的难溶盐　取三份 2 滴 $0.1mol \cdot L^{-1}$ $K_2Cr_2O_7$ 溶液，分别加 2 滴 $0.1mol \cdot L^{-1}$ $AgNO_3$ 溶液、$BaCl_2$ 溶液、$Pb(NO_3)_2$ 溶液，观察三份沉淀的生成。分别试验三份沉

淀在 $6mol \cdot L^{-1}$ HNO_3 中的溶解性。

2. 锰的化合物

(1) 二价锰化合物

① $Mn(OH)_2$ 的生成和性质

取两支试管，各加 5 滴 $0.1mol \cdot L^{-1}$ $MnSO_4$ 溶液，再滴加新配制的 $2mol \cdot L^{-1}$ NaOH 溶液，观察沉淀的颜色和状态。在两份沉淀上分别滴加 $2mol \cdot L^{-1}$ HCl 和 $2mol \cdot L^{-1}$ NaOH，观察 $Mn(OH)_2$ 在酸、碱中的溶解情况（加碱的试样保留，下面实验用），写出反应方程式。

② Mn(Ⅱ) 的还原性

将上面保留的试样在空气中放置一段时间，观察沉淀颜色的变化。

取 1 滴 $0.1mol \cdot L^{-1}$ $MnSO_4$ 溶液和 5 滴 $2mol \cdot L^{-1}$ H_2SO_4 于一试管中，加米粒大小 $NaBiO_3$ 固体，观察 MnO_4^- 的生成，写出反应方程式。

(2) MnO_2 性质

取米粒量 MnO_2 粉末于试管中，再加入 1mL 浓盐酸，加热，用碘化钾-淀粉试纸检验所生成的气体。

取米粒量 MnO_2 粉末、$KClO_3$ 和 KOH 固体于干燥的试管中，混合均匀后小心加热至熔融，自然冷却后加少量水浸取，观察绿色的 K_2MnO_4。

(3) Mn(Ⅶ) 的氧化性

取 5 滴 $0.1mol \cdot L^{-1}$ KI 和 5 滴 $2mol \cdot L^{-1}$ H_2SO_4 溶液于试管中，加 1～2 滴 $0.1mol \cdot L^{-1}$ $KMnO_4$ 溶液，振荡，观察现象，写出反应方程式。

3. 铁、钴、镍的化合物

(1) 二价化合物的还原性

① 酸性介质中　往盛有 5 滴氯水的试管中加入 2 滴 $2mol \cdot L^{-1}$ H_2SO_4，然后滴 1～2 滴 $0.2mol \cdot L^{-1}$ 硫酸亚铁铵溶液，观察现象（如现象不明显，可加 1 滴 KSCN 溶液，出现红色，证明有 Fe^{3+} 生成），写出反应方程式。

用 $0.2mol \cdot L^{-1}$ $CoCl_2$ 溶液、$0.2mol \cdot L^{-1}$ $NiSO_4$ 溶液代替硫酸亚铁铵溶液做上面的实验，观察现象有何不同。

② 碱性介质中　在一试管中放入 2mL 蒸馏水和 3 滴 $6mol \cdot L^{-1}$ H_2SO_4 溶液，煮沸，以赶尽溶于其中的空气，然后溶入米粒量的 $(NH_4)_2Fe(SO_4)_2 \cdot 6H_2O$ 晶体（溶液表面若加 3～4 滴油以隔绝空气，效果更好）。在另一试管中加入 1mL $2mol \cdot L^{-1}$ NaOH 溶液，煮沸，以赶去空气，冷却后，用滴管吸取 NaOH 溶液，插入硫酸亚铁铵溶液（直至试管底部）内，慢慢放出 NaOH（整个操作都要避免空气带进溶液中），观察白色 $Fe(OH)_2$ 沉淀的生成。振荡后放置一段时间，观察又有何变化。写出反应方程式（产物留作下面实验用）。

在盛有 5 滴 $0.2mol \cdot L^{-1}$ $CoCl_2$ 的试管中滴入 $2mol \cdot L^{-1}$ NaOH 溶液，先生成蓝色 Co(OH)Cl 沉淀，继续加碱，直至生成粉红色的 $Co(OH)_2$ 沉淀。将所得沉淀分为两份，一份置于空气中，一份加入 3% H_2O_2，观察有何变化（第二份留作下面实验用）。

在两份 $0.2mol \cdot L^{-1}$ $NiSO_4$ 溶液中，分别滴加 $6mol \cdot L^{-1}$ NaOH 溶液，观察粉绿色 $Ni(OH)_2$ 沉淀的产生。在沉淀中分别加入 3% H_2O_2 溶液和溴水，比较二者现象有何不同（与溴水反应的产物留作下面实验用）？

(2) 三价铁、钴、镍的氧化性

① 分别在上面实验保留下来的 $Fe(OH)_3$、$Co(OH)_3$ 和 $Ni(OH)_3$ 沉淀中加入浓盐酸，

振荡，观察各有何变化，并用碘化钾-淀粉试纸检验所放出的气体。

② 在上述制得的 $FeCl_3$ 溶液中滴入 0.1mol·L^{-1} KI 溶液，再滴加 1mL CCl_4，振荡，观察现象，写出反应方程式。

综合上述实验现象，总结＋Ⅱ氧化态铁、钴、镍的还原性和＋Ⅲ氧化态铁、钴、镍的氧化性变化规律。

(3) 铁、钴、镍的配合物

① 氨配合物

在 2 滴 0.2mol·L^{-1} $CoCl_2$ 溶液中加入绿豆大小的 NH_4Cl 固体，然后滴加 1mL 浓氨水，观察黄褐色 $[Co(NH_3)_6]Cl_2$ 配合物的生成。静置一段时间，观察配合物颜色的改变。

在 2 滴 0.2mol·L^{-1} $NiSO_4$ 溶液中滴加 6mol·L^{-1} 氨水至生成的沉淀刚好溶解为止，观察现象。

② 硫氰根配合物

在 2 滴 0.1mol·L^{-1} $FeCl_3$ 溶液中，滴加 0.5mol·L^{-1} KSCN 溶液，观察血红色 $[Fe(SCN)_x]^{3-x}$ 的生成，然后再加入 1mol·L^{-1} NH_4F 溶液，观察有何变化？试加以解释。

往盛有 1mL 0.2mol·L^{-1} $CoCl_2$ 溶液的试管里加入少量的固体 KSCN，观察固体周围的颜色，再注入 0.5mL 戊醇和 0.5mL 乙醚，振荡后，观察水相和有机相的颜色。

③ 其他配合物

取 1 滴 0.2mol·L^{-1} 硫酸亚铁铵溶液于点滴板上，加 1 滴 2mol·L^{-1} HCl，再加 1 滴 0.1mol·L^{-1} $K_3[Fe(CN)_6]$ 溶液，观察蓝色沉淀的生成。

取 1 滴 0.2mol·L^{-1} $FeCl_3$ 溶液于点滴板上，加 1 滴 2mol·L^{-1} HCl，再加 1 滴 0.1mol·L^{-1} $K_4[Fe(CN)_6]$ 溶液，观察蓝色沉淀的生成。

在试管中加入 1 滴 0.2mol·L^{-1} $NiSO_4$ 溶液和 2 滴 6mol·L^{-1} $NH_3·H_2O$ 溶液，观察现象。再加入 2 滴丁二酮肟的乙醇溶液，观察鲜红色丁二酮肟合镍(Ⅱ) 沉淀的生成。

【思考题】

1. 从 Cr(Ⅲ)-Cr(Ⅵ)、Mn(Ⅱ)-Mn(Ⅳ)、Mn(Ⅳ)-Mn(Ⅵ)、Cr(Ⅱ)-Cr(Ⅲ) 的相互转化实验中，你能否得出介质影响转化的规律？

2. 在制备 $Fe(OH)_2$ 的实验中，为什么蒸馏水和 NaOH 溶液都要事先经过煮沸以赶尽空气？

3. 在用 $K_3[Fe(CN)_6]$ 检验 Fe^{2+} 或用 $K_4[Fe(CN)_6]$ 检验 Fe^{3+} 时，为什么要加 1 滴 HCl 溶液？

4. 今有一瓶含有 Fe^{3+}、Cr^{3+} 和 Ni^{2+} 的混合液，如何将它们分离出来？

实验二十二　常见离子未知液的定性分析
（设计实验）（3 学时）

【实验目的】

1. 运用所学的元素及化合物的基本性质，进行常见物质的鉴定或鉴别。

2. 进一步巩固常见阳离子和阴离子重要反应。

【实验内容】

1. 怎样证明某晶体是明矾？

2. 两片银白色的金属片，一片是铝片，一片是锌片，如何用实验区分？

3. 有 4 种黑色和近于黑色的氧化物：CuO、Co_2O_3、PbO_2、MnO_2，如何用实验鉴别？

4. 有 10 种固体样品，试加以鉴别。

硫酸铜、三氧化二铁、氧化亚铜、硫酸镍、二氯化钴、碳酸氢铵、氯化铵、硫化铅、硫酸亚铁、氧化铜

5. 盛有 10 种以下硝酸盐溶液的试剂瓶标签被腐蚀，试加以鉴别。

$AgNO_3$、$Hg(NO_3)_2$、$Hg_2(NO_3)_2$、$Pb(NO_3)_2$、$NaNO_3$、$Cd(NO_3)_2$、$Zn(NO_3)_2$、$Al(NO_3)_3$、KNO_3、$Mn(NO_3)_2$

实验二十三　三草酸根合铁(Ⅲ) 酸钾的制备（3 学时）

【实验目的】

1. 通过 $K_3[Fe(C_2O_4)_3]\cdot 3H_2O$ 的制备，加深对 Fe(Ⅲ) 和 Fe(Ⅱ) 化合物及其配合物性质的了解。

2. 进行无机制备实验的综合训练。

【实验原理】

三草酸根合铁(Ⅲ) 酸钾 $K_3[Fe(C_2O_4)_3]\cdot 3H_2O$ 为一种绿色单斜晶体，溶于水而不溶于乙醇，为了制备纯的三草酸根合铁(Ⅲ) 酸钾晶体，首先用硫酸亚铁铵与草酸反应制备出草酸亚铁。

$$(NH_4)_2Fe(SO_4)_2\cdot 6H_2O + H_2C_2O_4 = FeC_2O_4\cdot 2H_2O + (NH_4)_2SO_4 + H_2SO_4 + 4H_2O$$

然后在过量草酸根离子的存在下，用过氧化氢将其氧化即可得到三草酸根合铁(Ⅲ) 酸钾。

$$6FeC_2O_4\cdot H_2O + 3H_2O_2 + 6K_2C_2O_4 = 4K_3[Fe(C_2O_4)_3] + Fe(OH)_3 + 12H_2O$$

加入适量草酸可使 $Fe(OH)_3$ 转化为三草酸合铁(Ⅲ) 酸钾配合物。

$$2Fe(OH)_3 + 3H_2C_2O_4 + 3K_2C_2O_4 = 2K_3[Fe(C_2O_4)_3] + 6H_2O$$

加入乙醇后，它便从溶液中形成 $K_3[Fe(C_2O_4)_3]\cdot 3H_2O$ 晶体析出，后几步的总反应式为：

$$2FeC_2O_4\cdot 2H_2O + H_2O_2 + 3K_2C_2O_4 + H_2C_2O_4 = 2K_3[Fe(C_2O_4)_3]\cdot 3H_2O + H_2O$$

【仪器药品】

仪器：循环水真空泵、台秤。

材料：滤纸、pH 试纸。

固体药品：$(NH_4)_2Fe(SO_4)_2\cdot 6H_2O$。

液体药品：$3mol\cdot L^{-1}$ H_2SO_4、饱和 $H_2C_2O_4$ 溶液、饱和 $K_2C_2O_4$ 溶液、3% H_2O_2、无水乙醇。

【实验内容】

称取 5.0g $(NH_4)_2Fe(SO_4)_2\cdot 6H_2O$ 固体倒入 200mL 烧杯中，加入 15mL 去离子水和 5 滴 $3mol\cdot L^{-1}$ H_2SO_4，加热使其溶解。然后加入 25mL 饱和 $H_2C_2O_4$ 溶液，不断搅拌，加热至沸后，室温下静置，得黄色 $FeC_2O_4\cdot 2H_2O$ 晶体，沉降后用倾析法弃去上层清液。再向沉淀中加入 20mL 水，搅拌，并温热，静置后再弃去清液（尽可能把清液倾倒干净）。

加入 10mL 饱和 $K_2C_2O_4$ 溶液于上述沉淀中，水浴加热至约 40℃，用滴管慢慢滴加

20mL 3% H_2O_2，不断搅拌并保持温度在40℃左右（此时会有氢氧化铁沉淀生成）。将水浴加热至沸，再加入8mL饱和 $H_2C_2O_4$（一开始的5mL一次加入，最后3mL慢慢滴加），滴加过程中保持水浴沸腾。趁热将溶液过滤到一个100mL的烧杯中，加入10mL无水乙醇，温热以使可能生成的晶体再溶解。用表面皿盖住烧杯，放置到冰浴中，过一段时间后，即有晶体析出。

【思考题】

1. 在最后的溶液中加入乙醇的作用是什么？

2. 加完 H_2O_2 后为何再加入饱和 $H_2C_2O_4$？然后为什么要趁热过滤？

实验二十四　三氯化六氨合钴(Ⅲ)的制备和组成测定（6学时）

【实验目的】

1. 掌握三氯化六氨合钴(Ⅲ)的合成及其组成测定的操作方法。

2. 加深理解配合物的形成对钴(Ⅲ)稳定性的影响。

【实验原理】

1. 钴(Ⅲ)配合物的制备

钴化合物有两个重要性质：Co(Ⅱ)盐较稳定，Co(Ⅲ)盐一般稳定性较差，后者只能以固态或者配合物的形式存在，例如在酸性水溶液中Co(Ⅲ)盐会迅速被还原为Co(Ⅱ)盐；Co(Ⅱ)配合物是活性的，而Co(Ⅲ)配合物是惰性的。

合成钴氨配合物的基本方法就是建立在这两个性质之上的。显然，在制备Co(Ⅲ)氨配合物时，以较稳定的Co(Ⅱ)盐为原料，NH_4^+-NH_4Cl 溶液为缓冲体系，先制成活性的Co(Ⅱ)配合物，然后以 H_2O_2 为氧化剂，将活性的Co(Ⅱ)氨配合物氧化为惰性的Co(Ⅲ)氨配合物。

$$2CoCl_2\cdot 6H_2O + 10NH_3 + 2NH_4Cl + H_2O_2 \xrightarrow{\text{活性炭}} 2\underset{\text{(橙黄色)}}{[Co(NH_3)_6]Cl_3}\downarrow + 14H_2O$$

得到的固体粗产品中混有大量活性炭，可以将其溶解在酸性溶液中，过滤掉活性炭，在高的盐酸浓度下令其结晶出来。

$[Co(NH_3)_6]^{3+}$ 是很稳定的，其 $K_f^{\ominus}=1.6\times10^{35}$，因此在强碱作用下（冷时）或强酸作用下基本不被分解，只有加入强碱并在沸热的条件下才分解。

$$2[Co(NH_3)_6]Cl_3 + 6NaOH \xrightarrow{\text{煮沸}} 2Co(OH)\downarrow + 6NaCl$$

在酸性溶液中，Co^{3+} 具有很强的氧化性，$\varphi^{\ominus}_{Co^{3+}/Co^{2+}}=1.95V$，易与许多还原剂发生氧化还原反应而转变成稳定的 Co^{2+}。

2. 产品含量测定

(1) 钴含量的测定

在酸性介质中，Co^{3+} 与 I^- 反应生成 I_2，生成的 I_2 用 $Na_2S_2O_3$ 标准溶液滴定，根据 $Na_2S_2O_3$ 标准溶液的用量，可计算出样品中Co的含量。

$$Co_2O_3 + 3I^- + 6H^+ = 2Co^{3+} + I_3^- + 3H_2O$$

$$2Na_2S_2O_3 + I_3^- = Na_2S_4O_6 + 2NaI + I^-$$

$$w(\mathrm{Co})=\frac{c_{\mathrm{Na_2S_2O_3}}V_{\mathrm{Na_2S_2O_3}}\times 58.93}{m_{\text{样品重}}}$$

（2）氯含量的测定

Ag^+与CrO_4^{2-}、Cl^-均生成难溶于水的沉淀，其中 AgCl 的溶解性比 Ag_2CrO_4 小，因此在CrO_4^{2-}、Cl^-的混合溶液中，加Ag^+时，优先生成白色的 AgCl，当溶液中Cl^-沉淀完全时，Ag^+即会与CrO_4^{2-}结合生成砖红色的 Ag_2CrO_4，此时表明前面消耗的Ag^+量，即为与Cl^-结合的量，由此计算出样品中的氯含量。

$$Ag^+ + Cl^- = AgCl$$

$$2Ag^+ + CrO_4^{2-} = Ag_2CrO_4\downarrow$$

$$w(\mathrm{Cl})=\frac{c_{\mathrm{AgNO_3}}V_{\mathrm{AgNO_3}}\times 35.45}{m_{\text{样品重}}}$$

【仪器药品】

仪器：台秤，分析天平，减压过滤装置，恒温水浴箱，恒温干燥箱，锥形瓶（250mL、100mL），量筒（100mL、10mL），烧杯（500mL、100mL），酸式滴定管（50mL），碱式滴定管（50mL），温度计（100℃），表面皿。

药品：HCl（6mol·L^{-1}、浓），H_2O_2（10%），NaOH（2mol·L^{-1}），氨水（浓），$Na_2S_2O_3$ 标准液（0.05mol·L^{-1}），$AgNO_3$ 标准液（0.1mol·L^{-1}），淀粉溶液（5%），$K_2Cr_2O_7$（5%），乙醇（无水），$CoCl_2\cdot 6H_2O$（s），NH_4Cl（s），KI（s），活性炭

材料：滤纸，冰块

【实验内容】

1. $[Co(NH_3)_6]Cl_3$ 的制备

在 100mL 锥形瓶内加入 4.5g 研细的 $CoCl_2\cdot 6H_2O$，3g NH_4Cl 和 5mL 水。加热溶解后加入 0.3g 活性炭，冷却后，加入 10mL 浓氨水，进一步用冰水冷却到 10℃以下，缓慢加入 10mL 10%的 H_2O_2，在水浴上加热至 60℃左右，恒温 20 分钟（适当摇动锥形瓶）。以流水冷却后再以冰水冷却即有晶体析出（粗产品）。用布氏漏斗抽滤。将滤饼（用勺刮下）溶于含有 1.5mL 浓 HCl 的 40mL 沸水中，趁热过滤。加 5mL 浓 HCl 于滤液中。以冰水冷却，即有晶体析出。抽滤，用 10mL 无水乙醇洗涤，抽干，将滤饼连同滤纸一并取出放在表面皿上，于干燥箱中在 105℃以下烘干 25 分钟，称重（精确至 0.1g），计算产率。

2. $[Co(NH_3)_6]Cl_3$ 中的钴(Ⅲ) 含量测定

用减量法精确称取 0.2g 左右（精确至 0.0001g）的产品于 250mL 锥形瓶中，加 50mL 水溶解。加 2mol·L^{-1} NaOH 溶液 10mL。将锥形瓶放在水浴上加热至沸，维持沸腾状态。待氨全部赶走后（约 1 小时可将氨全部蒸出，如何检查?）冷却，加入 1g KI 固体及 10mL 6mol·L^{-1} HCl 溶液，用橡皮塞塞紧，于暗处（柜橱中）放置 5 分钟左右，用0.05mol·L^{-1}标准 $Na_2S_2O_3$ 溶液（准确浓度已标定）滴定至浅色，加入 2mL 0.2%淀粉溶液后，再滴定至蓝色消失，呈稳定的粉红色。

3. 氯含量的测定

准确称取样品 0.2g 于锥形瓶内，用适量水溶解，以 2mL 5%K_2CrO_4 为指示剂，在不断摇动下，滴入 0.1mol·L^{-1} $AgNO_3$ 标准溶液，直至呈橙红色，即为终点（土色时已到终点，再加半滴）。记下 $AgNO_3$ 标准溶液的体积，计算出样品中氯的百分含量。

根据上述分析结果，写出产品的实验式。

【数据记录与结果处理】

1. $[Co(NH_3)_6]Cl_3$ 的制备

$CoCl_2 \cdot 6H_2O$ 质量/g	$[Co(NH_3)_6]Cl_3$ 外观	$[Co(NH_3)_6]Cl_3$ 产量/g	$[Co(NH_3)_6]Cl_3$ 产率

2. 钴含量分析

滴定编号		Ⅰ	Ⅱ
$[Co(NH_3)_6]Cl_3$ 样品质量 m_s/g			
$Na_2S_2O_3$ 标准液浓度/$mol \cdot L^{-1}$			
$Na_2S_2O_3$ 标准溶液用量	终读数/mL		
	初读数/mL		
	净用量/mL		
Co 质量百分含量			
平均值			

3. 氯含量分析

滴定编号		Ⅰ	Ⅱ
$[Co(NH_3)_6]Cl_3$ 样品质量 m_s/g			
$AgNO_3$ 标准液浓度/$mol \cdot L^{-1}$			
$AgNO_3$ 标准溶液用量	终读数/mL		
	初读数/mL		
	净用量/mL		
Cl 质量百分含量			
平均值			

【思考题】

1. 实验中几次加入浓 HCl 的作用是什么？

2. 为什么向溶液中加 H_2O_2 溶液后，要在 60℃左右恒温一段时间？

实验二十五　十二钼硅酸和十二钨磷酸的制备（5 学时）

【实验目的】

1. 学习十二钨杂多酸的制备方法。

2. 练习萃取分离操作。

【实验原理】

杂多酸作为一种新型催化剂，近年来已广泛应用于石油化工、冶金、医药等许多领域。钼、钨等元素具有易形成同多酸和杂多酸的特性。在碱性溶液中 Mo(Ⅵ) 和 W(Ⅵ) 分别以正钼酸根（MoO_4^{2-}）和正钨酸根（WO_4^{2-}）形式存在，随着溶液 pH 减小，逐渐聚合为多酸根离子。在聚合过程中，加入一定量的硅酸盐或磷酸盐，则可生成有确定组成的杂多酸根离子，如：

$$12MoO_4^{2-} + SiO_3^{2-} + 22H^+ \rightleftharpoons [SiMo_{12}O_{40}]^{4-} + 11H_2O$$

$$12WO_4^{2-} + HPO_4^{2-} + 23H^+ \rightleftharpoons [PW_{12}O_{40}]^{3-} + 11H_2O$$

这类杂多酸在水溶液中结晶时，得到高水合状态的杂多酸（盐）结晶 $H_m[XMo_{12}O_{40}] \cdot nH_2O$、$H_m[XW_{12}O_{40}] \cdot nH_2O$，后者易溶于水及有机溶剂（乙醚、丙酮等），遇碱分解，在酸性水溶液中较稳定。本实验利用钼、钨杂多酸在强酸溶液中易与乙醚生成加合物而被乙醚萃取的性质来制备十二钼硅酸和十二钨磷酸。

【仪器药品】

仪器：台秤、烧杯、量筒、分液漏斗、蒸发皿。

药品：HCl（浓、$6mol \cdot L^{-1}$），HNO_3（浓），乙醚，$Na_2MoO_4 \cdot 2H_2O$，$Na_2SiO_3 \cdot 9H_2O$，$Na_2WO_4 \cdot 2H_2O$，NaH_2PO_4。

材料：pH 试纸。

【实验内容】

1. 十二钼硅酸（$H_3SiMo_{12}O_{40} \cdot nH_2O$）的制备

（1）A 液配制：称取 0.6g $Na_2SiO_3 \cdot 9H_2O$，溶于 10mL 热水中，再加 2mL 浓 HCl。

（2）B 液配制：称取 10.0g $Na_2MoO_4 \cdot 2H_2O$，溶于 20mL 热水中。

（3）十二钼硅酸制备：搅拌下，从滴液漏斗中逐滴将 A 液滴入到 B 液中（约用时 10min），然后再滴加浓 HCl（约 8mL、15min），调溶液至 pH＝2，继续搅拌 30min，使混合物冷却至室温。将混合液转至 125mL 分液漏斗中，加入 15mL 乙醚，振荡、放气，放置 15min。将下层油状醚合物转至另一分液漏斗中，加 10mL 水和 5mL 浓 HCl，再滴入 2～3 滴浓 HNO_3（防止六价钼被还原），振荡后再加入 15mL 乙醚，剧烈振荡、放气，静置。将油状物放入蒸发皿中，加入少量蒸馏水（10～15 滴），在 60℃水浴上蒸发浓缩，直至液体表面有晶膜出现为止。冷却，待乙醚完全挥发后，即得黄色的十二钼硅酸晶体。

2. 十二钨磷酸（$H_4PW_{12}O_{40} \cdot nH_2O$）的制备

称取 10.0g $Na_2WO_4 \cdot 2H_2O$ 和 0.7g NaH_2PO_4 溶于 20mL 蒸馏水中，加热搅拌使其溶解，在微沸下缓慢滴加 4mL 浓 HCl，同时搅拌，调 pH＝2。开始滴入 HCl 有黄钨酸沉淀出现，要继续滴加 HCl，至不再有黄色沉淀时，停止加 HCl（此过程约需 10min）。

减压过滤，滤液冷却至室温，转移到分液漏斗中，加入 8mL 乙醚和 $6mol \cdot L^{-1}$ 盐酸 2mL，充分振荡萃取后，静置。分出下层油状醚合物至另一个分液漏斗中，再加入 2mL 浓 HCl、8mL 水和 4mL 乙醚，剧烈振荡、放气后，静置（此时油状物应澄清无色，如颜色偏黄可继续萃取 1～2 次），分离出醚合物于蒸发皿中，加入少量蒸馏水（15～20 滴），搅拌均匀，在 60℃水浴上蒸发浓缩，直至液体表面有晶膜出现为止。冷却，待乙醚完全挥发后，得无色透明的十二钨磷酸晶体。

【注意事项】

1. 乙醚的沸点低，约 34℃，要远离火源。

2. 乙醚易挥发，且有毒，要在通风橱中操作。

3. 乙醚萃取时放出大量气体，故分液漏斗要及时放气。

【思考题】

1. 萃取分离时，静置后溶液分三层，请问每层各为何物？

2. 十二钼硅酸和十二钨磷酸较易被还原，与橡胶、纸张、塑料等有机物质接触，甚至与空气中灰尘接触时，均易被还原，因此，在制备过程中要注意哪些问题？

3. 通过实验总结“乙酸萃取”制多酸的方法。

第三章　有机化学实验

实验一　蒸馏及沸点的测定（3学时）

【实验目的】

1. 熟悉蒸馏和测定沸点的原理，了解蒸馏和测定沸点的意义。

2. 掌握蒸馏和测定沸点的操作要领和方法。

【实验原理】

液体的分子由于分子运动有从表面逸出的倾向，这种倾向随着温度的升高而增大，从而在液面上部形成蒸气。当分子由液体逸出的速度与分子由蒸气中回到液体中的速度相等，液面上的蒸气达到饱和，称为饱和蒸气。它对液面所施加的压力称为饱和蒸气压。实验证明，液体的蒸气压只与温度有关。即液体在一定温度下具有一定的蒸气压。当液体的蒸气压增大到与外界施于液面的总压力（通常是大气压力）相等时，就有大量气泡从液体内部逸出，即液体沸腾。这时的温度称为液体的沸点。但是具有固定沸点的液体不一定都是纯粹的化合物，因为某些有机化合物常和其他组分形成二元或三元共沸混合物，它们也有一定的沸点。

蒸馏是将液体有机物加热到沸腾状态，使液体变成蒸气，又将蒸气冷凝为液体这两个过程的联合操作。如蒸馏沸点较大（30℃以上）的液体时，沸点较低的先蒸出，沸点较高的后蒸出，不挥发的留在蒸馏器内，这样可以达到分离提纯的目的。故蒸馏是分离和提纯液态有机化合物常用的方法之一，是重要的基本的操作，必须熟练掌握。但在蒸馏沸点比较接近的混合物时各种物质的蒸气将同时蒸出，只不过低沸点的多一些，故难于达到分离和提纯的目的，只好借助于分馏。纯液态有机化合物在蒸馏过程中沸点范围很小（0.5～1.0℃），所以，可以利用蒸馏来测定沸点，用蒸馏法测定沸点叫常量法，此法用量较大，要10mL以上，若样品不多时，可采用微量法。

为了消除在蒸馏过程中的过热现象和保证沸腾的平稳状态，常加入素瓷片或沸石，或一端封口的毛细管，因为它们都能防止加热时的暴沸现象，故把它们叫做止暴剂。在加热蒸馏前就应加入止暴剂。当加热后发现未加止暴剂或原有的止暴剂失效时，千万不能匆忙地投入止暴剂。因为当液体在沸腾时投入止暴剂，将会引起猛烈的暴沸，液体易冲出瓶口，若是易燃的液体，将会引起火灾。所以，应使沸腾的液体冷却至沸点以下才能加入止暴剂。切记！如蒸馏中途停止，而后来又继续蒸馏，也必须在加热前补加新的止暴剂，以免出现暴沸。

蒸馏操作是有机化学实验中常用的实验技术，一般用于下列几方面：

① 分离液体混合物，仅对混合物中各成分的沸点有较大差别时才能达到有效分离；

② 测定化合物的沸点；

③ 提纯，除去不挥发的杂质；

④ 回收溶剂，或蒸出部分溶剂以浓缩溶液。

通过蒸馏可除去不挥发性杂质，可分离沸点差大于 30℃ 的液体混合物，还可以测定纯液体有机物的沸点及定性检验液体有机物的纯度。

【仪器药品】

仪器：100mL 蒸馏瓶、蒸馏头、温度计（150℃）、温度计套管、直形冷凝管、接引管、铁架台、接收瓶（100mL 锥形瓶或小圆底烧瓶）、橡皮管、沸石、电热套。

药品：95％乙醇。

【实验装置】

实验室的蒸馏装置主要由气化、冷凝和接收三部分组成，如图 3-1 所示。

蒸馏瓶：为玻璃容器，液体在瓶内汽化为蒸气。蒸馏瓶的选用与被蒸液体量的多少有关，通常装入液体的体积应为蒸馏瓶容积 1/3～2/3。液体量过多或过少都不宜。在蒸馏低沸点液体时，选用长颈蒸馏瓶；而蒸馏高沸点液体时，选用短颈蒸馏瓶。

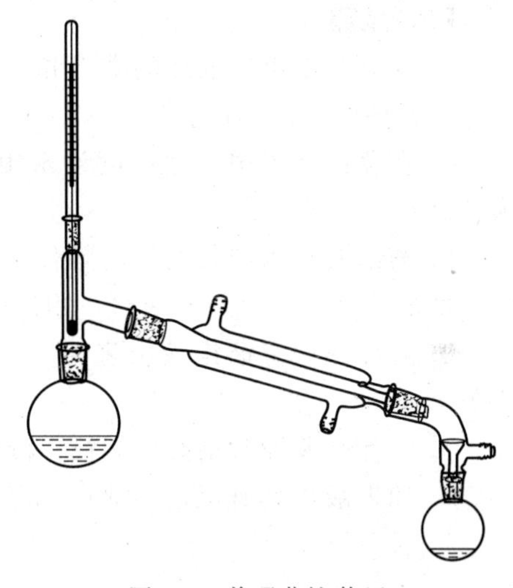

图 3-1　普通蒸馏装置

温度计：温度计应根据被蒸馏液体的沸点来选，一般选用量程比蒸馏液体最高馏分的沸点高 10～20℃ 的温度计。

冷凝管：蒸气在冷凝管中冷凝成为液体，液体的沸点高于 130℃ 时用空气冷凝管，低于 130℃ 时用直形冷凝管。冷凝管下端为进水口，用橡皮管接自来水龙头，上端的出水口套上橡皮管导入水槽中。上端的出水口应向上，才能保证套管内充满着水。冷凝管的种类很多，常用的为直形冷凝管。

接引管及接收瓶：接引管将冷凝液导入接收瓶中。常压蒸馏用锥形瓶为接收瓶，减压蒸馏用圆底烧瓶为接收瓶。

【实验内容】

1. 加料

将待蒸乙醇 40mL 小心倒入 100mL 蒸馏瓶中，加入几粒沸石，塞好带温度计的塞子，注意温度计的位置，温度计水银球上端与支管的下端齐平。再检查一次装置是否稳妥与严密。

2. 加热

先打开冷凝水龙头，缓缓通入冷水[1]，然后开始加热[2]。注意冷水自下而上，蒸气自上而下，两者逆流冷却效果好。当液体沸腾，蒸气到达水银球部位时，温度计读数急剧上升，调节热源，让水银球上液滴和蒸气温度达到平衡，使蒸馏速度以每秒 1～2 滴为宜。此时温度计读数就是馏出液的沸点。蒸馏时若热源温度太高，使蒸气成为过热蒸气，造成温度计所显示的沸点偏高；若热源温度太低，馏出物蒸气不能充分浸润温度计水银球，造成温度计读得的沸点偏低或不规则。

3. 收集馏液

准备两个接收瓶[3]，一个接收前馏分或称馏头，另一个（需称重）接收所需馏分，并记下该馏分的沸程：即该馏分的第一滴和最后一滴时温度计的读数。在所需馏分蒸出后，温度计读数会突然下降，此时应停止蒸馏。即使杂质很少，也不要蒸干，以免蒸馏瓶破裂及发生其他意外事故。

4. 拆除蒸馏装置

蒸馏完毕，应先停止加热，然后停止通水，最后拆除蒸馏装置（与安装顺序相反）。

注释

[1] 冷却水流速以能保证蒸气充分冷凝为宜，通常只需保持缓水流即可。

[2] 蒸馏易挥发和易燃烧的物质，不能用明火。否则易引起火灾，故要用热浴或电热套加热。

[3] 蒸馏有机溶剂均应用小口接收器，如锥形瓶。

【思考题】

1. 什么叫沸点？液体的沸点和大气压有什么关系？文献里记载的某物质的沸点是否即为你所在地的沸点温度？

2. 在蒸馏装置中，把温度计水银球插至液面上方或者蒸馏瓶支管口上方，是否正确？为什么？

3. 蒸馏时加入沸石的作用是什么？如果蒸馏前忘记加沸石，能否立即将沸石加至将近沸腾的液体中？当重新蒸馏时，用过的沸石能否继续使用？

4. 当加热后有馏出液出来时，才发现冷凝管未通水，请问能否马上通水？如果不行，应怎么办？

5. 为什么蒸馏时最好控制馏出液的速度为每秒1～2滴为宜？

6. 如果液体具有恒定的沸点，那么能否认为它是单纯物质？

实验二　熔点的测定（3学时）

【实验目的】

1. 了解测定固体有机化合物熔点的原理。

2. 学会毛细管法测定有机化合物的熔点。

【实验原理】

固体物质的熔点，是指该化合物在大气压力下，固态与液态达到平衡时的温度。对纯物质来讲，在一定压力下，固液两态之间的变化是非常敏锐的：初熔到全熔，温度变化在0.5～1.0℃。混有杂质后，熔点下降，并且熔点范围（称熔程）也延长。因此，利用熔点可鉴定化合物的纯度。混合物的熔点是否下降，可用来判断熔点相近或相同的两种有机物是否为同一物质。

熔点是固体有机物最重要的物理常数，对有机化合物的研究有重要的意义。因此，必须准确地测定有机化合物的熔点。在测定熔点的各种方法中，以毛细管法最简单，应用较广泛。显微熔点测定仪较为准确，适于高熔点物质的测定。本实验是以毛细管法测定两种有机物纯净物的熔点和它们混合物的熔点。

【仪器药品】

仪器：熔点测定管，温度计（200℃），酒精灯，毛细管，表面皿，长玻璃管（直径5～

6mm，长度 300～400mm）长铁架台，软木塞，烧瓶夹，橡皮圈，玻璃钉。

药品：尿素，苯甲酸，尿素和苯甲酸混合物，液体石蜡或浓硫酸（热浴液体）。

【实验内容】

1. 样品的填装

放少许待测干燥样品（约 0.1～0.2g）于干净的表面皿或玻璃片上，用玻璃棒将其充分研成粉末[1]，将毛细管的一端封口[2]，未封口的一端插入粉末中，使粉末进入毛细管，再将其开口向上的从大玻璃管中坠落，使粉末进入毛细管的底部。重复以上操作，直至有 2～3mm 高度的粉末紧密装于毛细管底部[3]。

2. 仪器的安装

将熔点测定管夹在铁架台上，装入浴液[4]，使液面高度达到熔点测定管上侧管时即可[5]。用橡皮圈将毛细管紧附在温度计上[6][7]，样品部分应靠在温度计水银球的中部。温度计水银球恰好在提勒管的两侧管中部为宜。加热时，火焰须与熔点测定管的倾斜部分的下缘接触，此时管内液体因温度差而发生对流作用，使液体受热均匀。如图 3-2。

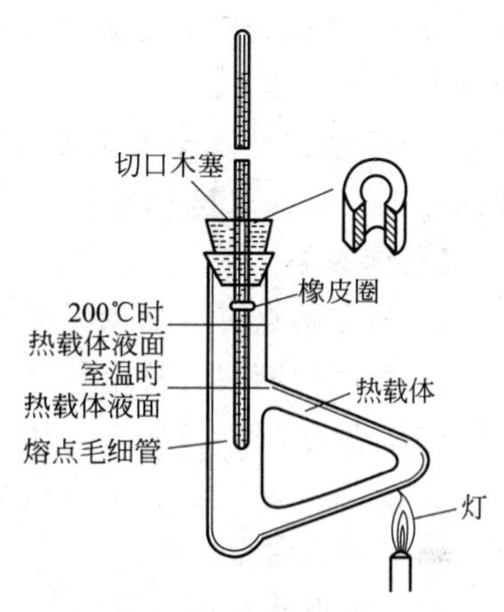

图 3-2 提勒管熔点测定仪

3. 测定熔点

熔点测定的关键操作之一就是控制加热速度[8]，使热量能透过毛细管，样品受热熔化，令熔化温度与温度计所示温度一致。一般方法先粗测，即以每分钟约 5℃的速度升温，小心观察毛细管内待测样品的情况，记录当管内样品开始塌落即有液相产生时（始熔）和样品刚好全部变成澄清液体时（全熔）的温度，此读数为该化合物的熔程。待热浴的温度下降大约 30℃时，换一根样品管，再作精确测定。精测时，开始升温可稍快（每分钟上升约 10℃），待热浴温度离粗测熔点约 15℃时，改用小火加热（或将酒精灯稍微离开熔点测定管一些），使温度缓缓而均匀上升（每分钟上升 1～2℃）。当接近熔点时，加热速度要更慢，每分钟上升 0.2～0.3℃。此时应该特别注意温度的上升和毛细管中样品的变化情况。记录刚有小滴液体出现和样品恰好完全熔融时的两个温度读数。这两者的温度范围即为被测样品的熔程。如：某一化合物在 113.0℃时有液滴出现，在 114.0℃时全部成为透明液体，应记录为熔点 113.0～114.0℃。

为了准确测定熔点，每一样品至少要重复测两次以上，每次测定都必须用新的熔点管重新装样品，不能使用已测过熔点的样品管[9]。

熔点测定的实验做完后浴液要待冷却后方可倒回瓶中，温度计不能马上用冷水冲洗，否则易破裂，可用废纸擦净。

注释

[1] 样品应尽量研细，否则样品颗粒间传热效果不好，使熔程变宽。

[2] 封毛细管时，要利用酒精灯的边火，使其与水平面成 30°角，且边加热边转动，否则易烧弯，毛细管封口端一定要封死，否则，加热时浴液会渗入毛细管，影响测定结果。

[3] 测定结果与样品装入的多少及紧密程度有关，装入的样品要紧密，受热时才均匀，如果有空隙，不易传热，影响测定结果。测定易升华或易吸潮的物质的熔点时，应将毛细管开口端熔封。

[4] 浴液：样品熔点在 220℃以下的可采用液体石蜡或浓硫酸作浴液。液体石蜡较安

全但易变黄；浓硫酸价廉，易传热，但腐蚀性强，有机化合物与其接触浓硫酸的颜色会变黑，妨碍观察，故装填样品时，沾在管外的样品必须擦去。如浓硫酸的颜色已变黑，可酌加少许硝酸钠或硝酸钾晶体，加热后便可褪色。使用浓硫酸时应特别小心，以防灼伤皮肤。

[5] 浴液的量要适度，少了不能形成热流循环，多了则会在受热时膨胀淹没毛细管而使样品受到污染。

[6] 用橡皮圈固定毛细管，要注意勿使橡皮圈触及浴液，以免浴液被污染和橡皮圈被浴液所熔胀。

[7] 温度计插入带缺口的橡皮塞时，应注意将温度计刻度面向塞子开口处。

[8] 熔化的样品冷却后又凝固成固体，此时样品的晶形已发生改变或已分解，再重新加热所测得的熔点往往就不准确，所以一根毛细管中的样品只能用一次。

[9] 掌握升温速度是准确测定熔点的关键，愈接近熔点，升温的速度应愈慢。若浴液升温太快，样品在熔化过程中产生滞后，其结果使观察的温度比真实值高。

【思考题】

1. 测定熔点时，如果样品未经干燥，将发生什么现象？

2. 今有两瓶白色粉末状化合物，一瓶中的化合物的熔点为148～149℃，另一瓶中的化合物的熔点为149～150℃，用什么办法来证明两种化合物是否为同一物质？

3. 测熔点时，若有下列情况将产生什么结果？

（1）熔点管壁太厚。

（2）熔点管底部未完全封闭，尚有一针孔。

（3）熔点管不洁净。

（4）样品未完全干燥或含有杂质。

（5）样品研得不细或装得不紧密。

（6）加热太快。

实验三　水蒸气蒸馏（5学时）

【实验目的】

1. 了解水蒸气蒸馏的原理及其应用。

2. 掌握水蒸气蒸馏的装置和实验操作技能。

【实验原理】

当水和不溶或者难溶于水[1]的有机化合物共热时，整个体系的蒸气压力根据道尔顿分压定律，应为各组分蒸气压之和，即可以表示为：

$$p=p_{水}+p_{A}$$

式中，p为总的蒸气压；$p_{水}$为水的蒸气压；p_{A}为有机化合物的蒸气压。

当整个体系的蒸气压力（P）等于外界大气压时，混合物开始沸腾，这时的温度即为它们的沸点。所以混合物的沸点将比其中任何一组分的沸点都要低些，即有机物可以在比其沸点低得多的温度下，而且在低于100℃的温度下随水蒸气一起蒸馏出来，这样的操作叫水蒸气蒸馏。水蒸气蒸馏是用来分离和提纯液态或者固态有机化合物的重要方法。常见水蒸气蒸馏的混合物沸点见表3-1。

例如在制备乙苯时，将水蒸气通入含乙苯的反应混合物[2]中，当温度达到92℃时，乙苯的蒸气压为195.2mmHg，水的蒸气压为567mmHg，两者之和接近大气压，于是混合物沸腾，乙苯就随水蒸气一起被蒸馏出来。蒸馏时混合物的沸点保持不变，直到其中某一组分几乎全部蒸出（因为总的蒸气压与混合物中二者相对量无关）。

表3-1　常见水蒸气蒸馏的混合物沸点

有机物	沸点℃	p(水)/mmHg	p_A(有机物)/mmHg	混合物沸点/℃
乙苯	136.2	567	195.2	92
溴苯	156.1	646	114	95
苯甲醛	178	703.5	220	97.9
苯胺	184.4	717.5	42.5	98.4
硝基苯	210.9	738.5	20.1	99.2
1-辛醇	195.0	744	16	99.4

随水蒸气蒸馏出来的有机物和水，两者的质量比$m_A/m_水$等于两者的分压p_A和$p_水$分别和两者的摩尔质量M_A和M_{18}的乘积之比，因此在馏出液中有机物和水的质量比可以按下式计算：

$$\frac{m_A}{m_水}=\frac{M_A\times p_A}{18\times p_水}$$

例如：$p_水=567$mmHg，$p_{乙苯}=195.2$mmHg，$M_水=18$g·mol^{-1}，$M_{乙苯}=106$g·mol^{-1}，代入上式得：

$$\frac{m_{乙苯}}{m_水}=\frac{195.2\times 106}{18\times 567}=2$$

即每蒸出2g乙苯，便伴随蒸出1g水。所以馏出液中乙苯的质量分数为：

$$\frac{2}{1+2}\times 100\%=66.67\%$$

这个数值为理论值，因为实验时有相当一部分水蒸气来不及与被蒸馏物充分接触便离开了蒸馏烧瓶，同时，以上关系式只适用于不溶于水的化合物，但是在水中绝对不溶的化合物是没有的，所以计算所得值也是一个近似值。

【仪器药品】

仪器：铁架台（铁圈、铁夹），电炉，石棉网，圆底烧瓶，双孔橡皮塞，弯导管，橡皮管，T形管，长玻璃弯导管，蒸馏烧瓶，单孔橡皮塞，直形冷凝管，尾接管，接收瓶，沸石。

药品：1-辛醇或苯胺，自来水。

【实验装置】

实验室的水蒸气蒸馏装置见第一章图1-3、图3-3。主要包括水蒸气发生器部分、蒸馏部分、冷凝部分和接收器四个部分，其中后三部分与简单蒸馏装置类似。

水蒸气发生器顾名思义就是产生水蒸气的装置，一般使用金属制成，如图3-4所示。实验室常用容积较大的短颈圆底烧瓶代替，瓶口配一双孔软木塞，一孔插入长玻璃管（50～60cm）作为安全管，另一孔插入水蒸气导出管。导出管用橡皮管与T形管相连。T形管的下管口上套一短橡皮管，橡皮管上用螺旋夹夹住。T形管的另一端与蒸馏部分的水蒸气导入管[3]相连。

这段水蒸气导入管应尽可能短些，以减少水蒸气的冷凝，且T形管右边比左边稍高出一点，可以使冷却水又流回水蒸气发生器。T形管可以用来除去冷凝下来的水，在蒸馏过程

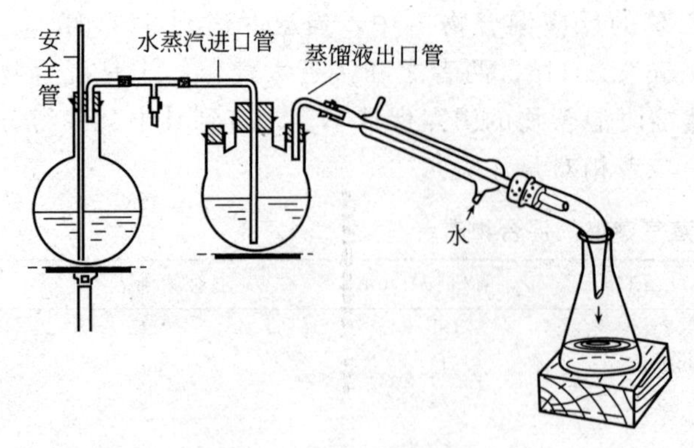

图 3-3　水蒸气蒸馏装置

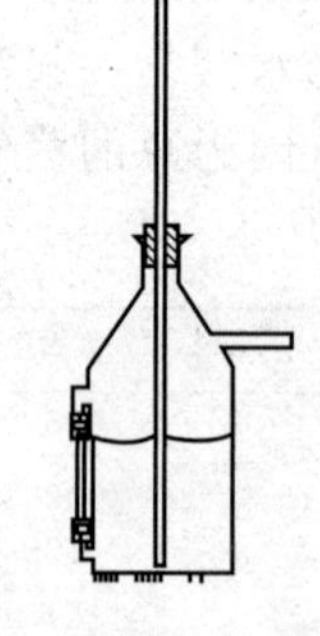

图 3-4　金属制的水蒸气发生器

中发生不正常的情况时，还可以使水蒸气发生器与大气相通，方法是将夹子夹在 T 形管与水蒸气导入管之间的橡皮管上即可，小心烫伤。

蒸馏部分通常是采用三颈烧瓶。左口塞上塞子；中口插入水蒸气导入管，要求插到液面以下，距瓶底 6～7 毫米；右口连接馏分导出管（或蒸馏头），导出管末端连接一直形冷凝管，组成冷凝部分。被蒸馏的液体体积不能超过烧瓶容积的 1/3。也可以用短颈圆底烧瓶代替三颈烧瓶，且一般将烧瓶倾斜 45°左右，这样可以避免由于蒸馏时液体跳动十分剧烈引起液体从导出管冲出污染馏分。

为了减少由于反复移换容器而引起的产物损失，常直接利用原来的反应器（即非长颈圆底烧瓶），按图 3-5 所示装置进行水蒸气蒸馏，如果产物不多，则改用半微量装置（图 3-6 所示）。

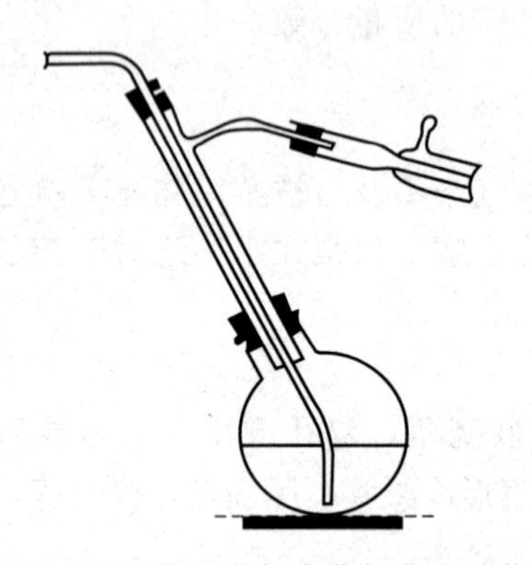

图 3-5　用原容器进行水蒸气蒸馏的装置

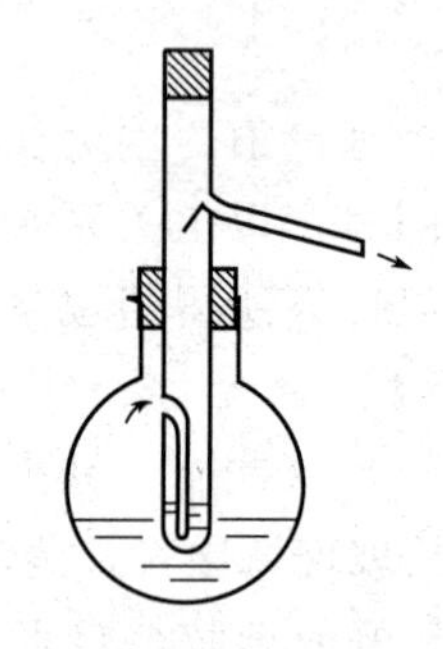

图 3-6　少量物质的水蒸气蒸馏

通过观察水蒸气发生器安全管中水面的高低，可以判断出整个水蒸气蒸馏系统是否畅通。若水面上升很高，则说明有某一部分阻塞，这时应将夹在 T 形管下端口的夹子取下，改夹到 T 形管与水蒸气导入管之间的橡皮管上，然后移去热源，稍冷后拆下装置进行检查（一般多数是水蒸气导入管下管被树脂状物质或者焦油状物所堵塞）和处理。否则，就会发生塞子冲出、液体飞溅的危险。

【实验内容】

1. 检漏

依据图 1-3 或图 3-3 所示，将仪器按顺序安装好后，应认真检查仪器各部位连接处是否严密，是否为封闭体系。

2. 加料

在水蒸气发生器中加入 1/2～2/3 体积的热水，并加入几粒止暴剂。从三颈烧瓶的左口加入待蒸馏的混合物和几粒止暴剂，塞好塞子。再仔细检查一遍装置是否正确，各仪器之间的连接是否紧密，有没有漏气。

3. 加热

加热至沸腾。当有大量水蒸气从 T 形管的下管口冲出时，先接通冷凝水，将夹子夹在 T 形管下端口，水蒸气便进入蒸馏部分，开始蒸馏。在蒸馏过程中，如由于水蒸气的冷凝而使烧瓶内液体量增加，以致超过烧瓶容积的 2/3，或者水蒸气蒸馏速度不快时，则可在三颈烧瓶下垫上石棉网，一起加热。如果剧烈，则不能加热，以免发生意外。蒸馏速度控制在每秒 1～2 滴为宜。

4. 收集馏分

与简单蒸馏同。当馏出液无明显油珠，澄清透明时，便可停止蒸馏。

在蒸馏过程中，必须经常检查安全管中的水位是否正常，有无倒吸现象，三颈烧瓶内液体飞溅是否厉害。一旦发生不正常情况，应该立即将夹在 T 形管下端口的夹子取下，改夹到 T 形管与水蒸气导入管之间的橡皮管上，然后移去热源，找原因排故障。当故障排除后，才能继续蒸馏。

5. 后处理

蒸馏完毕，应先取下 T 形管上的夹子，移走热源，待稍冷却后再关好冷却水，以免发生倒吸现象。拆除仪器（其程序与装配时相反），洗净。

馏出液和水的分离方法，根据具体情况决定。

注释

[1]　使用水蒸气蒸馏，被提纯的化合物应具备下列条件：

① 不溶或难溶于水；

② 在沸腾下与水不起化学反应；

③ 在 100℃ 左右，该化合物应具有一定的蒸气压（至少 666.5～1333Pa 或者 5～10mmHg）。

[2]　水蒸气蒸馏法常用于下列几种类型的分离：

① 反应混合物中含有大量树脂状杂质或不挥发性杂质，采用蒸馏或者萃取等方法都难以分离的；

② 从较多固体的反应混合物中分离被吸附的液体产物；

③ 某些沸点高的有机化合物，在常压下达到沸点时虽然可以与副产物分离，但容易被破坏，采用水蒸气蒸馏可在 100℃ 以下蒸出，如苯胺。

[3]　水蒸气导入管的弯制：取一长度适宜的玻璃管，选择适当位置，弯成 80°左右的导气管即可。方法见简单玻璃工操作。要求与 T 形管相连接的一段要短一些，而插入三颈烧瓶的一段则要适当长一些。但是，过长无法插入三颈烧瓶中，过短则接触液体不深或不能接触液体。

【思考题】

1. 用水蒸气蒸馏苯胺和水的混合物，试计算馏出液中苯胺和水所占的质量百分比。
2. 水蒸气蒸馏时，水蒸气导入管的末端为什么要插至接近于容器的底部？
3. 试找出水蒸气蒸馏和普通蒸馏装置的不同点并说明原因。
4. 水蒸气蒸馏适用于哪些类型的分离？

实验四　萃取（3学时）

【实验目的】

学习萃取法的原理和方法。

【实验原理】

萃取是分离和提纯有机物常用的操作之一。通常被萃取的是固态或液态的物质。从液体中萃取常用分液漏斗，分液漏斗的使用是基本操作之一。

萃取的原理：设溶液由有机化合物X溶解于A而成，现如要从其中萃取X，可选择一种对X溶解度极好，而与溶剂A不相混溶和不起化学反应的溶剂B。把溶液放入分液漏斗中，加入溶剂B，充分振荡。静置后，由于A与B不相混溶，故分成两层。此时X在A、B两相间的浓度比，在一定温度下为一常数，叫做分配系数，以K表示，这种关系叫做分配定律。用公式来表示：

$$K=c_A/c_B$$

式中，c_A、c_B分别表示一种化合物在两种互不相溶的溶剂中的浓度。分配定律是假定所选的溶剂B不与X起化学反应时才适用。

依照分配定律，要节省溶剂而提高提取的效率，用一定量的溶剂一次加入溶液中萃取，则不如把这个量的溶剂分成几份作多次萃取好，现在用算式来说明。

设在V毫升的水中溶有W_0克的有机物，每次用S毫升与水不互溶的有机溶液重复萃取。假如W_1为萃取一次后留在水溶液中的被萃取物，则在水中的浓度和在有机相中的浓度分别为W_1/V和$(W_0-W_1)/S$，两者之比等于K，即

$$K=\frac{W_1/V}{(W_0-W_1)/S} \quad 或 \quad W_1=W_0\frac{KV}{KV+S}$$

令W_2为萃取两次后在水中的剩留量，则有

$$K=\frac{W_2/V}{(W_1-W_2)/S} \quad 或 \quad W_2=W_1\frac{KV}{KV+S}=W_0\left(\frac{KV}{KV+S}\right)^2$$

以此类推，经过n次萃取后，剩留在水溶液中的被萃取的量为

$$W_n=W_0\left(\frac{KV}{KV+S}\right)^n$$

当用一定量溶剂时，希望在水中的剩余量越少越好。而上式$KV/(KV+S)$总是小于1，所以n越大，W_n就越小。也就是说把溶剂分成数次做多次萃取比用全部量的溶剂作一次萃取为好。但应该注意，上面的公式适用于几乎和水不相溶的溶剂，例如苯，四氯化碳等。而与水有少量互溶的溶剂乙醚等，上面公式只是近似的。但还是可以定性地指出预期的结果。

【仪器药品】

仪器：分液漏斗、移液管、碱式滴定管、铁架台、铁圈。

药品：醋酸水溶液、乙醚、$0.2mol\cdot L^{-1}$氢氧化钠溶液、酚酞指示剂。

【实验内容】

1. 一次萃取法

（1）检查漏斗是否漏水。取60mL的分液漏斗一个[1]，加水检查活塞及玻璃塞是否漏

水。如漏水将活塞取下，涂上一薄层凡士林，塞好后再把活塞旋转数圈，使凡士林分布均匀，关好活塞，然后放在铁圈上。

（2）用移液管准确量取 10mL 冰醋酸与水的混合液，放入分液漏斗中，再加 30mL 乙醚（注意附近不能有火，否则易引起火灾）。加入乙醚后，取下分液漏斗，先用右手紧紧握住分液漏斗的颈部，并紧紧顶住玻璃塞，用左手握住活塞，把分液漏斗倾斜，使漏斗的上口略朝下，上下振摇，以使两液相之间的接触面增加，提高萃取效率。注意在开始时振摇要慢，每摇几次以后，就要将漏斗向上倾斜（不要朝向人）打开活塞，使过量的蒸气逸出，此操作称为“放气”。将活塞关闭，再行振摇。如此重复至放气时只有很小的压力后，再剧烈振摇2～3 分钟，然后将漏斗放回铁圈上静置。

（3）待两层液体完全分开后，首先打开上面的玻璃塞，然后再将活塞缓缓旋开，放出下层水溶液于 50mL 锥形瓶中[2]（注意：分液时一定要尽可能分离干净，有时在两相相间可能出现的一些絮状物也应同时放出）。然后将上层液从分液漏斗的上口倒出（切不可从活塞放出，以免被残留在漏斗颈上的第一种液体污染）。加入 3～4 滴酚酞作为指示剂，用 $0.2mol\cdot L^{-1}$的氢氧化钠溶液滴定，记录用去氢氧化钠的体积。计算留在水中的醋酸的量及百分率和留在乙醚中的醋酸的量及百分率。

2. 多次萃取法

准确量取 10mL 冰醋酸与水的混合液于分液漏斗中，用 10mL 乙醚如上法萃取，分去乙醚溶液，水溶液再用 10mL 乙醚萃取，待分出乙醚溶液后，第三次再用 10mL 乙醚进行萃取。如此前后共计三次（萃取次数取决于被分离的物质在两相中的分配系数，一般为 3～5 次）。最后将用乙醚三次萃取后的水溶液放入 50mL 的锥形瓶中，用 $0.2mol\cdot L^{-1}$的氢氧化钠溶液滴定，记录用去氢氧化钠溶液的体积。计算留在水中的醋酸的量及百分率和留在乙醚中的醋酸的量及百分率。

将分液漏斗洗净，放回原处。从上述两种方法所得数据，比较萃取醋酸的效率。

注释

[1]　常用的分液漏斗有球形、锥形和梨形 3 种，在有机化学实验中，分液漏斗主要应用于：

① 分离两种分层而不起作用的液体；

② 从溶液中萃取某种成分；

③ 用水或碱或酸洗涤某种产品；

④ 用来滴加某种试剂（即代替滴液漏斗）。

使用分液漏斗前必须检查：

① 分液漏斗的玻璃塞和活塞有没有用棉线绑住；

② 玻璃塞和活塞是否紧密？如有漏水现象，应及时按下述方法处理：脱下活塞，用纸或干布擦净活塞及活塞孔道的内壁，然后，用玻璃棒蘸取少量凡士林，先在活塞近把手的一端抹上一层凡士林，注意不要抹在活塞的孔中，再在活塞套的小头内也抹上一圈凡士林，然后插上活塞，逆时针旋转到透明时即可使用。

[2]　不能将醚层放入锥形瓶内，亦不能将水层留于分液漏斗内，在水层放出后，须等待片刻，观察是否有水层出现，如有应将此水层再放入锥形瓶内。总之，放出下层液体时，注意不要使它流得太快，待下层液体流出后，关上活塞，等待片刻观察再有无水层分出，若尚有，就将水层放出，而上层液体则应从分液漏斗口倾入另一容器中。放液时，记住下层的为密度大的液体，从下面放出。上层的为密度相对小的液体，从上面倒出。

【思考题】

1. 影响萃取法萃取效率的因素有哪些？怎样才能选择好溶剂？

2. 使用分液漏斗的目的何在？使用分液漏斗时要注意哪些事项？

3. 两种不相溶的液体同在漏斗中，请问相对密度大的在哪一层？下一层的液体从哪里放出来？放出液体时为了不要流得太快，应该怎样操作？留在分液漏斗中的上层液体，应从哪里倾入另一个容器中？

实验五　液态有机化合物折射率的测定（3学时）

【实验目的】

1. 了解折射率的概念和测定有机化合物折射率的意义。

2. 了解阿贝（Abbe）折光仪的基本构造，掌握有机化合物折射率的测定方法。

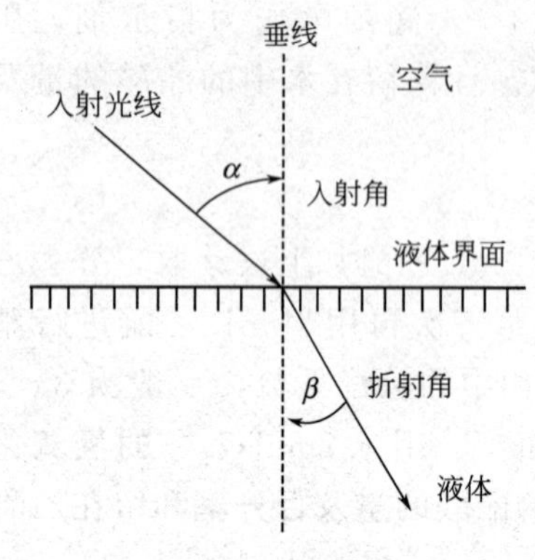

图 3-7　光线从空气进入液体时向垂线偏折

【实验原理】

由于光在两个不同介质中的传播速度是不相同的，所以光线从一个介质进入另一个介质，当它的传播方向与两个介质的界面不垂直时，则在界面处的传播方向发生改变，这种现象称为光的折射现象（图 3-7）。

光线在真空中的速度（用空气中的速度代）与它在液体中的速度之比定义为该液体的折射率（n）：

$$n=\frac{\text{空气中的速度}}{\text{液体中的速度}}$$

根据折射率定律，波长一定的单色光，在确定的外界条件下，从一个介质进入另一个介质时，入射角的正弦与折射角的正弦之比和这两个介质的折射率成反比。若介质为真空，则折射率为1，空气的折射率近似为1，于是

$$\frac{\sin\alpha}{\sin\beta}=\frac{n_{\text{液}}}{n_{\text{空}}}=n_{\text{液}}$$

折射率是物质的特性常数，固体、液体和气体都有折射率，尤其是液体更为普遍。不仅作为物质纯度的标志，也可用来鉴定未知物。如分馏时，配合沸点，作为划分馏分的依据。物质的折射率随入射光线波长不同而变，也随测定温度不同而变，通常温度升高1℃，液态化合物折射率降低（3.5～5.5）$\times10^{-4}$，所以折射率（n）的表示需要注出所用光线波长和测定的温度，常用 n_{D}^{t} 来表示，D表示钠光。

测定液体化合物折射率的仪器常使用阿贝折光仪。阿贝折光仪的主要组成部分是两块直角棱镜，上面一块是光滑的，下面的表面是磨砂的，可以开启。阿贝折光仪的构造见图3-8。

左面有一个镜筒和刻度盘，上面刻有1.3000～1.7000的格子。右面也有一个镜筒，是测量望远镜，用来观察折射情况，筒内装消色散镜。光线由反射镜反射入下面的棱镜，以不同入射角射入两个棱镜之间的液层，然后再射到上面棱镜的光滑表面上，由于它的折射率很高，一部分光线可以再经折射进入空气而达到测量镜1，另一部分光线则发生全反射。调节

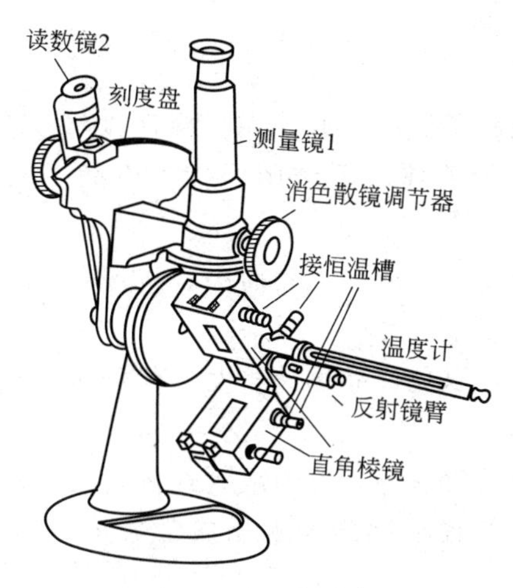

图 3-8　阿贝折光仪

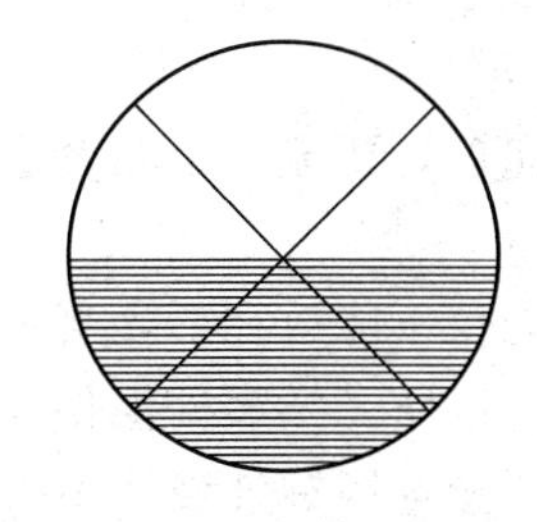

图 3-9　阿贝折光仪在临界角时目镜视野图

螺旋以使测量镜中的视野如图 3-9 所示，使明暗面的界线恰好落在十字交点上，记下读数，再让明暗面界线由上到下移动，至图 3-9 所示，记下读数，如此重复 5 次。

【仪器药品】

仪器：阿贝折光仪 1 台，擦镜纸。

药品：乙醚或丙酮、乙醇、氯仿、未知物。

【实验内容】

1. 校正

Abbe 折光仪经校正后才能使用，校正的方法：从仪器盒中取出仪器，置于清洁干净的台面上，在棱镜外套上装好温度计，与超级恒温水浴相连，通入恒温水，一般为 20℃或 25℃[1]。当恒温后，松开锁钮，开启下面棱镜，使其镜面处于水平位置，滴入 1～2 滴丙酮于镜面上，合上棱镜，促使难挥发的污物逸走，再打开棱镜，用丝巾或擦镜纸轻拭镜面。但不能用滤纸。待镜面干后，进行校正标尺刻度。操作时严禁油手或汗手触及光学零件。

（1）用重蒸馏水校正　打开棱镜，滴 1～2 滴重蒸馏水于镜面上，转动左面刻度盘，使读数镜内标尺读数等于重蒸馏水的折射率（$n_D^{20}=1.33299$，$n_D^{25}=1.3325$）。调节反射镜，使入射光进入棱镜组[2]，从测量望远镜中观察，使视场最亮，调节测量镜，使视场最清晰。转动消色调节器，消除色散，再用一特制的小旋子旋动右面镜筒下方的方形螺旋，使明暗界线和十字交叉重合，校正工作结束。

（2）用标准折光玻璃块校正　将棱镜完全打开使成水平，用少量 1-溴代萘（$n=1.66$）置光滑棱镜上，玻璃块就粘附于镜面上，使玻璃块直接对准反射镜，然后按上述手续进行。

2. 测定

准备工作完成后，打开棱镜，用滴管把待测液体 2～3 滴均匀地滴在磨砂面棱镜上，要求液体无气泡并充满视场，关紧棱镜。转动反射镜使视场最亮。

轻轻转动左面的刻度盘，并在右镜筒内找到明暗分界或彩色光带，再转动消色调节器，至看到一个明晰分界线。转动左面刻度盘，使分界线对准十字交叉线中心，并读折射率，重复 2～3 次。

如果在目镜中看不到半明半暗，而是畸形的，这是因为棱镜间未充满液体，若出现弧形光环，则可能是有光线未经过棱镜面而直接照射在聚光透镜上，若液体折射率不在 1.3～

1.7 范围内，则阿贝折光仪不能测定，也调不到明暗界线。

3. 维护[3]

（1）阿贝折光仪在使用前后，棱镜均需用丙酮或乙醚洗净，并干燥，滴管或其他硬物均不得接触镜面，擦洗镜面时只能用丝巾或擦镜纸吸干液体，不能用力擦，以防毛玻璃面擦花。

（2）用完后，要流尽金属套中的恒温水，拆下温度计并放在纸套筒中，将仪器擦净，放入盒中。

（3）折光仪不能放在日光直射或靠近热源的地方，以免样品迅速蒸发。仪器应避免强烈震动或撞击，以防光学零件损伤及影响精度。

（4）酸、碱等腐蚀性液体不得使用阿贝折光仪测其折射率，可用浸入式折射仪测定。

（5）阿贝折光仪不用时需放在木箱内，箱内应贮有干燥剂，木箱应放在空气流通的室内。

注释

[1] 考虑到实验时间有限，不附恒温水槽，可利用其温度系数进行换算。

[2] 阿贝折光仪有消色散装置，可直接使用日光，测定结果与钠光灯结果一致。

[3] 使用阿贝折光仪应注意以下几点：

① 仪器在使用或贮藏时，均不应曝于日光中，不用时应装于木盒内。

② 折光仪的棱镜必须注意保护不能在镜面上造成刻痕。滴加液体时，滴管的末端切不可触及棱镜的镜面。

③ 每次滴加样品前应洗净镜面；使用完毕后，也应用乙醚或丙酮洗净镜面，待挥发干后，再闭上棱镜。

④ 在测定过程中，有时会发现找不到明暗分界线，可能是样品已挥发所致。此时打开棱镜进行检查，如果发现样品较少，可再滴加样品。

【思考题】

1. 测定有机化合物折射率的意义。

2. 测定折射率时哪些因素会影响结果？

实验六　重结晶（3学时）

【实验目的】

1. 掌握配制饱和溶液、抽气过滤、趁热过滤及折叠菊花滤纸的操作。

2. 了解重结晶法提纯固态有机物的原理和意义。

【实验原理】

从有机化学反应得到的固体粗产物往往含有未反应的原料、副产物及杂质，必须加以分离纯化。提纯固体有机物最常用的方法之一就是重结晶。

固体有机物在溶剂中的溶解度随温度变化而改变。通常升高温度溶解度增大，反之则溶解度降低。若使固体溶解在热溶剂中，并使其达到饱和，冷却时，溶解度下降，溶液变为过饱和而析出结晶。利用溶剂对被提纯化合物及杂质的溶解度不同，使溶解度很小的杂质在热过滤时被除去或冷却后溶解度很大的杂质仍留在母液中，从而达到分离提纯固体有机化合物的目的。

重结晶根据所用溶剂的数量分为单一溶剂重结晶和混合溶剂重结晶。单一溶剂重结晶是利用被提纯化合物及杂质在一种溶剂中的溶解度不同提纯有机化合物。混合溶剂重结晶是利用被提纯化合物及杂质分别在两种不同极性的溶剂中的溶解度不同而提纯有机化合物。

【仪器药品】

仪器：锥形瓶（250mL）、布氏漏斗、热滤漏斗、抽滤瓶、短玻璃漏斗、表面皿、量筒、滤纸、玻璃棒、石棉网、三脚架、酒精灯、循环水真空泵、台秤、烘箱。

药品：粗乙酰苯胺、活性炭。

【实验内容】

1. 重结晶提纯法的过程

重结晶提纯法的一般过程为：

选择溶剂→固体溶解→除去杂质→晶体析出→晶体的收集与洗涤→晶体干燥

（1）溶剂的选择

选择适当的溶剂对于重结晶操作的成功具有重大的意义，一个良好的溶剂必须符合下述条件。

① 与被提纯物质不起化学反应。

② 在较高温度时能溶解多量的被提纯物质而在室温或更低温度时只能溶解很少量。

③ 对杂质的溶解度非常大或非常小，前一种情况杂质留于母液内，后一种情况趁热过滤时杂质被滤除。

④ 能得到较好的结晶。

⑤ 溶剂的沸点适中。溶剂沸点过低时制成溶液和冷却结晶两步操作温差小，被分离物质溶解度改变不大，影响收率，而且低沸点溶剂操作也不方便。溶剂沸点过高，附着于晶体表面的溶剂不易除去。

⑥ 价廉易得，毒性低，回收率高，操作安全。

在选择溶剂时应根据“相似相溶”的一般原理。溶质往往易溶于结构与其相似的溶剂。在实际中可通过溶解度试验来选择溶剂。方法是在试管中加入 0.1g 待重结晶的固体样品，一边振荡，一边加入约 1mL 的溶剂，若室温下样品全部或大部分溶解，说明样品在此溶剂中溶解度太大，此溶剂不适用。若样品不溶或大部分不溶，加热到沸腾时完全溶解，冷却析出大量结晶，此溶剂一般可适用。若样品不全溶于 1mL 沸腾的溶剂中，则以每次加约 0.5mL 溶剂，加热到沸腾，若加入溶剂总量达到 3～4mL，样品在沸腾的溶剂中仍不溶解，表明此溶剂不适用；若溶解，则冷却，观察结晶是否析出（可用冰水冷却或用玻璃棒摩擦试管内壁），若无结晶析出，则此溶剂不适用；若有结晶析出，则以结晶析出的量来选择溶剂。

按照上述方法逐一试验不同的溶剂，试验结果加以比较，从中选择最佳的作为重结晶的溶剂[1]。常用的重结晶溶剂见表 3-2。

如果难于找到一种合适的溶剂时，则采用混合溶剂，混合溶剂一般由两种能以任何比例互溶的溶剂组成，其中一种溶剂对被提纯的物质溶解度较大，而另一种溶剂则对被提纯的物质溶解度较小。一般常用的混合溶剂有乙醇-水、乙醇-乙醚、乙醇-丙酮、乙醚-石油醚、苯-石油醚等。

（2）固体物质的溶解

将待重结晶的粗产物放入锥形瓶中（因为它的瓶口较窄，溶剂不易挥发，又便于振荡，促进固体物质的溶解），加入比计算量略少的溶剂，加热到沸腾，若仍有固体未溶解，则在保持沸腾下逐渐添加溶剂至恰好溶解，最后再多加 20%的溶剂将溶液稀释，否则在热过滤时，由于溶剂的挥发和温度的下降导致溶解度降低而析出结晶，但如果溶剂过量太多，则难以析出结晶，需将溶剂蒸出。

在溶解过程中，有时会出现油珠状物，这对物质的纯化很不利，因为杂质会伴随析出，并夹带少量的溶剂，故应尽量避免这种现象的发生，可从下列几方面加以考虑：所选用的溶剂的沸点应低于溶质的熔点；低熔点物质进行重结晶，如不能选出沸点较低的溶剂时，则应在比熔点低的温度溶解固体。

用混合溶剂重结晶时，一般先用适量溶解度较大的溶剂，加热使样品溶解，溶液若有颜色则用活性炭脱色，趁热过滤除去不溶杂质，将滤液加热至接近沸点，慢慢滴加溶解度较小的热溶剂至刚好出现浑浊，再加热使滤液转变为清亮，静置冷却析出结晶。若已知两种溶剂的某一比例适用于重结晶，可事先配好混合溶剂，按单一溶剂重结晶方法进行。

(3) 除去杂质

① 趁热过滤　制备好的热溶液，必须趁热过滤，以除去不溶性杂质，并防止由于温度降低而在滤纸上析出结晶。为了保持滤液的温度，使过滤操作尽快完成，一是选用短颈玻璃漏斗；二是使用折叠式滤纸（菊花形滤纸）[2]；三是使用热水漏斗。

把短颈玻璃漏斗置于热水漏斗套里，套的两壁间充注水，若溶剂是水，可预先加热热水漏斗的侧管或边加热边过滤，如果是易燃有机溶剂则务必在过滤时熄灭火焰。然后在漏斗上放入折叠滤纸，用少量溶剂润湿滤纸，避免干滤纸在过滤时因吸附溶剂而使结晶析出。滤液用锥形瓶接收（用水作溶剂时方可用烧杯），漏斗颈紧贴瓶壁，待过滤的溶液沿玻璃棒小心倒入漏斗中，并用表面皿盖在漏斗上，以减少溶剂的挥发。过滤完毕，用少量热溶剂冲洗一下滤纸，若滤纸上析出的结晶较多时可小心地将结晶刮回锥形瓶中，用少量溶剂溶解后再过滤。

布氏漏斗应在热水中预热，滤渣常用沸水（溶剂）洗涤，以免损失被提纯物（有部分可能结晶）。

② 活性炭脱色处理　若溶解的溶液有颜色（对提纯无色物质）或存在某些树脂状物质、悬浮物微粒难于用一般过滤方法除去时，要用活性炭处理，活性炭对水溶液脱色效果较好，对非极性溶液脱色效果较差。

使用活性炭时，不能向正在沸腾的溶液中加入活性炭，以免溶液暴沸而溅出。一般来说，应使溶液稍冷后加入活性炭，较为安全。活性炭的用量视杂质的多少和颜色的深浅而定，由于它也会吸附部分产物，用量不宜太大，一般用量为粗产物的 1%～5%。加入活性炭后，在不断搅拌下煮沸 5～10min，然后趁热过滤；如一次脱色效果不好，可再用少量活性炭处理一次。过滤后，如发现滤液中有活性炭时应予重滤，必要时使用双层滤纸。

(4) 晶体的析出

结晶过程中，如晶体颗粒太小，虽然晶体包含杂质少，但却由于表面积大而吸附杂质多；而颗粒太大，则在晶体中会夹杂母液难于干燥。因此，应将滤液静置，使其缓慢冷却，不要急冷和剧烈搅动，以免晶体过细；当发现大晶体正在形成时，轻轻摇动使之形成较均匀的小晶体。为使结晶更完全，可使用冰水冷却。

如果溶液冷却后仍不结晶，可投“晶种”或用玻璃棒摩擦器壁引发晶体形成。

如果被纯化的物质不析出晶体而析出油状物，其原因之一是热的饱和溶液的温度比被提纯物质的熔点高或接近。油状物中含杂质较多，可重新加热溶液至成清液后，让其自然冷却至开始有油状物出现时，立即剧烈搅拌，使油状物分散，也可搅拌至油状物消失。

如果结晶不成功，通常必须用其他方法提纯。

(5) 晶体的收集和洗涤

通常用减压过滤分离晶体和母液。在常量法中通常使用布氏漏斗、抽滤瓶、安全瓶、水泵组成减压过滤装置，如图 3-10。过滤少量的晶体（0.5g 以下），可用玻璃钉抽滤装置与注射器或已排气的洗耳球连接来抽气过滤，如图 3-11。减压过滤的操作如下。

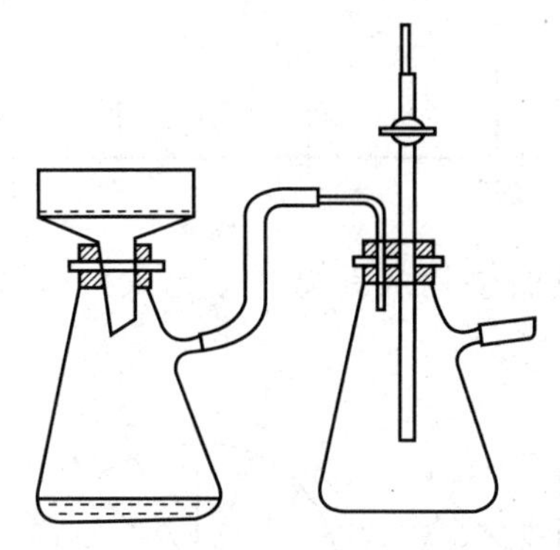

图 3-10　带安全瓶的抽滤装置

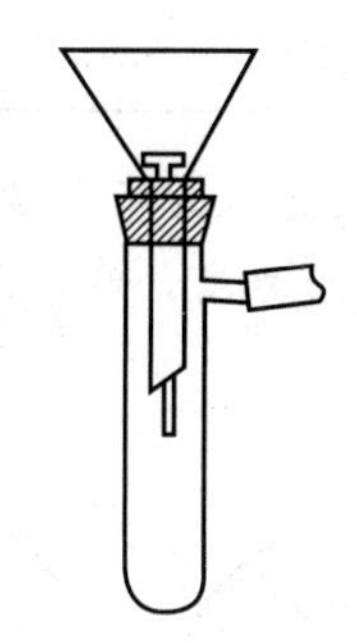

图 3-11　玻璃钉抽滤装置

① 抽紧滤纸：在抽滤之前，在布氏漏斗中铺一张直径小于漏斗内径的圆形滤纸，用同一溶剂将滤纸润湿，打开水泵，关闭安全瓶上的活塞，抽气，使滤纸紧贴在漏斗底部。

② 抽干母液：将要过滤的混合物倒入布氏漏斗中，使晶体均匀分布，使其将漏斗内滤纸表面完全覆盖，并用玻璃钉挤压晶体，抽干母液。

③ 洗涤结晶：为了除去结晶体表面的母液，应洗涤晶体。慢慢打开安全瓶上的活塞，用少量溶剂（3～5mL）均匀润洗结晶后，关闭活塞，抽去溶剂，重复操作 2～3 次，可把结晶表面吸附的杂质洗净。

④ 结束抽滤：先将安全瓶上的活塞打开与大气相通，之后关闭水泵，然后将布氏漏斗从抽滤瓶上取出。

(6) 晶体的干燥和纯度检查

抽滤后的结晶，表面上还有少量的溶剂，可根据所用溶剂及结晶的性质选择适当的方法进行干燥。晶体的纯度可用熔点测定法检查。

2. 用水重结晶乙酰苯胺

称取 3g 乙酰苯胺，放在 250mL 三角烧瓶中，加入约 65mL 蒸馏水，小火加热至沸腾，直至乙酰苯胺溶解，若不溶解，可适量添加少量热水，搅拌并加热至接近沸腾，使乙酰苯胺溶解，稍冷后，加入适量（约 0.3g）活性炭于溶液中，煮沸 5～10min，趁热用放有折叠式滤纸的热水漏斗过滤，用一三角烧瓶收集滤液。

滤液放置冷却后，有乙酰苯胺晶体析出，晶体完全析出后，减压过滤。抽干后，用玻璃钉压挤晶体，继续抽滤，尽量除去母液，然后，进行晶体洗涤工作，抽干。以上具体操作按照重结晶的一般过程进行。取出晶体，放在表面皿上，置于烘箱中干燥（控制温度 100℃以下），称量，计算回收率。

乙酰苯胺在水中的溶解度为 5.5g/100mL（100℃），0.53g/100mL（25℃）。

乙酰苯胺的 mp 为 114℃。

注释

[1]

表 3-2 常用的重结晶溶剂

溶剂名称	bp/℃	ρ/g·cm^{-3}	极性	溶剂名称	bp/℃	ρ/g·cm^{-3}	极性
水	100	1.000	很大	环己烷	80.8	0.78	小
甲醇	64.7	0.729	很大	苯	80.1	0.88	小
95%乙醇	78.1	0.804	大	甲苯	110.6	0.867	小
丙酮	56.2	0.791	中	二氯甲烷	40.8	1.325	中
乙醚	34.5	0.714	小—中	四氯甲烷	76.5	1.594	小
石油醚	30～60 60～90	0.68～0.72	小	乙酸乙酯	77.1	0.901	中

[2] 折叠式滤纸的折叠顺序

为了提高过滤速度，滤纸最好折成扇形滤纸（又称折叠滤纸或菊花形滤纸）。具体折法如图 3-12 所示。

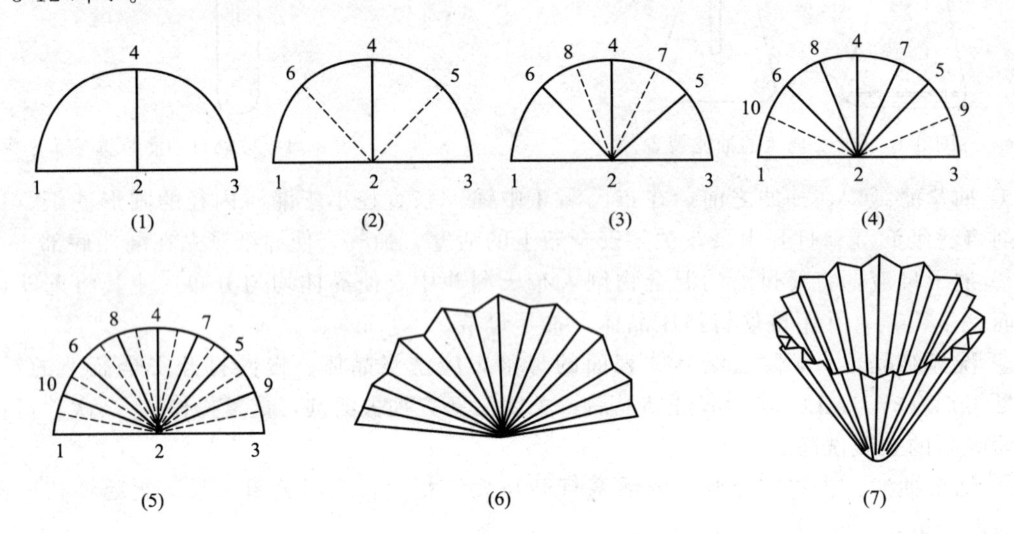

图 3-12 扇形滤纸的叠法

将圆形滤纸对折，然后再对折成四分之一，以边 3 对边 4 叠成边 5、6，以边 4 对边 5 叠成边 7，以边 4 对 6 叠成边 8，依次以边 1 对 6 叠成 10，3 对 5 叠成 9，这时折得的滤纸外形如图。在折叠时应注意，滤纸中心部位不可用力压得太紧，以免在过滤时，滤纸底部由于磨损而破裂。然后将滤纸在 1 和 10，6 和 8，4 和 7 等之间各朝相反方向折叠，做成扇形，打开滤纸呈图（6）状，最后做成如图（7）的折叠滤纸，即可放在漏斗中使用。

【思考题】

1. 加热溶解待重结晶的粗产品时，为什么加入溶剂的量要比计算量略少？然后逐渐添加到恰好溶解，最后再加入少量的溶剂，为什么？

2. 用活性炭脱色为什么要待固体物质完全溶解后才能加入？为什么不能在溶液沸腾时加入活性炭？

3. 使用有机溶剂重结晶时，哪些操作容易着火？为什么不能在溶液沸腾时加入活性炭？

4. 用水重结晶乙酰苯胺，在溶解过程中有无油珠状出现？如有油珠出现应如何处理？

5. 使用布氏漏斗过滤时，如果滤纸大于布氏漏斗瓷孔面时，有什么不好？
6. 停止抽滤时，如不先打开安全活塞就关闭水泵，会有什么现象产生，为什么？
7. 在布氏漏斗上用溶剂洗涤滤饼时应注意什么？
8. 如何鉴定经重结晶纯化过的产品的纯度？
9. 请设计用70%乙醇重结晶萘的实验装置，并简述实验步骤。

实验七 旋光度的测定（3学时）

【实验目的】

1. 了解测定旋光度的原理及旋光仪的基本构造，掌握旋光仪的使用方法。
2. 了解测定旋光性物质旋光度的意义。

【实验原理】

在有机化合物中有些化合物因具有手性，能使偏振光振动平面（偏振面）旋转，这部分物质称为旋光性物质（或手性物质）。旋光性物质使偏振光的偏振面向左或向右旋转一定的角度叫该物质的旋光度。旋光度的大小不仅仅取决于物质的分子结构，而且还与测定时所用物质的浓度、溶剂、温度、旋光管长度和所用光源的波长等有关。因此，常用比旋光度来表示物质的旋光能力。旋光度和比旋光度的关系如下：

$$[\alpha]_\lambda^t=\frac{\alpha}{Lc}$$

若溶液为纯液体时，则：

$$[\alpha]_\lambda^t=\frac{\alpha}{Ld}$$

式中，$[\alpha]_\lambda^t$ 为旋光性物质在温度为 t，光源的波长为 λ 时的比旋光度，一般用钠光（λ 为5893Å），用 $[\alpha]_D^t$ 表示；α 为旋光仪测得的旋光度；c 为溶液的浓度［每毫升溶液中所含溶质的质量（g/mL）］；d 为同温度下测定的纯液体的密度，g/mL；L 为旋光管的长度，单位为分米（dm）；

比旋光度是旋光性物质的一个重要物理常数，常用于旋光性物质及其含量的测定。对同一种化合物所测定的比旋光度，常因溶剂的不同而不同，因此记录比旋光度时，应标明所用的溶剂。测定旋光度的仪器称为旋光仪，普通旋光仪基本结构及其外形如图3-13和图3-14。

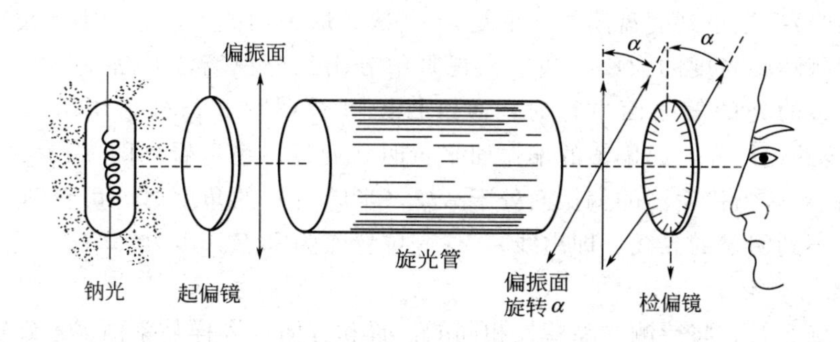

图3-13 旋光仪结构示意图

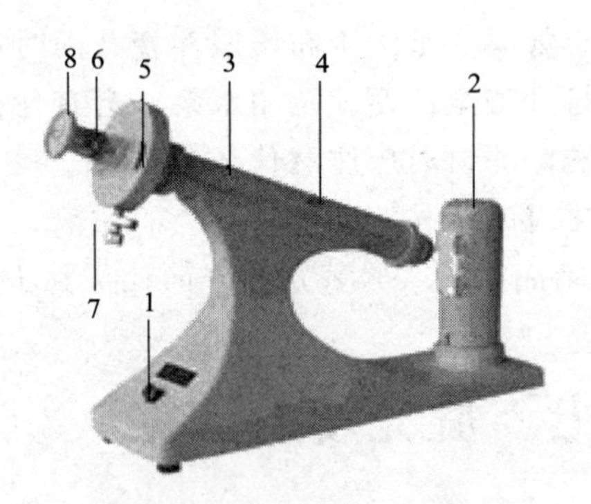

图 3-14　旋光仪的外形图

1—电源开关；2—钠光源；3—镜筒；4—镜筒盖；5—刻度游盘；
6—视度调节螺旋；7—刻度盘转动手轮；8—目镜

光线从光源经过起偏镜，再经过盛有旋光性物质的旋光管时，因物质的旋光性致使偏振光通过第二个棱镜，必须转动检偏镜，才能通过。因此，要调节检偏镜进行配光，由标尺盘上转动的角度，可以指示出检偏镜的转动角度，即为该物质在此浓度时的旋光度。

【仪器药品】

仪器：WXG-4 小型旋光仪。

药品：5％葡萄糖溶液、2.5％葡萄糖溶液、蒸馏水。

【实验内容】

1. 装待测溶液

旋光管有 1dm 和 2dm 等规格，选取适当旋光管，洗净后用少量待测液润洗 2～3 次，然后注入待测液，使液面在管口成一凸面，将玻璃盖沿管口边缘平推盖好，勿使管内留有气泡，装上橡皮圈，旋上螺帽至不漏水，螺帽不宜旋得过紧，以免产生应力，影响读数。用软布擦干净旋光管，备用。旋光管中若仍有气泡，测量时应先让气泡浮在凸颈处。

2. 旋光仪零点的校正

将仪器电源接入 220V 交流电源（要求使用交流电子稳压器），并将接地脚可靠接地。打开电源开关，这时钠光灯应启亮，需经 5 分钟钠光灯预热，使之发光稳定。通光面两端的雾状水滴，应用软布揩干。将装有蒸馏水的旋光管放入样品室，盖上箱盖。旋光管放置时应注意凸颈朝上。旋转目镜上视度调节螺旋，直到三分视场界限变得清晰，达到聚焦为止。转动刻度盘手轮，使游标尺上的 0 度线对准刻度盘上 0 度，观察三分视场亮度是否一致，如不一致说明零点有误差，转动刻度盘手轮（检偏镜随刻度盘一起转动），直到三分视场明暗程度一致（都很暗），记录刻度盘读数，重复 2～3 次，取平均值，该值为零点校正读数。

为了准确判断旋光度的大小，通常在视野中分出三分视场，如图 3-15。当检偏镜的偏振面与通过棱镜的光的偏振面平行时，通过目镜可看到图 3-15(3) 所示（中间亮，两旁暗）；当检偏镜的偏振面与起偏镜的偏振面平行时，通过目镜可看到图 3-15(2) 所示（中间暗，两旁亮）；只有当检偏镜的偏振面处于 $\phi/2$（半暗角）的角度时，可看到图 3-15(1) 所示（全暗，看不到明显的界线，即虚线），这一位置作为零点。

3. 旋光度的测定

取出调零旋光管，将待测样品管按相同的位置和方向放入样品室内，盖好箱盖。转动刻度盘手轮，使三分视场的明暗程度一致，记录刻度盘上所示读数，准确至小数点后两位。

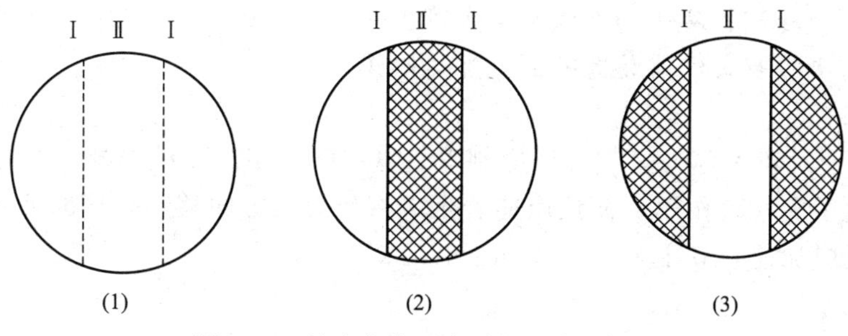

图 3-15　旋光仪中观察到的三分视场图

此读数与零点校正读数之间的差值即为该化合物的旋光度。重复 2～3 次，取平均值。

以同样方法测定第二种待测液。更换不同长度的旋光管测，用上述方法测两种待测液的旋光度，比较不同浓度的待测液用不同旋光管测得的旋光度之间的关系。

4. 旋光仪的读数

对观察者来说，偏振面顺时针的旋转为向右（＋），这样测得的$+\alpha$，既符合于右旋α，也可以代表$\alpha \pm n \times 180^\circ$的所有值，因为偏振面在旋光仪中旋转$\alpha$后，它所在的平面和从这个角度向左或向右旋转$n$个 180°后所在平面完全重合。所以观察值为$\alpha$时，实际角度可以是$\alpha \pm n \times 180^\circ$。例如，读数为＋38°，实际旋转可能为 218°、398°或－142°等。如此，在测定一个未知物时，至少要做改变浓度或盛液管长度的测定。如观察值为 38°，在稀释 5 倍后，读数为＋7.6°，则此未知物的α应为 $7.6^\circ \times 5 = 38^\circ$。

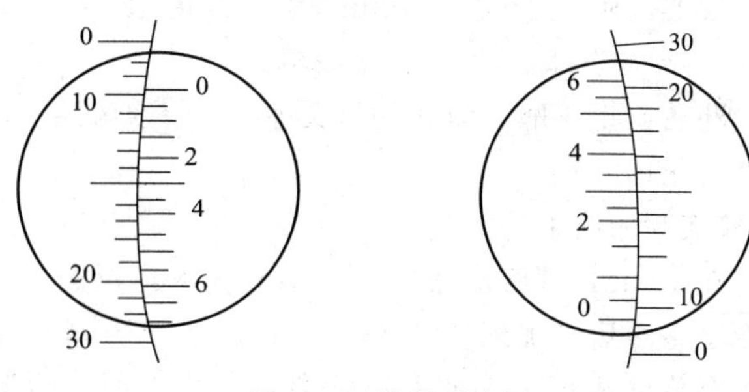

图 3-16　读数示意图

读数方法：刻度盘分出两个半圆形分别标 0°～180°，并有固定的游标分为 20 等分，等于刻度盘 19 等分，读数时先看游标的 0 刻度线落在刻度盘上对应的位置，记下整数值，如图 3-16 中整数为 9，再利用游标尺与主盘上刻度画线重合的方法，读出游标尺上的数值为小数，可以读到两位小数，此时图中为 0.30，所以最后的读数为$\alpha = 9.30^\circ$。

测毕，测定管中的溶液要及时倒出，用蒸馏水洗干净，揩干放好，所有镜片不能用手直接揩擦，应用柔软绒布揩擦。

【思考题】

1. 测定旋光性物质的旋光度有何意义？

2. 比旋光度［α］与旋光度α有何不同？

3. 已知某化合物［α］为＋66.4°，当用 2dm 的旋光管测试时，旋光度为＋9.96°，试计算该化合物的百分浓度。

实验八　1-溴丁烷的制备（5 学时）

【实验目的】

1. 学习以溴化钠、浓硫酸和正丁醇制备 1-溴丁烷的原理和方法。

2. 掌握蒸馏、回流、液体的洗涤和干燥等操作。

3. 学习带有吸收有害气体装置的回流加热操作。

【实验原理】

1-溴丁烷可通过正丁醇与氢溴酸反应制得。氢溴酸可用溴化钠与硫酸作用制备。过量的硫酸在反应中起平衡移动作用，使反应向着生成卤代烷的方向移动，同时通过产生更高浓度的氢溴酸而使反应加速，其主要反应式如下。

主反应

$$NaBr + H_2SO_4 \longrightarrow HBr + NaHSO_4$$

$$n\text{-}C_4H_9OH + HBr \longrightarrow n\text{-}C_4H_9Br + H_2O$$

副反应

$$CH_3CH_2CH_2CH_2OH \xrightarrow{H_2SO_4} CH_3CH_2CH{=}CH_2 + H_2O$$

$$2CH_3CH_2CH_2CH_2OH \xrightarrow{H_2SO_4} (CH_3CH_2CH_2CH_2)_2O + H_2O$$

$$2HBr + H_2SO_4 \xrightarrow[\triangle]{} Br_2 + SO_2 + 2H_2O$$

【仪器药品】

仪器：圆底烧瓶（100mL）、蒸馏装置、回流装置、分流漏斗（50mL）、锥形瓶（50mL）、电热套。

药品：正丁醇、溴化钠（无水）[1]、浓硫酸、5%的氢氧化钠溶液、饱和碳酸氢钠溶液、无水氯化钙

【实验内容】

在100mL圆底烧瓶中加入10mL水，再慢慢加入12mL（0.22mol）浓硫酸，混合均匀并冷至室温后，加入正丁醇7.5mL（0.08mol），混合后加入10g（0.10mol）研细的溴化钠，充分振荡[2]，再加入几粒沸石。装上回流冷凝管，在冷凝管上端接一吸收溴化氢的装置，如图3-17所示，用5%的氢氧化钠溶液作吸收剂。

用电热套低温加热回流0.5小时（在此过程中，要经常摇动）。冷却后，改作蒸馏装置，用电热套加热蒸出所有1-溴丁烷[3]。

将馏出液小心地转入分液漏斗，用10mL水洗涤[4]，静置分层，小心地将粗品从分液漏斗下面放入另一干净的分液漏斗中，用5mL浓硫酸洗涤（除去粗产物中的少量未反应的正丁醇及副产物正丁醚、1-丁烯、2-丁烯）。从分液漏斗下面放出硫酸（尽量放干净），有机层依次用水（除硫酸）、饱和碳酸氢钠溶液（中和未除尽的硫酸）和水（除残留的碱）各10mL洗涤。产物移入干净的锥形瓶中，加入1～2g无水氯化钙干燥，间歇摇动锥形瓶，直至液体透明。将干燥后的产物小心地转入到蒸馏烧瓶中。用电热套加热蒸馏，收集99～103℃的馏分，产量6～7g（产率约52%）。纯1-溴丁烷为无色透明液体，bp 101.6℃，$n_D^{20}=1.4401$。

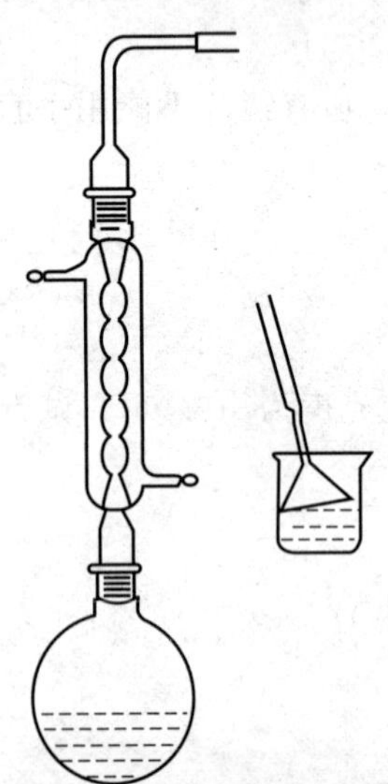

图3-17　回流装置

注释

[1]　如果是含结晶水的溴化钠（$NaBr \cdot 2H_2O$），可按物质的量进行换算，并相应减少加入的水量。

[2]　如在加料过程中和反应回流时不摇动，将影响产量。

［3］ 1-溴丁烷是否蒸完，可从下列三方面来判断：

① 馏出液中由浑浊变为澄清；

② 蒸馏瓶中上层油层是否已蒸完；

③ 取一支试管收集几滴馏出液，加入少许水摇动，如无油珠出现，则表示有机物已蒸完。

［4］ 用水洗涤后馏出液如有红色，是因为含有溴的缘故，可以加入 10～15mL 饱和亚硫酸氢钠溶液洗涤除去。

【思考题】

1. 1-溴丁烷制备实验为什么用回流反应装置？
2. 1-溴丁烷制备实验为什么用球型而不用直型冷凝管作回流冷凝管？
3. 1-溴丁烷制备实验采用 1∶1 的硫酸有什么好处？
4. 什么时候用气体吸收装置？怎样选择吸收剂？
5. 1-溴丁烷制备实验中，加入浓硫酸到粗产物中的目的是什么？
6. 1-溴丁烷制备实验中，粗产物用 75 度弯管连接冷凝管和蒸馏瓶进行蒸馏，能否改成一般蒸馏装置进行粗蒸馏？这时如何控制蒸馏终点？

实验九　2-甲基-2-丁醇的制备（6 学时）

【实验目的】

1. 了解 Grignard 试剂的制备、应用和进行 Grignard 反应的条件。
2. 掌握搅拌、回流、萃取、蒸馏（包括低沸点物蒸馏）等操作。

【实验原理】

$$CH_3CH_2Br + Mg \xrightarrow{\text{无水乙醚}} CH_3CH_2MgBr$$

$$CH_3-\overset{\overset{\displaystyle O}{\|}}{C}-CH_3 + CH_3CH_2MgBr \xrightarrow{\text{无水乙醚}} CH_3CH_2-\underset{\underset{\displaystyle OMgBr}{|}}{\overset{\overset{\displaystyle CH_3}{|}}{C}}-CH_3$$

$$CH_3CH_2-\underset{\underset{\displaystyle OMgBr}{|}}{\overset{\overset{\displaystyle CH_3}{|}}{C}}-CH_3 + H_2O \xrightarrow{H^+} CH_3CH_2-\underset{\underset{\displaystyle OH}{|}}{\overset{\overset{\displaystyle CH_3}{|}}{C}}-CH_3$$

【仪器药品】

仪器：三颈烧瓶（250mL），温度计，搅拌器，电热套，干燥管，滴液漏斗，分液漏斗，回流管，蒸馏装置。

药品：镁屑，碘，溴乙烷，无水乙醚，无水丙酮，20％硫酸，无水氯化钙，5％碳酸钠，无水碳酸钾。

【实验步骤】

1. 乙基溴化镁的制备

在干燥的 250mL 三颈烧瓶上分别装置搅拌器、回流冷凝管和滴液漏斗[1]，在冷凝管和滴液漏斗的上口装置氯化钙干燥管。瓶内放入 3.4g（0.14mol）镁屑[2]或去除氧化膜的镁条及一小粒碘[3]。在滴液漏斗中加入 13mL 溴乙烷（19g，0.17mol）和 30mL 无水乙醚，混匀。从滴液漏斗中滴入约 5mL 混合液于三颈烧瓶中，数分钟后即可见溶液呈微沸，碘的颜色消失（若不消失，可用温水浴温热）。然后开动搅拌器，继续滴加其余的混合液，控制滴加速度，维持反应液呈微沸状态[4]；若发现反应物呈黏稠状，则补加适量的无水乙醚。滴加完毕，用温水浴回流搅拌 30min，使镁屑几乎作用完全。

2. 与丙酮的加成反应

将反应瓶置于冰水浴中，在搅拌下从滴液漏斗中缓慢加入 10mL 无水丙酮（7.9g，0.14mol）及 10mL 无水乙醚的混合液，滴加完毕，在室温下搅拌 15min，瓶中有灰白色黏稠状固体析出[5]。

3. 加成物的水解和产物的提取

将反应瓶在冰水浴冷却和搅拌下，自滴液漏斗滴入 60mL 20%的硫酸溶液[6]（预先配好，置于冰水浴中冷却）分解产物。然后分离出醚层，水层用乙醚萃取 2 次，每次 20mL。合并醚层，用 15mL 5%碳酸钠溶液洗涤，再用无水碳酸钾干燥。用热水浴蒸去乙醚，然后用电热套加热蒸馏，收集 95～105℃馏分[7]，产量约 5g。

纯 2-甲基-2-丁醇为无色液体，bp 为 102.5℃，n_D^{20}=1.4025。

注释

[1] 所用的仪器和药品必须经过严格干燥处理。否则，反应很难进行，并可使生成的 Grignard 试剂分解。

[2] 本实验采用表面光亮的镁屑。若镁屑放置较久，则采用下法处理：用 5%的盐酸与镁屑作用数分钟，过滤除去酸液，然后依次用水、乙醇、乙醚洗涤，抽干后置于干燥器中备用；也可用镁条代替镁屑，使用前用细砂皮将其表面的氧化膜除去，剪成 0.5cm 左右的小碎条。

[3] 卤代芳烃或卤代烃和镁的作用较难发生时，通常温热或用一小粒碘作催化剂，以促使反应开始。

[4] 滴加速度太快，反应过于剧烈不易控制，并会增加副产物正丁烷的生成。

[5] 若反应物中含杂质较多，白色的固体加成物就不易生成，混合物只变成有色的黏稠物质。

[6] 也可以用氯化铵溶液（将 17g 氯化铵溶于水，稀释至 70mL）或用稀盐酸水解。

[7] 2-甲基-2-丁醇与水能形成共沸物（bp 为 87.4℃，含水 27.5%），所以若干燥不彻底，前馏分将大大增加，影响产量。若用分馏的方法则收集 100～104℃馏分。

【思考题】

1. 本实验的成败关键何在？为什么？为此你采取了什么措施？
2. 制得的粗产品为什么不能用氯化钙干燥？

实验十　肉桂酸的制备（4 学时）

【实验目的】

1. 了解肉桂酸的制备原理和方法。
2. 掌握水蒸气蒸馏装置的安装和操作技术。
3. 掌握重结晶法精制固体产品的操作技术。

【实验原理】

利用 Perkin 反应，将芳香醛与酸酐混合后在相应的羧酸盐存在下加热，可制得 α,β-不饱和酸。

反应式：

$$C_6H_5CHO + (CH_3CO)_2O \xrightarrow[140\sim180℃]{CH_3COOK} C_6H_5CH{=}CHCOOH + CH_3COOH$$

本实验按照 Kalnin 所提出的方法，用碳酸钾代替 Perkin 反应中的醋酸钾，反应时间短，产率高。

【仪器药品】

仪器：三颈烧瓶（100mL）、空气冷凝管、水蒸气蒸馏装置、减压过滤装置、表面皿、烧杯（250mL）、温度计（200℃）、热水漏斗、电热套。

药品：苯甲醛（C. P.）、乙酸酐（C. P.）、无水碳酸钾（C. P.）、氢氧化钠溶液（10%）、浓盐酸、刚果红试纸、pH 试纸。

【实验内容】

在 100mL 三颈烧瓶中放入 3.0mL（0.015mol）新蒸馏过的苯甲醛[1]、8mL（0.036mol）新蒸馏过的醋酐[2][3]以及研细的 4.2g（0.016mol）无水碳酸钾。在电热套上缓慢加热[4]，使温度上升至 140℃，使用空气冷凝管回流 0.5 小时。由于有二氧化碳放出，初期有泡沫产生。

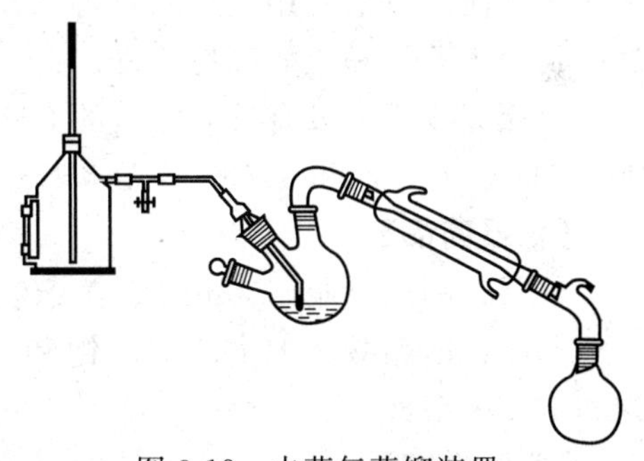

图 3-18　水蒸气蒸馏装置

待反应物冷却后，加入 10mL 温水，改为水蒸气蒸馏装置（图 3-18）。蒸馏出未反应完的苯甲醛，待馏出液无油珠，停止蒸馏。将三颈烧瓶冷却，加入 10mL 10%氢氧化钠溶液，以保证所有的肉桂酸成钠盐而溶解。抽滤，将滤液倾入 250mL 烧杯中，冷却至室温，在搅拌下用浓盐酸酸化至刚果红试纸变蓝。冷却，待沉淀完全析出后，抽滤，用少量水洗涤沉淀，抽干。粗产品在空气中晾干，产量约 1.5g（产率约 68%）。粗产品可用 5∶1 的水-乙醇重结晶。纯肉桂酸的 mp 为 135～136℃[5]。

注释

[1]　苯甲醛放久了，由于自动氧化而生成较多量的苯甲酸。这不但影响反应进行而且苯甲酸混在产品中不易除干净，将影响产品的质量。所以本实验所需的苯甲醛要事先蒸馏。

[2]　醋酐放久了，由于吸潮和水解将转变为乙酸，故本实验所需的醋酐必须在实验前进行重新蒸馏。

[3]　乙酸酐有毒，并有较强的刺激性，使用时应注意安全，避免将其蒸气吸入体内！

[4]　缩合反应宜缓慢升温，以防苯甲醛氧化。反应开始后，由于逸出二氧化碳，有泡沫出现，随着反应的进行，会自动消失。

[5]　肉桂酸有顺反异构体，通常制得的是其反式异构体，mp 为 135.6℃。

【思考题】

1. 在本实验所用的回流装置中，为什么采用空气冷凝管？

2. 本实验在精制产品时，曾先后加入氢氧化钠溶液和浓盐酸，试分析精制原理并写出有关反应方程式。

3. 苯甲醛和丙酸酐在无水碳酸钾的存在下相互作用得到什么产物？

实验十一　乙酸乙酯的制备（4学时）

【实验目的】

1. 掌握蒸馏、分液，干燥等基本操作。

2. 了解酯化反应的原理及从羧酸合成酯的方法。

【实验原理】

羧酸与醇在酸催化下加热生成酯的反应，称为酯化反应。

反应式：

$$CH_3COOH + C_2H_5OH \xrightleftharpoons{H_2SO_4} CH_3COOC_2H_5 + H_2O$$

这是一个可逆反应，生成的乙酸乙酯在同样的条件下又水解成乙酸和乙醇。为了获得较高产率的酯，通常采用增加酸或醇的用量以及不断移去产物中的酯或水的方法来进行。本实验采用回流装置及使用过量的乙醇来增加酯的产率。反应温度应控制在110～120℃，不宜过高，因为乙醇和乙酸都易挥发。

反应完成后，没有反应完全的CH_3COOH、CH_3CH_2OH及反应中产生的H_2O分别用饱和Na_2CO_3、饱和$CaCl_2$及无水Na_2SO_4（固体）除去。

【仪器药品】

仪器：圆底烧瓶（50mL）、蒸馏装置、回流装置、分液漏斗、锥形瓶、烧杯、电热套。

药品：冰醋酸、无水乙醇、饱和Na_2CO_3溶液、饱和NaCl溶液、固体无水Na_2SO_4、饱和$CaCl_2$溶液。

【实验内容】

在50mL圆底烧瓶中加入9.5mL（0.2mol）无水乙醇和6mL（0.10mol）冰醋酸，再小心加入2.5mL浓硫酸，混匀后，加入沸石，装上球形冷凝管。

慢慢升温加热烧瓶，保持缓慢回流0.5h，待瓶内反应物稍冷后，将回流装置改成蒸馏装置，接收瓶用冷水冷却。加热蒸出生成的乙酸乙酯，直到馏出液体积约为反应物总体积的1/2为止。

在馏出液中慢慢加入饱和碳酸钠溶液[1]，并不断振荡，直至不再有二氧化碳气体产生（或调节至石蕊试纸不再显酸性），然后将混合液转入分液漏斗中，分去下层水溶液，有机层分别用5mL饱和食盐水洗涤[2]，再用5mL饱和氯化钙溶液洗涤，最后用5mL水洗涤一次，分去下层水溶液。有机层倒入一干燥的锥形瓶中，用适量无水硫酸镁干燥，粗产物约6.8g（产率约77%）[3]。将干燥后的有机层进行蒸馏，收集73～78℃的馏分，产量约4.2g（产率约48%）。

纯乙酸乙酯为无色而有香味的液体，bp为77.06℃，n_D^{20}为1.3723。

注释

[1]　在馏出液中除了酯和水外，还有少量未反应的乙醇和乙酸，也含有副产物乙醚。故必须用碱除去其中的酸，并用饱和氯化钙除去未反应的醇，否则会影响酯的得率。

[2]　当有机层用碳酸钠洗过后，若紧接着就用氯化钙溶液洗涤，有可能产生絮状碳酸钙沉淀，使进一步分离变得困难，在两步操作间必须用水洗一下，除去余留的碳酸钠。由于乙酸乙酯在水中有一定的溶解度，为了尽可能减少由此而造成的损失，所以实际上用饱和食盐水来进行水洗。

[3]　乙酸乙酯与水或乙醇可分别生成共沸混合物，若三者共存则生成三元共沸混合物，因此，有机层中乙醇不除净或干燥不够时，由于形成低沸点共沸混合物，从而影响酯的产率。

【思考题】

1. 酯化反应有何特点？实验中采取哪些措施提高酯的产量？

2. 为什么要用饱和 NaCl 溶液洗涤？

实验十二　乙酰水杨酸的制备（3 学时）

【实验目的】

1. 掌握乙酰水杨酸的制备原理和方法。

2. 熟悉固体有机物纯化方法——混合溶剂重结晶法。

【实验原理】

乙酰水杨酸的商品名为阿司匹林，是常用的退热镇痛药。阿司匹林使用的制备方法是在浓硫酸的催化下将水杨酸与乙酐（过量约 1 倍）作用，使水杨酸分子中的酚羟基上的氢原子被乙酰基取代而生成乙酰水杨酸。乙酐在反应中既作为酰化剂又作为反应溶剂。

$$C_6H_4(OH)COOH + (CH_3CO)_2O \xrightarrow[70\sim80^\circ C]{H_2SO_4} C_6H_4(OCOCH_3)COOH + CH_3COOH$$

水杨酸能缔合形成分子内氢键。浓硫酸的作用是破坏水杨酸分子中的氢键，使乙酰化反应易于进行。

乙酰化反应完成后，加水使乙酐分解为水溶性的乙酸，即可得到粗制乙酰水杨酸。

乙酰水杨酸粗品必须经过纯化处理。本实验采用乙醇-水混合溶剂重结晶的方法[1]除去乙酰水杨酸粗品中所含的杂质（未反应的水杨酸）。

【仪器药品】

仪器：锥形瓶（100mL），烧杯（100mL、250mL），温度计，量筒，减压过滤装置，热过滤装置，提勒管。

药品：水杨酸、乙酸酐、浓硫酸、95%乙醇、三氯化铁（$10g\cdot L^{-1}$）。

【实验内容】

1. 乙酰水杨酸的制备

在 100mL 干燥的锥形瓶中加入干燥的水杨酸 3g（0.022mol）和乙酸酐 6mL（0.064mol），再加浓硫酸 8 滴。充分振摇。于 70～80℃的水浴[2]中振摇使固体物质溶解后，用玻璃棒不断搅拌，在 70～80℃下维持 10min。取出锥形瓶，待反应物冷却到室温后，加入 30mL 水。搅拌后将锥形瓶放在冰水浴中静置冷却，以加速结晶的析出。待结晶完全析出后，减压过滤，用 25mL 冰水洗涤结晶 2～3 次，抽干，即得乙酰水杨酸粗品。按下文操作 2 检查纯度。

将抽干的乙酰水杨酸粗品转移到 100mL 干净的烧杯中，在搅拌下加入 95%的乙醇 6～7mL。水浴加热使其溶解（必要时趁热过滤[3]）。然后加水 40mL，若析出沉淀，则加热使沉淀溶解。将溶液静置冷却，冰浴结晶。待结晶完全后减压过滤，用少量蒸馏水洗涤结晶 2～3 次，抽干。检查纯度。将提纯后的乙酰水杨酸置于表面皿上，在沸水浴上烘干（也可采用红外灯干燥，若时间允许，可采用自然风干）。称重并计算产率。

纯乙酰水杨酸 mp 为 135～136℃。

2. 纯度检查

取少量样品溶于 10 滴 95%乙醇中，加 $10g \cdot L^{-1}$ 三氯化铁溶液 1～2 滴。观察颜色变化。如溶液变为红色则说明样品不纯；如无颜色变化说明样品纯度较高。

注释

［1］ 混合溶剂结晶参看实验重结晶。

［2］ 反应温度不宜过高，否则将有副反应发生，例如生成水杨酰水杨酸。

［3］ 加热到沸仍有不溶物或溶液浑浊，则要过滤。过滤前，滤纸先用热乙醇湿润。

【思考题】

1. 在水杨酸的乙酰化反应中，加入硫酸的作用是什么？

2. 用化学方程式表示在合成乙酰水杨酸时产生少量多聚物的过程。

3. 纯净的阿司匹林对 10%三氯化铁显示负反应，但是由 95%乙醇重结晶得到的阿司匹林有时却显示正反应，试解释其结果。

实验十三　乙酰苯胺的制备（3 学时）

【实验目的】

1. 掌握重结晶基本操作技术。

2. 了解乙酰苯胺的制备原理并加深对乙酰化反应的理解。

【实验原理】

乙酰苯胺可通过苯胺与乙酰氯、乙酸酐或冰醋酸等试剂作用制得。其中，苯胺与乙酰氯反应最剧烈，乙酸酐次之，冰醋酸最慢，选用冰醋酸价格便宜，操作方便。这种在有机化合物中引入乙酰基的反应称为乙酰化反应。本实验采用冰醋酸作乙酰化试剂，反应式如下：

$$C_6H_5NH_2 + CH_3COOH \xrightleftharpoons{105℃} C_6H_5NHCOCH_3 + H_2O$$

本反应为可逆反应，故可把生成的水蒸出，使反应不断向右进行。

从有机反应中得到的产物往往是不纯的，其中常夹杂有一些反应的副产物、未作用的反应物及催化剂等。所以要设法将杂质与所需的产物进行分离，加以纯化。纯化的简易有效方法为热过滤、重结晶等提纯法[1]。

【仪器药品】

仪器：锥形瓶（100mL）、圆底烧瓶（100mL）、刺形分馏柱、直形冷凝管、温度计（150℃）、烧杯（250mL）、铁架台、电热套、量筒（100mL）、抽滤瓶、布氏漏斗、水泵、蒸发皿、短颈漏斗、滤纸。

药品：冰醋酸、苯胺、锌粉、活性炭、沸石。

【实验步骤】

1. 合成

在一干燥的100mL圆底烧瓶中放入10mL（10.23g、0.11mol）新蒸馏过的苯胺[2]和15mL（15.6g、0.26mol）冰醋酸，加少许锌粉[3]及沸石2粒。圆底烧瓶上装一个刺形分馏柱，柱顶插一支150℃温度计，支管接一冷凝管，接收管下端接一小锥形瓶，收集蒸出的水和乙酸。乙酰苯胺的合成装置见图3-19。

用电热套加热圆底烧瓶中的反应物至沸，控制加热温度，使温度计读数保持在105℃左右（不超过110℃）。经过大约40min，反应所生成的水几乎完全蒸出（含少量未反应的醋酸），收集馏出液6～8mL时，温度计读数下降或不稳定，表示反应已经完成。在搅拌下趁热将烧瓶中的液体倒入盛有100mL冰水的烧杯中，有乙酰苯胺结晶析出。冷却后将产物用布氏漏斗抽滤，抽干后用少许冷蒸馏水洗涤3次，抽滤得粗产品。

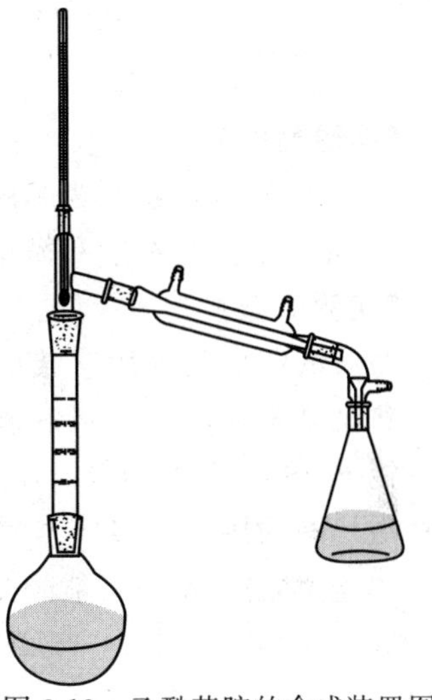

图3-19　乙酰苯胺的合成装置图

2. 精制

将粗产品移至250mL烧杯中，加入100～150mL蒸馏水，加热至沸，乙酰苯胺完全溶解（如果乙酰苯胺不完全溶解，可再加25mL蒸馏水）。稍放冷，加0.5g活性炭脱色[4][5]，搅拌使活性炭较均匀地分散在溶液中，再煮沸5min。预热短颈漏斗，内放菊花形滤纸。将上述滤液趁热分批倾入漏斗中过滤。

将滤液冷却，有乙酰苯胺片状晶体析出。用布氏漏斗抽滤，得结晶，并用少量的冷蒸馏水洗涤3次，抽滤，用玻璃钉压紧，抽干。结晶放在蒸发皿上，用水浴干燥，称重，测熔点（文献值：114～115℃），并计算产率。

记录：

$W_{乙酰苯胺}=$__________克。

注释

[1]　在100mL水中，乙酰苯胺的溶解度与温度的关系为

温度/℃	100	80	50	20
溶解度/g·100mL^{-1}	5.55	3.45	0.84	0.46

[2]　乙酰苯胺的熔点为114℃，在沸水中乙酰苯胺可转变成油状物，所以在制备饱和溶液时，必须使油状物完全溶解。

[3]　加入锌粉的目的是防止苯胺在加热过程中被氧化。

[4]　活性炭是一种多孔蜂网状结构，有很强的吸附力。它能吸附有机物质，故在有机合成上常用来脱去有色物质，该操作称为脱色。

[5]　活性炭不能加入沸腾或很热的溶液中，以免溶液“暴沸”。

【思考题】

1. 重结晶提纯的原理是什么？
2. 为什么在合成乙酰苯胺的步骤中，反应温度控制在105℃？
3. 在合成乙酰苯胺的步骤中，为什么采用刺形分馏柱，而不采用普通的蒸馏柱？
4. 为什么采用过量的冰醋酸进行反应？
5. 本实验产品最后的步骤是在水浴中进行干燥，能否采用明火干燥？为什么？
6. 为什么在合成步骤中，生成的产物要在趁热和不断搅拌下倒入冰水中，意义何在？

实验十四　苯胺的制备（6学时）

【实验目的】

1. 掌握硝基苯还原为苯胺的实验方法和原理。
2. 巩固水蒸气蒸馏和简单蒸馏的基本操作。

【实验原理】

芳胺的制取很少用直接的方法将氨基（$—NH_2$）导入芳环上，而是经过间接方法来制取。将硝基苯还原就是制备苯胺的一种重要方法。实验室中常用的还原剂有铁-盐酸、铁-醋酸、锡-盐酸、锌-盐酸等。用锡-盐酸作还原剂时，作用较快，产率较高，但锡价格较贵，同时盐酸、碱的用量较多。本实验通过下面两种常用方法将硝基苯还原为苯胺。

锡-盐酸法（反应可能经过下列过程）：

$$2C_6H_5NO_2+3Sn+14HCl \longrightarrow (C_6H_5NH_3)_2^+SnCl_6^{2-}+4H_2O$$

$$(C_6H_5NH_3)_2^+SnCl_6^{2-}+8NaOH \longrightarrow 2C_6H_5NH_2+Na_2SnO_3+6NaCl+5H_2O$$

铁-醋酸法：

$$4C_6H_5NO_2+9Fe+4H_2O \xrightarrow{H^+} 4C_6H_5NH_2+3Fe_3O_4$$

苯胺有毒，操作时应避免与皮肤接触或吸入其蒸汽!! 若不慎接触皮肤，应先用水冲洗，再用肥皂及温水洗涤。

【仪器药品】

仪器：圆底烧瓶（100mL、250mL）、量筒、蒸馏头、温度计（250℃）、温度计套管、直形冷凝管、空气冷凝管接引管、铁架台、接收瓶（100mL锥形瓶或小圆底烧瓶）、橡皮管、沸石、电热套、磁力搅拌器。

药品：硝基苯、37%盐酸、乙醚、氢氧化钠、冰醋酸、锡粒、铁屑。

【实验步骤】

1. 锡-盐酸法

在100mL圆底烧瓶中加入9g锡粒，4mL硝基苯，装上回流装置并开启搅拌，量取20mL浓盐酸，分数次从冷凝管口加入反应瓶中。若反应太激烈，瓶内混合物出现沸腾时，可将反应瓶用冷水冷却，使反应变缓。当所有盐酸加完后，将反应瓶放置在沸水中加热30min，使反应趋于完全[1]，然后使反应物冷却至室温，慢慢加入50%NaOH溶液使反应物呈碱性。将反应瓶改成水蒸气蒸馏装置，进行水蒸气蒸馏直到蒸出澄清液为止。将馏出液用分液漏斗分出粗苯胺，水层加入NaCl使其饱和[2]，用20mL乙醚分两次萃取，合并粗苯胺和乙醚萃取液，用无水硫酸钠固体干燥[3]。将干燥后的有机混合物小心转移至干燥的

50mL 圆底烧瓶中，在热水浴上蒸去乙醚，然后改用空气冷凝管，收集 182～185℃的馏分，计算产率。纯苯胺的 bp 为 184.1℃，n_D^{20} 为 1.5863。

2. 铁-醋酸法

在 250mL 圆底烧瓶中加入 20g 铁屑[4]，20mL 水和 2mL 冰醋酸，在搅拌下缓慢回流 5min。稍冷，从瓶口加入 11mL 硝基苯，回流 1h。待反应完全后冷却至室温，加入碳酸钠至反应物呈碱性，进行水蒸气蒸馏直到蒸出澄清液为止。馏出液用氯化钠饱和，分出苯胺层，水层用 30mL 乙醚分两次萃取，合并粗苯胺和乙醚萃取液，用 2g 氢氧化钠固体干燥。过滤后在热水浴上蒸去乙醚，然后改用空气冷凝管蒸馏，收集 182～185℃的馏分，计算产率。

注释

[1] 硝基苯为黄色油状物，反应中黄色油状物消失而转变成白色油珠，表示反应完成。

[2] 在 20℃时，每 100mL 水可溶解苯胺 3.4g，加入 NaCl 使溶液饱和，苯胺在水中的溶解度会降低。

[3] 由于 $CaCl_2$ 与苯胺会生成分子化合物，故不适合用其干燥。可以选用碳酸钾、氢氧化钠等做干燥剂。

[4] 要采用极细铁屑，需先与稀酸反应除去铁屑表面的铁锈，使其活化。

【思考题】

1. 根据什么原理选择水蒸气蒸馏法把苯胺从反应混合物中分离出来？
2. 如果最后制得的苯胺中含有硝基苯，应该如何提纯？

实验十五 脲醛树脂的合成（4 学时）

【实验目的】

学习脲醛树脂合成的原理和方法，加深对缩聚反应的理解。

【实验原理】

脲醛树脂是甲醛和尿素在一定条件下经缩合反应而成。第一步是加成反应，生成各种羟甲基脲的混合物：

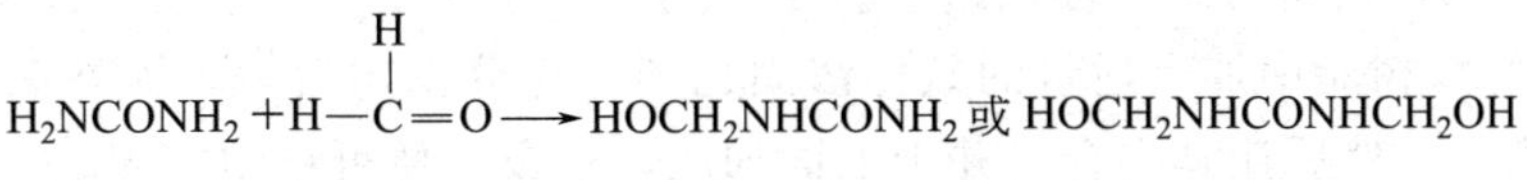

$$H_2NCONH_2 + H-\overset{\displaystyle H}{\overset{|}{C}}=O \longrightarrow HOCH_2NHCONH_2 \text{ 或 } HOCH_2NHCONHCH_2OH$$

第二步是缩合反应，可以在亚氨基与羟甲基之间脱水缩合：

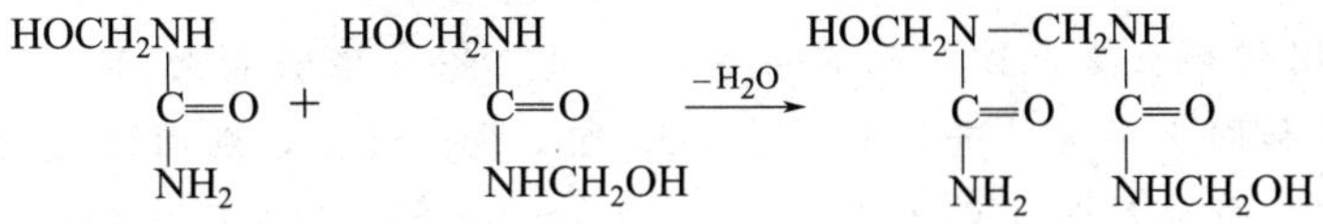

$$\begin{matrix} HOCH_2NH \\ | \\ C{=}O \\ | \\ NH_2 \end{matrix} + \begin{matrix} HOCH_2NH \\ | \\ C{=}O \\ | \\ NHCH_2OH \end{matrix} \xrightarrow{-H_2O} \begin{matrix} HOCH_2N - CH_2NH \\ | \qquad\quad | \\ C{=}O \qquad C{=}O \\ | \qquad\quad | \\ NH_2 \qquad NHCH_2OH \end{matrix}$$

也可以在羟甲基与羟甲基间脱水缩合：

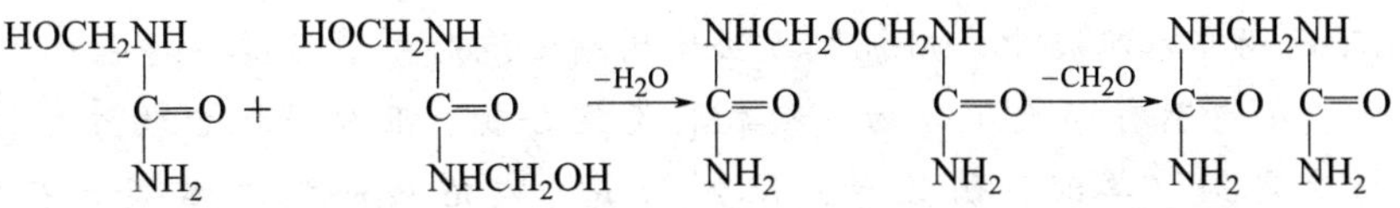

$$\begin{matrix} HOCH_2NH \\ | \\ C{=}O \\ | \\ NH_2 \end{matrix} + \begin{matrix} HOCH_2NH \\ | \\ C{=}O \\ | \\ NHCH_2OH \end{matrix} \xrightarrow{-H_2O} \begin{matrix} NHCH_2OCH_2NH \\ | \qquad\qquad | \\ C{=}O \qquad\quad C{=}O \\ | \qquad\qquad | \\ NH_2 \qquad\quad NH_2 \end{matrix} \xrightarrow{-CH_2O} \begin{matrix} NHCH_2NH \\ | \qquad | \\ C{=}O \quad C{=}O \\ | \qquad | \\ NH_2 \quad NH_2 \end{matrix}$$

此外，甲醛与亚氨基间的缩合均可生成相对分子质量低的线形和低交联度的脲醛树脂：

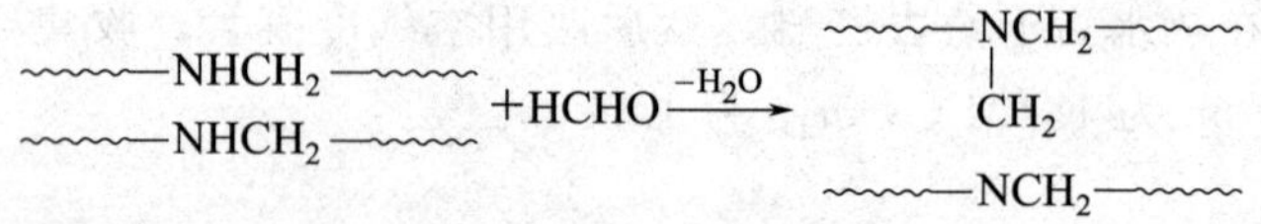

$$\begin{array}{l}\sim\sim NHCH_2 \sim\sim \\ \sim\sim NHCH_2 \sim\sim\end{array} + HCHO \xrightarrow{-H_2O} \begin{array}{l}\sim\sim NCH_2 \sim\sim \\ \quad | \\ \quad CH_2 \\ \quad | \\ \sim\sim NCH_2 \sim\sim\end{array}$$

这样继续下去，得线形缩聚物。线形缩聚物中含有易溶于水的羟甲基，故可作胶黏剂使用。当进一步加热时，或者在固化剂作用下，线形缩聚物中羟甲基与氨基进一步综合交联成复杂的网状结构。

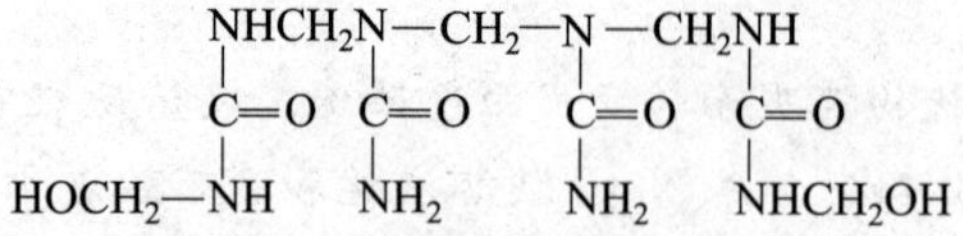

$$\begin{array}{cccc} NHCH_2N- & CH_2-N- & CH_2NH & \\ | & | & | & | \\ C{=}O & C{=}O & C{=}O & C{=}O \\ | & | & | & | \\ HOCH_2-NH & NH_2 & NH_2 & NHCH_2OH \end{array}$$

线形缩聚物

$$\begin{array}{l} \sim CH_2-N-CH_2\sim \\ \qquad\quad | \\ \qquad\; C{=}O \\ \qquad\quad | \\ \sim N-CH_2-N-CH_2-N-CH_2-O-N\sim \\ \quad | \qquad\qquad\qquad\quad | \qquad\qquad\qquad | \\ C{=}O \qquad\qquad\quad C{=}O \qquad\qquad C{=}O \\ \quad | \qquad\qquad\qquad\quad | \qquad\qquad\qquad \wr \\ \sim N-CH_2-N-CH_2-N-CH_2OH \\ \qquad\qquad\quad | \\ \qquad\quad\; C{=}O \\ \qquad\qquad\quad | \\ \sim N-CH_2-N-CH_2-N-CH_2\sim \\ \quad | \qquad\qquad\qquad\quad | \\ C{=}O \qquad\qquad\quad C{=}O \\ \quad \wr \qquad\qquad\qquad\quad \wr \end{array}$$

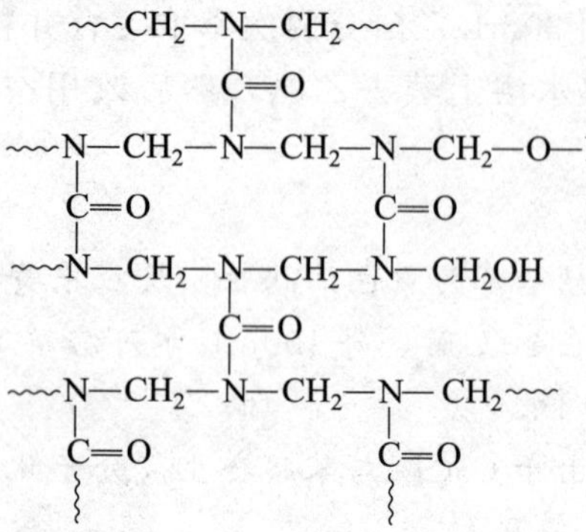

由于在最终产物中保留部分羟甲基，因而赋予胶层较好的黏结能力。脲醛树脂加入适量的固化剂[1]，便可黏接制件。经过醚化的脲醛树脂可制脲醛泡沫塑料[2]。

【仪器药品】

仪器：搅拌器、三颈烧瓶、冷凝器、温度计、水浴锅。

药品：尿素、甲醛（37%水溶液）、浓氨水、1% NaOH、NH_4Cl（固化剂）。

【实验内容】

在250mL三颈烧瓶上分别装上搅拌器、温度计、回流冷凝管，把三颈烧瓶置于水浴中。检查装置后，于三颈烧瓶内加入35mL的甲醛溶液（约37%），开动搅拌器，用六亚甲基四胺（约1.2g）或浓氨水（约1.8mL）调至pH为7.5～8[3]，慢慢加入全部尿素的95%[4]（约11.4g）。待尿素全部溶解后[5]（稍热至20～25℃），缓缓升温至60℃，保温15min，然后升温至97～98℃，加入余下尿素的5%（约0.6g），保温50min，在此期间，pH为6～5.5[6]。在保温40min时开始检查是否到终点，到终点[7]后，移开火源，适当在水浴中加少量冷水，降温至50℃以下，取出5mL黏胶液留作粘结用后，其余的产物用1%氢氧化钠溶液调至pH为7～8，出料密封于玻璃瓶中。

于5mL的脲醛树脂中加入适量的氯化铵固化剂，充分搅匀后均匀涂在表面干净的两块平整的小木板条上，然后让其吻合，并于上面加压，过夜，便可粘结牢固。

注释

[1] 常用的固化剂有氯化铵、硝酸铵等，以氯化铵和硫酸铵为好。固化速度取决于固化剂的性质、用量和固化温度。若用量过多，胶质变脆；过少，则固化时间太长。故于室温下，一般树脂与固化剂的质量比以100∶(0.5～1.2)为宜。加入固化剂后，应充分调匀。

[2] 脲醛泡沫塑料，一般是借助于通空气于用甘油（本实验的物料配比中加入3mL甘油即可）醚化了的树脂水溶液中，用机械方法使树脂发泡后成型而得。起泡液由水、发泡剂（常用的有机化学发泡剂有偶氮化合物、磺酰肼类化合物、亚硝基化合物等）、泡沫稳定剂（间苯二酚）与变定剂（草酸、磷酸等）配制而成。发泡后的泡沫体模具在室温下（约25℃）放置4～6h，使其初步稳定，然后在50～60℃下干燥，进一步定成型。

［3］ 混合物的 pH 不应超过 8～9，以防止甲醛发生 Cannizzaro 反应。

［4］ 制备脲醛树脂时，尿素与甲醛摩尔比以 1∶（1.6～2）为宜。尿素可一次加入，但以两次加入为好，这样可使甲醛有充分机会与尿素反应，以大大减少树脂中的游离甲醛。

［5］ 为了保持一定的温度，需要慢慢地加入尿素，否则，一次加入尿素，由于溶解吸热可使温度降至 5～10℃。因此需要迅速加热使其重新达到 20～25℃，这样得到的树脂浆状物不仅有些浑浊而且黏度增高。

［6］ 在此期间如发现黏度骤增、出现冻胶，就立即采取补救。出现这种现象的可能原因：酸度太大，pH 达 4.0 以下；升温太快，或温度超过 100℃。补救的方法：使反应液降温；加入适量的甲醛水溶液稀释树脂；加入适量的氢氧化钠水溶液，把 pH 调到 7.0 酌情确定加料或继续加热反应。

［7］ 树脂是否制成，可用如下方法检查：

① 用玻璃棒蘸点树脂，最后两滴迟迟不落，末尾略带丝状，并缩回棒上，则表示已经成胶。

② 1 份样品加 2 份水，出现浑浊。

③ 取少量树脂放在两手指上不断相挨相离，在室温时，约 1min 内觉得有一定黏度，则表示已成胶。

【思考题】

1. 在合成树脂的原料中哪种原料对 pH 影响最大？为什么？

2. 试说明 NH_4Cl 能使脲醛胶固化的原因，你认为还可加入哪些固化剂？

3. 如果脲醛胶在三颈烧瓶内发生了固化，试分析可能有哪些原因。

实验十六 不饱和烃的制备、性质（4 学时）

【实验目的】

学习乙烯和乙炔的制备方法及验证不饱和烃的性质。

【仪器药品】

仪器：125mL 长颈蒸馏烧瓶、250mL 长颈蒸馏烧瓶、玻璃漏斗、温度计（200℃）、塞子、玻璃导气管、大试管（或具支试管）、小试管、水槽、酒精灯、恒压漏斗、洗气瓶、铁架台、铁圈、铁夹、石棉网、100mL 烧杯。

药品：95%乙醇、浓硫酸、10%硫酸、干净的河砂、10%氢氧化钠溶液、1%溴的四氯化碳溶液、0.1%高锰酸钾溶液、汽油或煤油、碳化钙（电石）、饱和硫酸铜溶液、饱和食盐水、5%硝酸银溶液、2%氨水、氯化亚铜氨溶液、硫酸汞（2g 氧化汞与 10mL 20%的硫酸）、冰、品红醛（Schiff）试剂。

【实验原理】

1. 乙烯的制备

$$CH_3CH_2OH \xrightarrow[160\sim170^\circ C]{H_2SO_4} CH_2=CH_2$$

2. 乙炔的制备

$$CaC_2 + H_2O \longrightarrow HC\equiv CH$$

【实验装置】

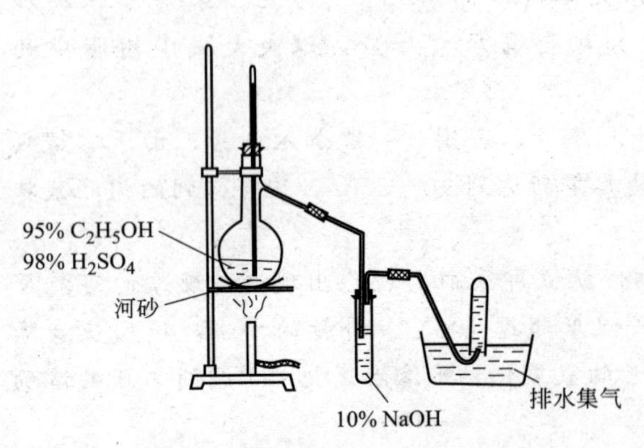

图 3-20 制备乙烯装置图

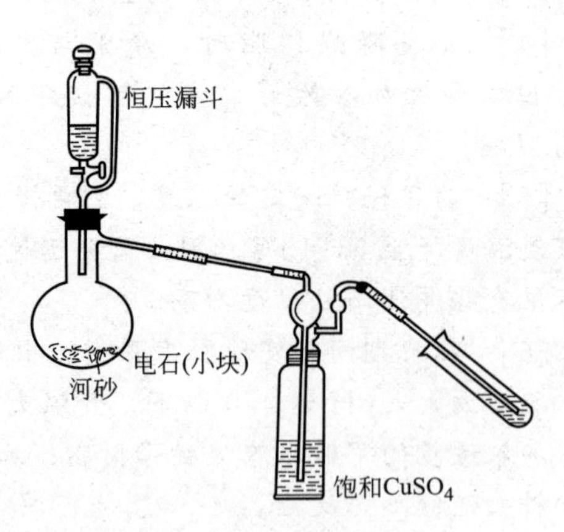

图 3-21 制备乙炔装置图

【实验内容】

1. 乙烯的制备步骤

在 125mL 蒸馏烧瓶口插入一个漏斗，通过这个漏斗加入 95％乙醇 4mL，浓硫酸 12mL（相对密度 1.84），边加边摇[1]，加完后，再放入干净的河砂 4g[2]，塞上带有温度计（200℃或 250℃）的软木寒，温度计的水银球应浸入反应液中，蒸馏烧瓶的支管通过橡皮管和玻璃导气管与作洗气用的试管相连，试管中盛有 15mL 的 10％氢氧化钠溶液[3]。

按照图 3-20 把仪器连接好，检查不漏气后，强热反应物，使反应物的温度迅速上升到 160～170℃，调节火焰，保持此范围的温度和保持乙烯气流均匀地发生[4]。估计空气被排尽后，利用排水集气法收集两试管（20mm×150mm）的乙烯（供性质试验），或直接做性质试验，然后即做燃烧试验。

2. 乙炔的制备步骤

在 250mL 干燥的蒸馏烧瓶中，放入少许干净河砂，平铺于瓶底，沿瓶壁小心地放入小块状碳化钙（电石）10g，瓶口装上一个恒压漏斗[6]。蒸馏烧瓶的支管连接盛有饱和硫酸铜溶液的洗气瓶[7]（为什么?），装置如图 3-21。把 25mL 饱和食盐水[8]倾入恒压漏斗中，小心地旋开活塞使食盐水慢慢地滴入蒸馏烧瓶中，即有乙炔生成，注意控制乙炔生成的速度!

【不饱和烃的性质】

1. 乙烯的性质

（1）与卤素反应　在盛有 0.5mL 1％溴的四氯化碳溶液的试管中通入乙烯气体，边通气边振荡试管，有什么现象？和烷烃的性质作比较有什么异同？写出乙烯和溴作用的反应式。

（2）氧化　在盛有 0.5mL 0.1％高锰酸钾溶液及 0.5mL 10％硫酸的试管中通入乙烯气体，边通气边振荡试管，溶液的颜色有什么变化？和烷烃的性质试验比较有什么不同？写出反应式。

（3）可燃性　用安全点火法（参阅甲烷的燃烧）做燃烧试验。注意与甲烷的燃烧试验情况作比较，有什么异同？观察燃烧情况怎样、注意火焰的颜色如何？火焰明亮的程度如何。有没有浓烟？

（4）取汽油或煤油[5]0.5mL 代替乙烯，按照（1）、（2）两项的步骤进行实验，有什么现象？和乙烯试验的结果有什么异同？

2. 乙炔的性质

① 与卤素反应　将乙炔通入0.5mL 1%溴的四氯化碳溶液的试管中，观察有什么现象？写出反应式。

② 氧化　将乙炔通入盛有1mL 0.1%高锰酸钾溶液及0.5mL 10%硫酸的试管中，观察有什么现象？写出反应式。

③ 乙炔银的生成　取0.3mL 5%硝酸银溶液，加入1滴10%氢氧化钠溶液，再滴入2%氨水，边滴边摇，直到生成的沉淀恰好溶解，得到澄清的硝酸银氨水溶液[9]。通入乙炔气体，观察溶液有什么变化？有什么沉淀生成[10]？

④ 乙炔铜的生成　将乙炔通入氯化亚铜氨溶液中，观察有没有沉淀生成？沉淀的颜色怎样？和乙炔银是否相同？

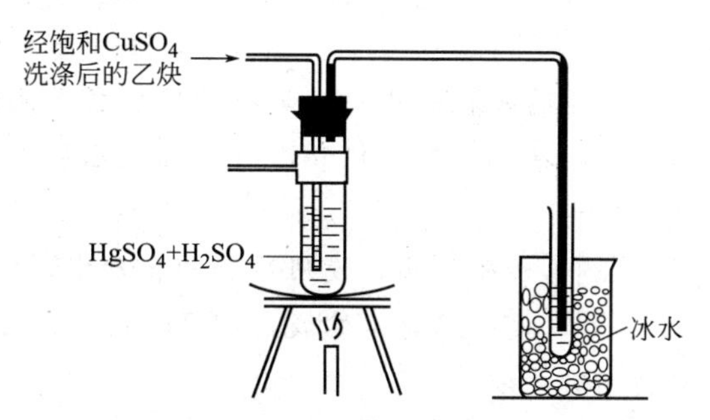

图3-22　乙炔水化反应装置图

⑤ 乙炔水化反应装置如图3-22所示。将盛有5mL硫酸汞（2g氧化汞与10mL 20%的硫酸作用而得）的试管固定在石棉网上，用小火加热，当温度升至约80℃时，通入经过饱和硫酸铜洗涤过的乙炔。由于在硫酸汞的催化下，乙炔与水作用生成乙醛[11]，而乙醛受热蒸出，进入右边的试管中，这支试管内盛3mL水，并滴入1～2滴品红醛（Schiff）试剂，外面用冷水（或冰）冷却，乙醛就溶解于水中，溶液呈桃红色，表明有乙醛生成[12]，即可停止通入乙炔。

⑥ 用安全点火法进行乙炔的燃烧试验，观察燃烧情况，并与乙烯、甲烷的燃烧情况作比较，并说明其原因。

注释

[1]　乙醇与浓硫酸作用，首先生成硫酸氢乙酯，反应放热，故必要时可浸在冷水中冷却片刻。边加边摇可防止乙醇的炭化。

$$CH_3CH_2OH + H_2SO_4 \longrightarrow CH_3CH_2OSO_2OH + H_2O$$

[2]　河砂应先用稀盐酸洗涤，除去可能夹杂着的石灰质（因为石灰质与硫酸作用生成的硫酸钙会增加反应物沸腾的困难），然后用水洗涤，干燥备用。河砂的作用：

① 作硫酸氢乙酯分解为乙烯的催化剂；

② 减少泡沫生成，以使反应顺利进行。

[3]　因为浓硫酸是氧化剂，会将乙醇氧化成一氧化碳、二氧化碳等，同时，硫酸本身被还原成二氧化硫。这些气体随乙烯一起出来，将它们通过氢氧化钠溶液，便可除去二氧化硫与二氧化碳等。在乙烯中虽杂有一氧化碳，但它与溴和高锰酸钾试液均不起作用，故不除去也无妨碍。

[4]　硫酸氢乙酯与乙醇在170℃分解生成乙烯，但在140℃时则生成乙醚，故实验中要求强热使温度迅速达到160℃以上，这样便可减少乙醚生成的机会，但当乙烯开始生成时，则加热不宜过剧。否则，将会有大量泡沫产生，使实验难以顺利进行。

[5]　通常的汽油、煤油中含有少量不饱和烃，若是石油裂化的产品，不饱和烃的含量则更多，故可作为烯烃性质试验的样品，但有色的汽油或煤油须蒸馏制得无色的汽油和煤油，才能使用。

[6] 如果没有恒压漏斗，可以自制，取一个双孔塞子，一孔插入一个 125mL 滴液漏斗，另一孔插入一根平衡玻璃管，使滴液漏斗的上口与蒸馏烧瓶连通。

[7] 碳化钙中常含有硫化钙、磷化钙等杂质，它们与水作用，产生硫化氢、磷化氧等气体夹杂在乙炔中，使乙炔具有恶臭。

$$CaS+2H_2O \longrightarrow Ca(OH)_2+H_2S\uparrow$$

$$Ca_3P_2+6H_2O \longrightarrow 3Ca(OH)_2+2PH_3\uparrow$$

$$Ca_3As_2+6H_2O \longrightarrow 3Ca(OH)_2+2AsH_3\uparrow$$

产生的硫化氢能与硝酸银作用生成黑色的硫化银沉淀，它又能和氯化亚铜作用生成硫化亚铜．往往影响乙炔银和乙炔亚铜及乙炔水化的实验结果，故需用饱和 $CuSO_4$ 把这些杂质氧化除去。

[8] 实验证明，使用饱和的食盐水，能平稳而均匀地产生乙炔。

[9] 硝酸银氨水溶液，即 Tollens 试剂，贮存日久会析出爆炸性黑色沉淀物 Ag_3N，应当使用时才配制。

[10] 乙炔银与乙炔亚铜沉淀在干燥状态时均有高度爆炸性，故实验完毕后，金属乙炔化合物的沉淀不得倾入废物缸中，而应滤取沉淀，加入到 2mL 稀硝酸或稀盐酸中．微热使之分解后，才能倒入指定容器中。未经处理不得乱放或倒入废物缸。否则，会发生危险，乙炔银或乙炔亚铜分解反应式为：

$$AgC\equiv CAg+2HNO_3 \longrightarrow 2AgNO_3+HC\equiv CH\uparrow$$

$$CuC\equiv CCu+2HCl \longrightarrow 2Cu_2Cl_2+HC\equiv CH\uparrow$$

[11] $HC\equiv CH+H_2O \xrightarrow{HgSO_4/H_2SO_4} CH_3CHO$

[12] 乙醛遇 Schiff 试剂呈桃红色。

【思考题】

1. 制备乙烯的实验要注意哪些问题？如果不迅速升高温度结果如何？

2. 本实验制备乙烯时有哪些杂质生成？它们分别在装置中哪一部分被除去呢？

3. 由电石制取乙炔时，所得乙炔可能含有哪些杂质？在实验中应如何除去这些杂质？如果使用粉末状的电石能否制得乙炔？

4. 甲烷、乙烯和乙炔的焰色有什么不同？为什么？

5. 通过实验，试列表比较甲烷、乙烯和乙炔的性质。

实验十七　卤代烃、醇和酚的性质（3 学时）

【实验目的】

1. 通过实验进一步认识不同烃基结构对反应速率的影响以及不同卤原子对反应速率的影响。

2. 进一步认识醇类的一般性质，并比较醇、酚之间化学性质上的差异，认识羟基和烃基的相互影响。

【实验原理】

了解不同烃基结构对反应速率的影响，有助于判断反应可能按何种方式进行。大多数卤代烃和醇在一般条件下的反应是混合历程，只有在某些特殊条件下才是按某一历程进行的。因而，在实验中必须注意反应条件，并与所学的理论知识相联系。

【仪器药品】

仪器：试管，热水浴装置（铁架台、烧杯、石棉网、酒精灯），pH 试纸。

药品：饱和硝酸银乙醇溶液、15％碘化钠、金属钠、酚酞指示剂、卢卡斯（Lucas）试剂、1％高锰酸钾溶液、5％氢氧化钠、10％硫酸铜溶液、饱和溴水、1％碘化钾溶液、浓硫酸、浓硝酸、5％碳酸钠溶液、三氯化铁溶液；1-氯丁烷、2-氯丁烷、2-氯-2-甲丙烷、1-溴丁烷、溴化苄、溴苯、1-碘丁烷、2-溴丁烷、2-甲基-2-溴丙烷、烯丙基溴、甲醇、乙醇、丁醇、辛醇、无水乙醇、无水丙酮、仲丁醇、叔丁醇、异丙醇、乙二醇、甘油、苯酚饱和溶液、苯酚。

【实验内容】

1. 卤代烃的性质

(1) 与硝酸银的作用

① 不同烃基结构的反应。取 3 支干燥试管，各放入饱和硝酸银乙醇溶液 1mL。然后分别加入 2 滴 1-氯丁烷、2-氯丁烷及 2-氯-2-甲丙烷，摇动试管观察有无沉淀析出[1]？如 10min 后仍无沉淀析出时可在水浴中加热煮沸后再观察，写出它们活泼性的次序及反应方程式。另取 3 支干燥试管，各放入饱和硝酸银乙醇溶液 1mL。然后分别加入 2 滴 1-溴丁烷、溴化苄及溴苯，如上法观察现象，记录活泼性的次序并写出反应方程式。

② 不同卤原子的反应。取 3 支干燥试管，并各放入饱和硝酸银乙醇溶液约 1mL，然后分别加入 2 滴 1-氯丁烷、1-溴丁烷及 1-碘丁烷。如前操作方法观察沉淀生成的速度，记录活泼性次序。

(2) 与碘化钠丙酮溶液反应

取 2mL 15％的碘化钠无水丙酮溶液于干燥试管中，加 2～3 滴样品，混匀，必要时将试管在 50℃左右水浴中加热片刻，记录生成沉淀所需时间。

样品：1-溴丁烷、2-溴丁烷、2-甲基-2-溴丙烷、烯丙基溴、溴苯。

2. 醇和酚的性质

(1) 醇的性质

① 比较醇的同系物在水中的溶解度。在 4 支试管中各加入 2mL 水，然后分别加入甲醇、乙醇、丁醇、辛醇各 10 滴，振荡并观察溶解情况，如已溶解则再加 10 滴样品，观察，从而可得出什么结论？

② 醇钠的生成及水解。在一干燥的试管中加入 1mL 无水乙醇，投入 1 小粒表面新鲜的钠，观察现象，检验气体，待金属钠完全消失后[2]，向试管中加入 2mL 水，滴加酚酞指示剂，观察现象，并解释？

③ 醇与卢卡斯（Lucas）试剂[3]的作用。在 3 支干燥的试管中，分别加入 0.5mL 正丁醇、仲丁醇、叔丁醇，再加入 2mL 卢卡斯试剂，振荡，保持 26～27℃，观察 5min 及 1h 后混合物变化。记录混合物变浑浊和出现分层的时间。

④ 醇的氧化。在试管中加入 1mL 乙醇，滴入 1％高锰酸钾溶液 2 滴，振荡，微热，记录观察现象？以异丙醇做同样实验，其结果如何？

⑤ 多元醇与氢氧化铜作用。用 6mL 5％氢氧化钠及 10 滴 10％硫酸铜溶液，配制成新鲜的氢氧化铜，然后一分为二，取 5 滴多元醇样品滴入新鲜的氢氧化铜中，记录观察现象？

样品：乙二醇、甘油。

（2）酚的性质

① 苯酚的酸性。在试管中盛放苯酚的饱和溶液 6mL，用玻璃棒蘸取一滴于 pH 试纸上试验其酸性。

② 苯酚与溴水作用。取苯酚饱和水溶液 2 滴，用水稀释至 2mL，逐滴滴入饱和溴水，当溶液中开始析出的白色沉淀转变至淡黄色时，停止滴加；然后将混合物煮沸 1～2min，冷却，再加入 1% KI 溶液数滴及 1mL 苯，用力振荡[4]，观察现象？

③ 苯酚的硝化。在干燥的试管中加入 0.5g 苯酚，滴入 1mL 浓硫酸，在沸水浴加热 5min 并不断振荡，使反应完全[5]，冷却后加水 3mL，小心地逐滴加入 2mL 浓硝酸[6]振荡，置沸水浴加热至溶液呈黄色，取出试管，冷却，观察有无黄色结晶析出，这是什么物质？

④ 苯酚的氧化。取苯酚饱和水溶液 3mL，置于试管中，加 5%碳酸钠 0.5mL 及 1%高锰酸钾 0.5mL，振荡，观察现象？

⑤ 苯酚与三氯化铁作用。取苯酚饱和水溶液 2 滴放入试管中，加入 2mL 水，并逐滴滴入三氯化铁溶液，观察颜色变化[7]。

注释

[1] 如果溶液呈碱性，加入硝酸银后，会生成黑色氧化银沉淀，因而不能观察到白色氯化银沉淀。

[2] 如果反应停止后溶液中仍有残余的钠，应该先用镊子将钠取出放在酒精中破坏，然后加水。否则，金属钠遇水，反应剧烈，不但影响实验结果，而且造成不安全。

[3] 含碳原子数在六个以下的低级醇类均溶于卢卡斯试剂，作用后能生成不溶的氯代烷，反应液出现浑浊，静止后分层。此试剂可用作各种醇的鉴别和比较。

[4] 苯酚和溴水作用，生成微溶于水的 2,4,6-三溴苯酚白色沉淀；滴加过量的溴水，则白色的三溴苯酚转化为淡黄色的难溶于水的四溴化物；四溴化物易溶于苯，它能氧化氢碘酸，本身则又被还原成三溴苯酚。

[5] 由于苯酚的羟基的邻对位氢易被浓硝酸氧化，故在硝化前先进行磺化，利用磺酸基将邻、对位保护起来，然后，用硝基置换磺酸基，故本实验顺利完成的关键是磺化这一步要较完全。

[6] 加浓硝酸前溶液必先充分冷却。否则，溶液会有冲出的危险！

[7] 酚类或含有酚羟基的化合物，大多数能与 $FeCl_3$ 溶液发生各种特有的颜色反应，产生颜色的原因主要是由于生成了电离度很大的酚铁盐。加入酸、酒精或过量的 $FeCl_3$ 溶液，均能减少酚铁的电离度，有颜色的阴离子浓度也相应降低，反应液的颜色就将褪去。

【思考题】

1. 根据实验结果解释，为什么与硝酸银的醇溶液作用，不同烃基的活泼性是 3°＞2°＞1°？在本实验中可否使用硝酸银的水溶液？为什么？

2. 卤原子在不同反应中，活性为什么总是碘＞溴＞氯？

3. 用卢卡斯试剂检验伯、仲、叔醇的实验成功的关键何在？对于六个碳以上的伯、仲、叔醇是否都能用卢卡斯试剂进行鉴别？

4. 与氢氧化铜反应产生绛蓝色是邻羟基多元醇的特征反应，此外，还有什么试剂能起类似的作用？

实验十八　醛、酮、羧酸和羧酸衍生物的性质（3学时）

【实验目的】

通过实验进一步加深对醛、酮、羧酸和羧酸衍生物的化学性质的认识，掌握鉴别醛、酮、羧酸和羧酸衍生物的化学方法。

【实验原理】

醛和酮都含有羰基，可与羟胺、苯肼、2,4-二硝基苯肼、亚硫酸氢钠等亲核试剂发生亲核加成反应，所得产物经适当处理可得到原来的醛和酮，这些反应可用于鉴别和分离醛和酮。乙醛和甲基酮在碱性溶液中，与碘作用，生成黄色碘仿，可用此反应鉴别乙醛和甲基酮。

醛和酮最大的区别就是对氧化剂的敏感性不同，醛易被弱氧化剂如托伦（Tollens）试剂，斐林（Fehling）试剂等氧化。而酮则不能被弱氧化剂氧化。可以利用这一特性来区别醛和酮。

羧酸最典型的化学性质是具有酸性，酸性比碳酸强，故羧酸不仅溶于氢氧化钠溶液，而且也溶于碳酸氢钠溶液。饱和一元羧酸中，以甲酸酸性最强，而低级饱和二元羧酸的酸性又比一元羧酸强。羧酸能与碱作用成盐，与醇作用成酯。甲酸和草酸还具有较强的还原性，甲酸能发生银镜反应，但不与斐林试剂反应。草酸能被高锰酸钾氧化，此反应用于定量分析。

【仪器药品】

仪器：小试管，热水浴装置（铁架台、烧杯、石棉网、酒精灯等）。

药品：2,4-二硝基苯肼试剂、10%氢氧化钠溶液、饱和 $KI\text{-}I_2$ 溶液、品红醛试剂（Schiff 试剂）、托伦（Tollens）试剂、本尼迪克（Benedict）试剂、刚果红试纸、（1∶5）稀硫酸、0.5%的高锰酸钾溶液、浓硫酸、饱和碳酸钠溶液、乙酰氯、2%硝酸银溶液、苯胺、乙酸酐、甲醛、乙醛、丙酮、苯甲醛、乙醇、1-丁醇、环己酮、甲酸、乙酸，草酸（固体）、无水乙醇、冰乙酸。

【实验内容】

1. 醛、酮的性质

（1）与2,4-二硝基苯肼的加成

在4支试管中，各加入1mL 2,4-二硝基苯肼试剂，然后分别滴加1～2滴试样，摇匀静置片刻，观察结晶颜色（若无沉淀析出，微热30s，摇匀后静置冷却，再观察）[1]。

试样：甲醛、乙醛、丙酮、苯甲醛。

（2）碘仿试验

在4支试管中，分别加入1mL蒸馏水和3～4滴试样，再分别加入1mL 10%氢氧化钠溶液，滴加 $KI\text{-}I_2$ 至溶液呈浅黄色，继续振荡至浅黄色消失，随之析出浅黄色沉淀，若无沉淀，则放在50～60℃水浴中微热几分钟（可补加 $KI\text{-}I_2$ 溶液），观察结果[2]。

试样：乙醛、丙酮、乙醇、1-丁醇。

（3）席夫（Schiff）试验

在4支试管中分别加入1mL品红醛试剂（Schiff试剂），然后分别滴加2滴试样，振荡摇匀，放置数分钟，然后分别向溶液显紫红色的试管中逐滴加入浓硫酸，边滴边摇，观察现象[3]？

试样：甲醛、乙醛、丙酮、环己酮。

（4）托伦（Tollens）试验

在4支洁净的试管中分别加入1mL Tollens试剂，再分别加入2滴试样，摇匀，静置，若无变化可将试管放在50～60℃水浴温热几分钟，观察现象[4]。

试样：甲醛、乙醛、丙酮、环己酮。

（5）本尼迪克（Benedict）试验

在4支试管中分别加入Benedict试剂各1mL，摇匀分别加入3～4滴试样，摇匀，沸水浴加热3～5min，观察现象[5]。

试样：甲醛、乙醛、苯甲醛、丙酮。

2. 羧酸的性质

（1）酸性试验

在3支试管中，分别加入5滴甲酸、5滴乙酸，0.2g草酸，各加入1mL蒸馏水，振摇使其溶解。然后用玻璃棒分别蘸取少许酸液，在同一条刚果红试纸上画线。比较试纸颜色的变化和颜色的深浅，并比较三种酸的酸性强弱[6]。

（2）氧化反应

在3支试管中分别加入0.5mL甲酸、乙酸以及由0.2g草酸和1mL水所配成的溶液，然后分别加入1mL（1∶5）的稀硫酸和2～3mL 0.5%的高锰酸钾溶液，加热至沸，观察现象，比较速率。

（3）成酯反应

在一干燥试管中，加入1mL无水乙醇和1mL冰乙酸，并滴加5滴浓硫酸。摇匀后放入70～80℃水浴中，加热10分钟。放置冷却后，再滴加约3mL饱和碳酸钠溶液，中和反应液至出现明显分层，并可闻到特殊香味。

3. 羧酸衍生物的性质

（1）水解反应

在试管中加入1mL蒸馏水，沿管壁慢慢滴加5滴乙酰氯，略微振摇试管，乙酰氯与水剧烈作用，并放出热（用手摸试管底部）。待试管冷却后，再滴加1～2滴2%硝酸银溶液，观察溶液有何变化。

（2）醇解反应

在干燥的试管中加入1mL无水乙醇，在冷却与振摇下沿试管壁慢慢滴入1mL乙酰氯。反应进行剧烈并放热[7]，待试管冷却后，再慢慢加入约3mL饱和碳酸钠溶液中和至出现明显的分层，并可闻到特殊香味。

（3）氨解反应

在干燥试管中加入0.5mL新蒸苯胺，再滴加0.5mL乙酰氯，振摇后，用手摸试管底部有无放热。然后，再加入2～3mL水，观察有无结晶析出。

用乙酸酐代替乙酰氯重复操作上述三个实验，注意反应较乙酰氯难进行，需要在热水浴加热的情况下，较长时间才能完成上述反应。

注释

[1] 析出的结晶一般为黄色、橙色或橙红色；非共轭的醛酮生成黄色沉淀，共轭醛酮生成橙红色沉淀；含长共轭链的羰基化合物生成红色沉淀。

[2] 碘仿试验常可用来检验$CH_3CH(OH)—R$或$CH_3CO—R$两种结构的存在。具有$CH_3CO—CH_2COOR$，$CH_3CO—CH_2NO_2$，$CH_3CO—CH_2CN$的化合物没有碘仿反应。

［3］　Schiff 试剂与醛类作用后反应液显紫红色；加入大量的无机酸，将使醛类与 Schiff 试剂的作用物分解而褪色，只有甲醛与 Schiff 试剂的作用物在强酸存在下仍不褪色，据此可鉴别甲醛和其他的醛类。

［4］　做银镜反应所用的试管必须十分洁净。可用热的铬酸洗液或硝酸洗涤，再用水、蒸馏水分别冲洗干净。

［5］　脂肪醛可使 Benedict 试剂中的铜离子还原生成红色的氧化亚铜，而芳香醛和酮则不能。因此可以利用 Benedict 试剂区别脂肪醛和芳香醛。

［6］　刚果红试纸与弱酸作用呈棕黑色，与中强酸作用呈蓝黑色，与强酸作用呈稳定的蓝色。

［7］　乙酰氯与醇反应十分剧烈，并有爆破声。滴加时要慢，一滴一滴加入，防止液体从试管内溅出。

【思考题】

1. 鉴别醛和酮有哪些简便的方法？

2. Tollens 试剂为什么要在临用时才配制？Tollens 试验完毕后，应加入硝酸少许，立刻煮沸洗去银镜，为什么？

3. 在羧酸及其衍生物与乙醇反应中，为什么在加入饱和碳酸钠溶液后，乙酸乙酯才分层浮在液面上？

实验十九　生物碱的提取和杂环化合物的性质（4 学时）

【实验目的】

1. 进一步学习水蒸气蒸馏法分离提纯有机物的基本原理和操作技术。

2. 了解生物碱提取原理和方法以及掌握吡啶、喹啉和烟碱的主要性质。

【实验原理】

烟碱又名尼古丁，是烟叶的一种主要生物碱。烟碱是含氮的碱性物质，很容易与盐酸反应生成烟碱盐酸盐而溶于水。在提取液中加入强碱氢氧化钠后可使烟碱游离出来。游离烟碱在 100℃左右具有一定的蒸气压（约 1333Pa），因此，

可用水蒸气蒸馏法分离提取。实验原理见水蒸气蒸馏。烟碱具有碱性，可以使红色石蕊试纸变蓝，也可以使酚酞试剂变红。可被高锰酸钾溶液氧化生成烟酸，与生物碱试剂作用产生沉淀。

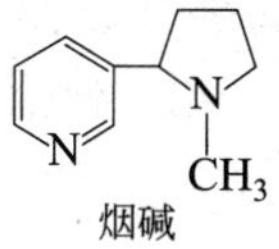

烟碱

【仪器药品】

仪器：100mL 圆底烧瓶、球形冷凝管、铁架台、电热套、红色石蕊试纸、水蒸气蒸馏装置。

药品：烟叶、10％盐酸溶液、40％氢氧化钠溶液、0.1％酚酞试剂、1％三氯化铁溶液、0.5％高锰酸钾溶液、5％碳酸钠溶液、饱和苦味酸溶液、10％单宁酸（没食子鞣酸）、5％氯化汞、浓盐酸、20％的醋酸溶液、碘化汞钾溶液、吡啶、喹啉、烟碱提取液。

【实验内容】

1. 烟碱的提取

称取烟叶 5 克于 100mL 圆底烧瓶中，加入 10％盐酸溶液 50mL，装上球形冷凝管（图 3-23）沸腾回流 20min。待瓶中反应混合物冷却后倒入烧杯中，在不断搅拌下慢慢滴加 40％

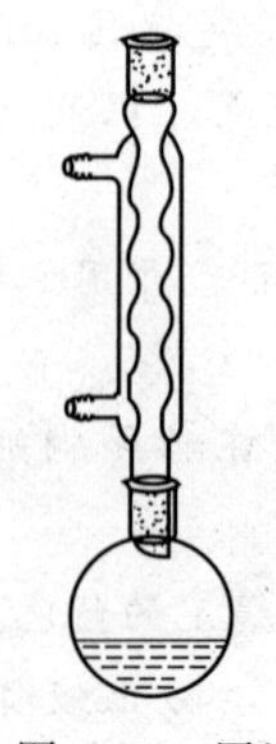
图 3-23　回流装置图

氢氧化钠溶液至呈明显的碱性（用红色石蕊试纸检验）。然后将混合物转入250mL长颈圆底烧瓶中，安装好水蒸气蒸馏装置进行水蒸气蒸馏（参见图3-18），收集约20mL提取液后，停止烟碱的提取。

2. 生物碱的性质

（1）碱性试验　取3支试管，分别加入0.5mL吡啶、喹啉和烟碱提取液，各取一滴试液在红石蕊试纸上，观察颜色变化。再分别加入1滴0.1%酚酞试剂，振荡，观察有何现象。

（2）各取0.5mL吡啶、喹啉和烟碱提取液，分置于3支试管中，各加入1mL 1%三氯化铁溶液，观察有无氢氧化铁沉淀析出？

（3）取3支试管，分别加入0.5mL吡啶、喹啉和烟碱提取液，再加入5滴0.5%高锰酸钾溶液和5滴5%碳酸钠溶液，摇动试管，观察溶液颜色是否变化，有无沉淀产生。加热煮沸，混合物有什么变化？

（4）各取0.5mL吡啶、喹啉和烟碱提取液，分别加入盛有2mL饱和苦味酸溶液的3支试管中，静置5～10min，观察现象？加入过量试液，沉淀是否溶解？

（5）取3支试管，各加入2mL 10%单宁酸（没食子鞣酸），再分别加入0.5mL吡啶、喹啉和烟碱提取液，摇匀，观察有无白色沉淀生成？这些沉淀是什么？

（6）取0.5mL吡啶、喹啉和烟碱提取液，分置于3支试管中，各加入同体积5%氯化汞（小心有毒），观察有无松散的白色沉淀生成？加1～2mL水，结果怎样？再加入0.5mL浓盐酸，沉淀是否溶解？试解释。

（7）取0.5mL烟碱提取液，滴加1滴20%的醋酸溶液和几滴碘化汞钾溶液，观察有无黄色沉淀生成？

【思考题】

1. 为何要用盐酸溶液提取烟碱？

2. 水蒸气蒸馏提取烟碱时，为何要用40%NaOH溶液中和至呈明显的碱性？

3. 与普通蒸馏相比，水蒸气蒸馏有何特点？

4. 吡啶、喹啉和烟碱为什么均具有碱性？哪一个碱性强些？为什么？氯化铁的试验，说明什么？

5. 何谓生物碱试剂？它是指哪些试剂？

实验二十　脂类化合物的性质和胆固醇含量测定（3学时）

【实验目的】

1. 掌握油脂的化学性质。

2. 熟悉胆固醇的鉴定反应和血清胆固醇含量的测定方法。

【实验原理】

油脂一般不溶于水，但在胆盐的乳化作用下，能使油脂微粒较为稳定地分散在水中形成乳浊液。

油脂一般都是甘油与高级脂肪酸所成的酯。油脂在碱性溶液中能水解成为甘油与高级脂肪酸的盐——肥皂，这种水解称为皂化。

$$\begin{array}{l} \quad\quad\quad\;\; O \\ \quad\quad\quad\;\; \| \\ CH_2O-C-R^1 \\ | \quad\quad\quad\; O \\ | \quad\quad\quad\; \| \\ CHO-C-R^2 \\ | \quad\quad\quad\; O \\ | \quad\quad\quad\; \| \\ CH_2O-C-R^3 \end{array} + 3NaOH \xrightarrow{\triangle} \begin{array}{l} CH_2OH \\ | \\ CHOH \\ | \\ CH_2OH \end{array} + \begin{array}{l} R^1COONa \\ R^2COONa \\ R^3COONa \end{array}$$

油脂皂化所得的甘油溶解于水，而肥皂在水中则形成胶体溶液，但加入饱和食盐水以后，肥皂就被盐析而出，由此可将甘油与肥皂分开。

油脂的皂化液若用无机酸酸化或钙、镁等金属盐类作用，则析出固体。前者所生成的固体为难溶于水的高级脂肪酸；后者所生成的固体为不溶于水的钙肥皂或镁肥皂。肥皂不适宜使用于硬水中，就是这个缘故。

油脂的不饱和性可借溴的四氯化碳溶液来检出，这时由于溴加成到组成油脂的不饱和脂肪酸的双键上而褪色。

类脂包括磷脂、糖脂和甾醇。甾醇以胆固醇为最重要，它能与某些试剂产生颜色反应。例如，胆固醇在氯仿溶液中和乙酐及浓硫酸作用，则溶液先呈浅红色，再呈蓝紫最后变为绿色。反应所生成颜色的深浅和胆固醇含量成正比，颜色愈深表示含量愈多，临床上测定血清胆固醇的含量就是根据这个道理。

【仪器药品】

仪器：小试管，大试管，热水浴装置（铁架台、烧杯、石棉网、酒精灯等），721 分光光度计。

药品：苯、丙酮、1%胆盐、乙醇、40%氢氧化钠溶液、饱和食盐水、10%盐酸、5%氯化钙溶液、四氯化碳、3%溴的四氯化碳溶液、0.01%胆固醇的氯仿溶液、乙酐、浓硫酸、菜籽油、血清、胆固醇标准液、显色剂。

【实验内容】

1. 油脂的溶解性和乳化作用

取干净试管 3 支，各加菜籽油 2 滴，然后在 3 支试管内分别加入水、苯和丙酮各 1mL，用力摇荡，放置 5min，观察结果并加以比较。在上述加有水的试管内加 1%胆盐[1]溶液 10 滴，用力振摇使成乳浊液，然后静置于试管架上，5min 后再观察结果。

2. 油脂的皂化

取菜籽油 5 滴，置于一大试管中，加入乙醇和 40%氢氧化钠溶液各 3mL，然后在试管口塞上一个带有 2 尺长玻璃管的软木塞，并将试管放入水浴中加热回流 45min。待试管稍冷却后将已皂化完全[2]的溶液取出 1mL，放于一试管中，留作下面操作 3 油脂中脂肪酸的检验用。其余皂化液倒入盛有 4mL 饱和食盐水的小烧杯中，边倒边搅动，此时有肥皂析出，如肥皂尚未析出，可将溶液冷却，即凝结成肥皂。

3. 油脂中脂肪酸的检验

取上面实验 2 制得的皂化液 1mL，分出约 0.5mL，置于一试管中，加水 1mL 稀释，再徐徐滴加 10%盐酸，直至淡黄色或白色脂肪酸析出为止。

余下一半皂化液用 1mL 水稀释，滴加氯化钙溶液，观察结果。

4. 油脂不饱和性的检验

在一干燥的试管中，加入 2 滴菜籽油，并滴加四氯化碳至菜籽油溶解，然后滴加 3%溴的四氯化碳溶液，并随时加以振摇，观察结果。

5. 胆固醇的鉴定

取0.01%胆固醇的氯仿溶液20滴，置于一干燥试管中，加入乙酐15滴，摇匀后加浓硫酸2滴，再摇匀，注意观察溶液颜色的逐渐变化。

6. 血清胆固醇含量的测定（光电比色法）

（1）按表3-3所示配制空白溶液（B）、标准溶液（S）和被测溶液（U）

表3-3 空白溶液、标准溶液和被测溶液的配制

试剂	比色溶液		
	空白(B)	标准(S)	测定(U)
血清	—	—	0.10mL
胆固醇标准[3]	—	0.10mL	—
显色剂[4]	6mL	6mL	6mL

（2）混匀，在37℃恒温浴中静置10min。取出后，在5min内[5]用721分光光度计在600～640nm（620nm）波长下进行比色测定。记下标准溶液和测定溶液的吸光度值。

（3）将测得的两者的吸光度代入下式中进行计算，求得血清中胆固醇的含量[6]，已知标准血清溶液中胆固醇含量为200mg/100mL。

$$胆固醇=\frac{U}{S}\times 200\text{mg}/100\text{mL}$$

注释

［1］ 胆酸钠、胆酸-脱氧胆酸钠盐混合物为淡黄褐色粉末，由牛胆中提取，其效力浓度少于胆盐培养基浓度的1/3，使用时最适当浓度是0.15%，溶于水。0.15%水溶液无色澄清，无胶状物。配成的培养基无需调整pH及过滤。

［2］ 试验皂化是否完全，可取一滴反应液置于一小试管中，加4mL热蒸馏水，如无油滴析出，表示皂化已经完全，可停止回流；反之，则需继续回流，直至菜籽油完全皂化为止。

［3］ 胆固醇标准溶液的配制：精确称取纯化的胆固醇200mg，以冰醋酸溶解并移入100mL容量瓶内，以冰醋酸稀释至100mL。

［4］ 显色剂的配制：称取硫脲1.5g，溶于冰醋酸350mL与乙酐650mL的混合液中，然后慢慢加入浓硫酸100mL，边加边混合，不使发热过高，冷却，置冰箱备用。

［5］ 本法虽较简便快速，但显色反应受温度、时间、光线等因素的影响而不够稳定。室温高时褪色快，故要求在规定时间内完成比色，操作时在较暗的地方进行。

［6］ 上海瑞金医院用本法对40名献血者测定结果为101～227（平均165）mg/100mL血清。

实验二十一 糖类物质的性质及旋光度的测定（4学时）

【实验目的】

1. 验证和巩固糖类物质的主要化学性质。

2. 熟悉糖类物质的某些鉴定方法。

3. 进一步掌握旋光仪的使用方法。

【实验原理】

1. 糖类物质的性质

糖类化合物广泛存在于自然界中，是多羟基的醛（酮）以及它们的缩合物。糖类通常可分为单糖、二糖和多糖；又可分为还原糖和非还原糖，前者含有半缩（酮）羟基的结构，可与本尼迪克（Benedict）试剂或托伦（Tollens）试剂反应，并可与苯肼反应生成糖脎。后者不含半缩（酮）羟基的结构，不与Benedict试剂或Tollens试剂反应。

鉴定糖类物质的定性反应是Molish反应，即在浓硫酸作用下，糖与α-萘酚作用生成紫色环。酮糖能与间苯二酚显色，而醛糖不能，可用这一反应区别醛糖和酮糖。另外，淀粉与碘作用呈现蓝色，该反应很灵敏，可以用于鉴别碘或淀粉。

双糖和多糖均能水解，多糖无还原性，可最终水解为单糖。

此外，糖脎的晶型、生成时间、糖类物质的比旋光度对鉴别糖类物质都有一定的意义。

2. 旋光度的测定

在一定条件下，旋光度是旋光性物质的一个物理常数，可用于鉴别旋光性物质的纯度或测定其含量。旋光度的大小不仅与旋光性物质的结构有关，而且还和溶液的浓度、旋光管的长度、温度、入射光的波长、所用的溶液等因素有关。一般以比旋光度 $[\alpha]_D^t$ 度量物质旋光能力的标准。

$$[\alpha]_D^t=\alpha/(cl)$$

式中，α 为旋光度；c 为溶液浓度，$g \cdot mL^{-1}$；l 为液层厚度，dm；t 为测定时温度。

【仪器药品】

仪器：小试管，热水浴装置（铁架台、烧杯、石棉网、酒精灯等），WXG-4型旋光仪。

药品：Tollens试剂、Benedict试剂、苯肼试剂、10% α-萘酚、95%乙醇溶液、浓硫酸、间苯二酚溶液、浓盐酸、10%氢氧化钠、碘-碘化钾溶液、5%葡萄糖、5%果糖、5%麦芽糖、5%蔗糖、5%淀粉溶液、新配制的5%葡萄糖溶液。

【实验内容】

1. 糖的化学性质

（1）糖的还原性

① 与Tollens试剂反应：取5支洁净的试管分别加入1.5mL Tollens试剂，再分别加入0.5mL试样溶液，在60～80℃热水浴中加热几分钟，观察并比较结果，解释为什么？

试样：5%葡萄糖、果糖、麦芽糖、蔗糖、淀粉溶液。

② 与Benedict试剂反应：取5支试管分别加入1mL Benedict[1]试剂，微热至沸，再分别加入0.5mL上述5%的试样溶液，在沸水中加热2～3min，放冷观察有无红色或黄绿色沉淀产生？尤其应注意蔗糖和淀粉的实验结果。

（2）糖脎的生成

取4支试管分别加入2mL新配制的苯肼[2]试剂，再分别加入5%葡萄糖、果糖、麦芽糖、蔗糖液各1mL，摇匀；沸水浴中加热并不断摇动观察是否有晶体析出，记录各试管中出现晶体的时间。若20min后还没有晶体析出，则慢慢冷却后再观察（双糖的糖脎溶于热水中，直至溶液冷却才析出沉淀）。取少许结晶在显微镜下观察晶型。

（3）Molish试验[3]——α-萘酚试验检出糖

取5支试管分别加入1mL 5%试样，再分别滴入2滴10% α-萘酚的95%乙醇溶液（由于析出α-萘酚，故溶液浑浊），将试管倾斜45°，并小心地沿管壁慢慢加入1mL浓硫酸（勿摇动)。然后小心竖起试管，硫酸在下层，试样在上层，静置5min，注意观察两界面之间有无紫色的环出现，若数分钟内无颜色，可在水浴中温热，再观察结果如何？

试样：5%葡萄糖、果糖、麦芽糖、蔗糖、淀粉溶液。

(4) 间苯二酚试验[4]

取4支试管分别加入间苯二酚溶液2mL，再分别加入5%试样溶液1mL，混匀；沸水浴中加热1～2min，观察颜色有何变化？加热20min后，再观察，并解释。

试样：5%葡萄糖、果糖、麦芽糖、蔗糖。

(5) 糖类物质的水解

① 蔗糖的水解：取1支试管加入2mL 5%蔗糖溶液，滴加2滴浓盐酸，煮沸3～5min，冷却后，用10%氢氧化钠中和，然后滴加Benedict试剂10滴，在沸水浴中加热数分钟，观察现象并解释。

② 淀粉水解和碘试验：在1支试管中加入5%淀粉溶液1mL，再加入2滴碘-碘化钾溶液，观察有何现象？加热，结果如何？放冷后，蓝色是否再现，试解释。取试管1支，加入5%淀粉溶液2mL，再加入4～5滴浓盐酸，将试管在沸水浴加热10～15min，每隔5min从试管中取少量液体做碘试验，直至不发生碘反应为止。取出冷却后，用10%氢氧化钠中和，再用Benedict试剂试验，观察，并解释。

2. 葡萄糖旋光度的测定和变旋光现象的观察

(1) 将旋光仪接于220V交流电源上，打开电源开关，这时钠光灯应启亮，需经5min钠光灯预热，使之发光稳定，然后就可以开始工作。具体操作见本章实验七。

(2) 旋光仪零点的校正　按旋光仪使用方法，用蒸馏水做空白清零。

(3) 测定旋光度　将样品管取出，倒掉空白溶剂，用待测溶液冲洗2～3次，将待测样品(5%葡萄糖)[5]注入样品管，盖好圆玻璃，不能带入气泡，旋上螺帽至不漏溶液为止，并将样品管两头的残余溶液揩干。将样品管凸颈朝上放入样品室内，盖好箱盖。

微微转动刻度盘手轮，使三分视场亮度重新一致，读取刻度盘上的读数。重复操作2次，取平均值作为样品的测定结果，记录旋光度时应标明左旋、右旋[6]。

(4) 根据葡萄糖的浓度、样品管的长度以及测出的葡萄糖旋光度，计算葡萄糖的比旋光度。

(5) 在另一支样品管中，装满新配制的葡萄糖溶液，测其旋光度，过一段时间后再测其旋光度，比较两次旋光度是否相同？为什么？

(6) 关机。仪器使用完毕后，应依次关闭测量、光源、电源开关、倒出被测液、冲洗样品管等。

注释

[1]　Benedict试剂是经过改良的Fehling试剂，它的主要成分为硫酸铜、柠檬酸钠和碳酸钠。Benedict试剂比Fehling试剂稳定，与还原性的糖作用极为灵敏，如葡萄糖含量低至0.1%时仍能检出。

[2]　苯肼试剂有毒，取用苯肼时应该谨慎，勿触及皮肤，如触及皮肤，先用稀醋酸清洗，再用水冲洗。

[3]　Molish反应可能是糖类物质先与浓硫酸反应生成糠醛衍生物，后者再与α-萘酚反应生成紫色络合物。此颜色反应是很灵敏的，如果操作不慎，甚至将滤纸毛或碎片落于试管中，都会得到正性结果。但正性结果不一定都是糖。

［4］　酮糖与间苯二酚溶液生成鲜红色沉淀。它溶于酒精呈鲜红色。但加热过久葡萄糖、麦芽糖、蔗糖也呈正性反应，这是因为麦芽糖和蔗糖在酸性介质中水解，分别生成葡萄糖或葡萄糖和果糖。葡萄糖浓度高时，在酸存在下能部分地转化成果糖，本实验应注意的是盐酸和葡萄糖浓度不要超过12％，观察颜色反应时，加热不要超过20min。

［5］　糖的溶液要放置一天后再测旋光度。

［6］　左旋右旋的判断：对观察者而言，偏振面顺时针方向旋转为右旋，这样测得的$+\alpha$，即符合右旋α，也可以代表$\alpha \pm n \times 180°$的所有值。因为偏振面在旋光仪中旋转α度后，它所在的平面和这个角度向左或向右转几个180°后所在的平面完全重合。例如读数为$+38°$，实际读数可以是218°、398°或$-142°$等。如此，在测定未知物时，至少要做改变溶液浓度和旋光管长度的测定，以确定旋光方向。如果观察值为38°，在溶液稀释5倍后，新读数为$+7.6°$，则此未知物的α应为$+7.6° \times 5 = +38°$。

【思考题】

1. 在糖类的还原试验中，蔗糖与Benedict或Tollens试剂长时间加热时，有时也得到正性结果，请解释此现象？

2. 糖类物质有哪些性质？糖分子中的羟基、羰基与醇分子中的羟基及醛酮分子中的羰基有何联系与区别？

实验二十二　氨基酸和蛋白质的性质（3学时）

【实验目的】

1. 验证氨基酸和蛋白质的某些重要化学性质。

2. 掌握氨基酸和蛋白质的鉴别方法。

【实验原理】

蛋白质是存在于细胞中的一种含氮的生物高分子化合物，是生命的物质基础，它是由氨基酸通过肽键结合而成的，在酸、碱存在下，或受酶的作用，水解成相对分子质量较小的肽、多肽和二酸胡椒嗪，而水解的最终产物为各种氨基酸，其中以α-氨基酸为主。

蛋白质分子依靠氢键维持一定的空间构型，在各种物理、化学因素的影响下，氢键被破坏，其空间结构也有不同程度的破坏，使其变性。

关于氨基酸和蛋白质的性质我们只做部分性质实验；重点做蛋白质的沉淀、蛋白质的颜色反应和蛋白质的分解等实验，这些性质有助于认识或鉴定氨基酸和蛋白质。

【仪器药品】

仪器：小试管，热水浴装置（铁架台、烧杯、石棉网、酒精灯等），红色石蕊试纸。

药品：饱和硫酸铜、饱和碱性醋酸铅、饱和氯化汞、饱和硫酸铵、5％醋酸、饱和苦味酸、饱和鞣酸、茚三酮试剂、浓硝酸、20％氢氧化钠、10％硝酸汞、10％硝酸铅、清蛋白溶液、1％甘氨酸、1％酪氨酸、1％色氨酸、1％清蛋白溶液。

【实验内容】

1. 蛋白质的沉淀

（1）用重金属盐沉淀蛋白质[1]

在3支盛有1mL清蛋白溶液的试管中分别加入饱和试样2～3滴，观察有无蛋白质沉淀析出？

试样：硫酸铜、碱性醋酸铅、氯化汞。

（2）蛋白质的可逆沉淀[2]——盐析

在盛有2mL清蛋白的试管中加入2mL饱和硫酸铵溶液，将混合物稍加振荡，观察到析出蛋白质沉淀使溶液变浑或呈絮状沉淀。取1mL浑浊液倒入另1支试管中，加入2～3水振荡，观察蛋白质沉淀是否溶解？

（3）蛋白质与生物碱试剂反应[3]

在2支盛有0.5mL清蛋白溶液的试管中加入5%醋酸至呈酸性（这个反应最好在弱酸溶液中进行），然后分别加入饱和苦味酸和饱和鞣酸溶液，直到沉淀生成为止。

2. 氨基酸和蛋白质的颜色反应

（1）与茚三酮反应[4]

在4支试管中分别加入1%甘氨酸、1%酪氨酸、1%色氨酸、1%清蛋白溶液各1mL，再分别加入茚三酮试剂2～3滴，沸水浴中加热10～15min，观察现象？

（2）黄蛋白反应[5]

在试管中加入1mL清蛋白和1mL浓硝酸，此时呈现白色沉淀或浑浊。加热煮沸，溶液和沉淀是否都呈黄色？有时由于煮沸使析出的沉淀水解。使沉淀部分水解，溶液的黄色是否变化？皮肤接触到硝酸，产生黄色就是这个原因。

（3）蛋白质的缩二脲反应[6]

在盛有1mL清蛋白和1mL 20%氢氧化钠溶液的试管中，滴加几滴硫酸铜溶液（饱和硫酸铜溶液与水按1∶30予以稀释），边加边振摇，共热，观察现象？

取1%甘氨酸作对比试验，观察现象（此时仅有氢氧化铜沉淀析出）？

（4）蛋白质与硝酸汞试剂作用[7]

在盛有2mL清蛋白的试管中，加入硝酸汞试剂2～3滴，观察现象；小心加热，此时原先析出的白色絮状是否聚集成块状？并显砖红色，有时溶液也呈红色。

用酪氨酸重复上述过程，现象如何？

3. 用碱分解蛋白质

取1～2mL清蛋白溶液放入试管中，加入2～4mL 20%氢氧化钠，煮沸2～3min，析出沉淀，继续沸腾，此时沉淀又溶解，放出氨气（可用湿润红色石蕊试纸放在试管口检验）。

上述热溶液中加入1mL 10%硝酸铅，再将混合物煮沸，起初生成的白色氢氧化铅沉淀溶解在过量的碱液中。如果蛋白质与碱作用有硫脱下，则生成硫化铅，结果清亮的液体逐渐变成棕色。若脱下的硫较多时，则析出暗棕色或黑色硫化铅沉淀。

注释

[1] 重金属在浓度很小时就能沉淀蛋白质，与蛋白质形成不溶于水的类似盐的化合物。因此，蛋白质是汞等许多重金属中毒时的解毒剂。用重金属盐沉淀蛋白质和蛋白质加热沉淀均是不可逆的。

[2] 碱金属和镁盐在相当高的浓度下能使很多蛋白质从它们的溶液中沉淀出来（盐析作用）。硫酸铵具有特别显著的盐析作用，不论在弱酸溶液中还是中性溶液中都能使蛋白质沉淀。其他的盐需要使溶液呈酸性反应才能盐析完全，用硫酸铵时，使溶液呈酸性反应也能大大加强盐析作用。

蛋白质被碱金属、镁盐和硫酸铵等的沉淀没有变性作用，所以这种沉淀（盐析）作用是可逆的，所得出的沉淀在加水时又溶解于溶液中，即又恢复原蛋白质。

[3]　生物碱沉淀剂多为重金属盐、大分子酸及相对分子质量较大的碘化物复盐，生物碱沉淀试剂也可使蛋白质产生沉淀。

[4]　含有游离氨基的蛋白质或其水解产物（肽、多肽等）均有颜色反应（蓝色或蓝紫色），α-氨基酸与茚三酮试剂也有显色反应。

[5]　黄蛋白反应显示蛋白质分子中含有单独的或并合的芳香环，即含有α-氨基-β-苯丙酸、酪氨酸、色氨酸等残基。这些芳环与硝酸起硝化作用，生成多硝基物，结果显黄色。它们在碱性溶液中变成橙色是由于生成较深颜色的阴离子所致。

[6]　任何蛋白质或其水解中间产物均有缩二脲反应。这表明蛋白质或其水解中间产物均含有肽键。蛋白质在缩二脲反应中常显紫色，显色反应是由于生成了铜的络合物。操作过程中应防止加入过量的铜盐。否则，生成过多的氢氧化铜，有碍观察。

[7]　只有组成中含有酚羟基的蛋白质，才能与硝酸汞试剂显砖红色。在氨基酸中只有酪氨酸含有酚羟基，所有凡能与硝酸汞试剂显砖红色的蛋白质，其组成中必含有酪氨酸残基。

【思考题】

1. 怎样区分蛋白质的可逆沉淀和不可逆沉淀？

2. 在蛋白质的缩二脲反应中，为什么要控制硫酸铜溶液的加入量？过量的硫酸铜会导致什么结果？

实验二十三　绿色叶子中色素的分离——薄层层析（3学时）

【实验目的】

1. 了解薄层层析法分离、鉴定化合物的原理和操作。

2. 初步掌握薄层层析法分离菠菜叶中色素的原理和方法。

【实验原理】

薄层层析又叫薄层色谱（TLC），是色谱法中的一种，是快速分离和定性分析少量物质的一种很重要的实验技术，属于固-液吸附层析。它兼备了柱色谱和纸色谱的优点，一方面适用于少量样品（微克级，甚至0.01μg）的分离；另一方面在制作薄层板时，把吸附层加厚加大，将样品点成一条线，则可分离多达500mg的样品。因此，又可用来精制样品，此法特别适用于挥发性较小或较高温度易发生变化而不能用气相色谱分析的物质。此外，在进行化学反应时，常利用薄层色谱观察原料斑点的逐步消失来判断反应是否完成。一般能用柱层析分离的组分，用薄层层析也能分开，因此薄层层析常用作柱层析的先导。

(1) 在薄层层析法中，被分离的组分沿薄层移动，移动的速度是由被吸附在固定相（吸附剂）上的趋势和在流动相（展开剂）中的溶解度两个因素作用的结果。因此，混合物中各组分被吸附的牢固程度上的微小差异与它们在移动的溶剂中相互作用上的微小差异是薄层分析的基础。

(2) 待分离的样品溶液点在薄层的一端，在密闭的容器中用适宜的溶剂（展开剂）展开。由于吸附剂对不同物质的吸附力大小不同，对极性大的物质吸附力强，对极性小的物质吸附力弱，因此当溶剂流过时，不同物质在吸附剂和溶剂之间发生不断的吸附、溶解（解吸）、再吸附、再溶解……这样易被吸附的相对移动慢一些，而较难吸附的则相对移动快一些，经过一段时间的展开，不同的物质就被分开。

（3）吸附剂的选择：应用最广泛的为硅胶和氧化铝，市场上有专供薄层色谱用的吸附剂，吸附剂的粒度范围最好在 180～200 目，如果颗粒太大，展开时溶剂推进的速度太快，分离效果不好；反之，如果颗粒太小，展开太慢，得出拖尾而不集中的斑点，分离效果不好。

（4）展开剂的选择：根据被分离物质的不同，选择合适的展开剂。选择展开剂时应注意以下几点。

① 展开剂与被分离物质之间不能起化学反应。

② 用溶剂展开时，被分离物质的 R_f[1]值应在 0.2～0.8，各个被分离物质的 R_f 值相差最好大于 0.05。

③ 若采用混合溶剂时，其组成要恒定。

④ 分离极性大的物质时，展开剂需为极性大的有机溶剂；相反，分离极性小的物质时，则采用极性小的有机溶剂。

【仪器药品】

仪器：100mL 烧杯，50mL 烧杯，热水浴装置（铁架台、烧杯、石棉网、酒精灯等），薄层板，铅笔，毛细管，吹风机，展开缸（或层析用广口瓶）、尺子。

药品：95%乙醇、展开剂（1∶9 的丙酮-石油醚）、新鲜干净菠菜。

【实验内容】

1. 色素溶液的配制

取 5g 新鲜干净的菠菜叶子，撕碎放于 100mL 烧杯中，加入约 50mL 蒸馏水加热至沸腾（其目的是除去水溶性的花青素），加入约 30mL 乙醇，在水浴内加热至沸腾，直至乙醇溶液逐渐变绿，叶片渐渐褪色，停止加热。把浸取液过滤于另一干燥洁净的小烧杯内，即得色素提取液。

2. 薄层板的制备（薄层板也可由实验室提供）

（1）将载薄片用洗涤剂洗刷，再用纯净水冲洗干净，晾干备用。

（2）在台秤上称取 28g 硅胶[2]G，加 0.5%～0.7%的羧甲基纤维素钠（CMC-Na）水溶液 80mL，在研钵中调成糊状。

（3）搅拌均匀后，将调好的硅胶糊铺在两块 20cm×10cm 的干净玻璃板上，使其薄厚均匀，在常温下放置晾干。

（4）将晾干的硅胶薄板放入烘箱内在 105℃下烘干活化 0.5 小时，然后取出备用。

3. 点样

如图 3-24(a) 薄板点样。在薄板一端 1cm 处用铅笔轻画一条线，作为起点线。用毛细管在线上间距为 1.0～1.5cm 处点上两滴色素提取液[3]，样点直径一般不大于 5mm，用吹风机吹干，并重复 2～3 次。点样时必须注意毛细管要轻轻接触薄板的起点线，切勿损伤薄层表面。

4. 展开

如图 3-24(b) 薄层展开。在展开缸（或层析用广口瓶）中加入适量的展开剂（依展开缸大小），使其液层的高度在 3～4mm（不得超过 1cm），将点好样的薄板轻轻放入展开缸内，一端浸入展开剂中，注意别让点样点浸入展开剂中，盖严。待展开剂上行至薄板顶端 0.5cm 处时，取出薄板，放平晾干，并立即用铅笔画出展开剂前沿的位置和每个斑点[4]的轮廓及其中心点（注意：本实验所用展开剂极易挥发和易燃，使用时要远离火源）。

5. 计算 R_f 值

量出原点至展开剂前沿的距离和原点至各斑点中心的距离，计算出各斑点的 R_f 值。

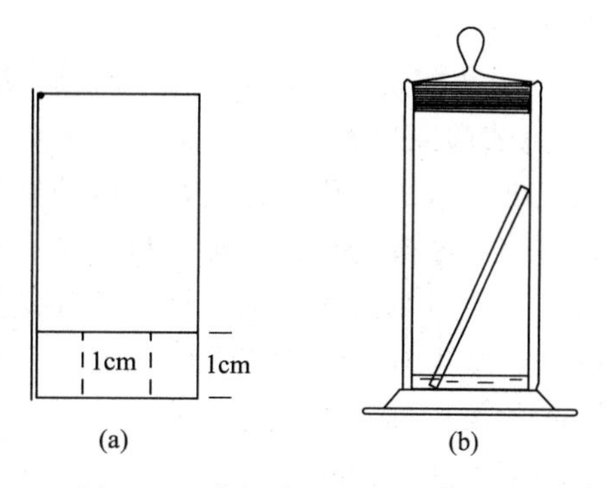

图 3-24　薄板点样和展开装置图

注释

［1］ R_f 值是表示被分离的物质在层析图谱上的位置

$$R_f=\frac{\text{原点到层析点中心的距离}}{\text{原点至展开剂前沿的距离}}$$

R_f 值取决于被分离物质在两相间的分配系数和其他因素。在同一实验条件下（即相同的温度、溶剂、滤纸等），某种物质的 R_f 值是常数。不同物质因为分配系数不同，其 R_f 值也不同，所以 R_f 值可以作为物质鉴别的主要物理常数之一。但由于影响 R_f 值的因素很多，如温度、滤纸和展开剂等，因此在进行纸层析的操作过程中，必须严格控制条件，否则 R_f 值不易重现。鉴定化合物时常采用已知标准样品，在相同条件下做对比实验。

［2］ 硅胶有硅胶 H 和硅胶 G 之分，硅胶 G 含有煅石膏做黏合剂，其制得的板叫硬板，而硅胶 H 则不含有黏合剂，不含黏合剂制得的板叫软板，软板只能近水平展开。

［3］ 本实验是从菠菜叶子中分离叶色素，可分离 4～5 个色素成分，有：

α-胡萝卜素	$C_{40}H_{56}$	黄色
β-胡萝卜素	$C_{40}H_{56}$	绿色
叶绿素 a	$C_{35}H_{72}MgN_4O_5$	绿色
叶绿素 b	$C_{35}H_{70}MgN_4O_5$	黄绿色
叶黄素	$C_{40}H_{35}O$	黄色

［4］ 该实验所分离的化合物本身具有颜色，故可直接观察它们的斑点。如果所分离的化合物本身无色，展开后，可先在紫外线下观察有无荧光斑点，画出其斑点。也可以根据化合物的类型，选用不同的显色剂喷雾显色，然后标出化合物的斑点。

【思考题】

1. 点样时，如果两个试样距离太近，展开后出现怎样的现象？
2. 在一定操作条件下，为什么可利用 R_f 值来鉴定化合物？
3. 展开剂的高度如果超过了点样线，对薄层层析有何影响？

实验二十四　氨基酸的分离及鉴定——纸层析法（3 学时）

【实验目的】

1. 了解纸层析的基本原理，掌握纸层析的基本操作技术。进一步熟悉影响 R_f 值的有关因素。

2. 掌握用纸层析分离鉴别氨基酸的方法。

【实验原理】

纸层析法又称纸色谱，是以滤纸做载体，以滤纸纤维素上吸附的水为固定相，展层用的有机溶剂做流动相的分配层析，是有机化学上分离、鉴定氨基酸混合物的常用技术，可用于蛋白质中氨基酸成分的定性鉴定和定量测定；也是定性或定量测定多肽、核酸碱基、糖、有机酸、维生素、抗生素等物质的一种分离分析工具。在层析时，将样品点在距滤纸一端 2～3cm 的某一处，该点称为原点；然后在密闭容器中层析溶剂沿滤纸的一个方向进行，这样混合氨基酸在两相中不断分配，由于分配系数（K）不同，结果它们分布在滤纸的不同位置上。物质被分离后在纸层析图谱上的位置可用比移值来表示。纸层析的优点是便于保存，对亲水性较强的成分如酚和氨基酸分离较好，但其缺点是所需时间较长，滤纸越长，分离越慢，因为溶剂上升速度随高度增加而减慢。

纸色谱所用滤纸应薄厚均匀，全纸平整无折痕，滤纸纤维松紧适度，将滤纸切成条形，一般约为 3cm×20cm、5cm×20cm、8cm×20cm，大小可自行选择。

纸层析最常用的展开剂是用水饱和的正丁醇、正戊醇、酚等，有时再加入少量的乙酸、乙醇、吡啶等。由于加入这些试剂增加了水在正丁醇中的溶解度，使展开剂的极性增大，增强它对极性化合物的展开能力。

【仪器药品】

仪器：条形滤纸、铅笔、吹风机、展开缸（或层析用广口瓶）、毛细管、烘箱

药品：0.1%亮氨酸溶液、0.1%丙氨酸溶液、茚三酮溶液、展开剂（正丁醇：乙醇：醋酸：水=4：1：1：2）

【实验内容】

1. 点样

在长 20cm、宽 6cm 的条形滤纸[1]下端距边缘 2～3cm 处用铅笔轻轻地画一条直线，间隔 2cm 作一记号。在滤纸对应的等分点处标出“亮、丙、混”字样作为原点的标记。样品点之间的距离应在 2～3cm，不可太近，以免展开时相互干扰。用毛细管将各氨基酸样品分别点在标记的位置上，点样时，毛细管口应与滤纸轻轻接触，样点直径一般控制在 0.15～0.2cm[2]。如样品太稀时，可用吹风机稍加吹干后再点下一次，重复 2～3 次。在操作时要防止弄脏和污染滤纸，注意使用的毛细管不要混杂。

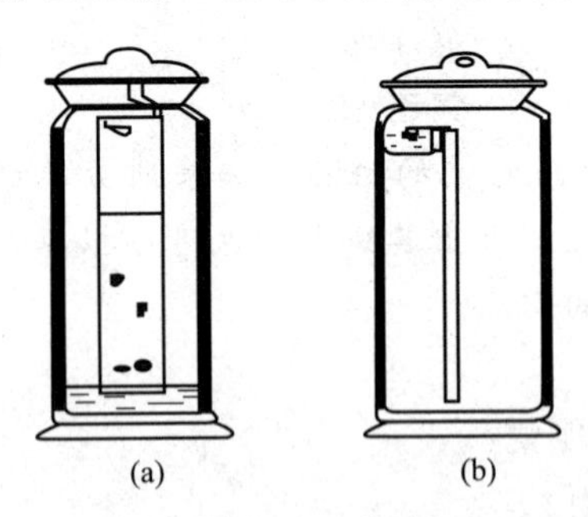

图 3-25　纸层析装置

实验样品：0.1%亮氨酸溶液，0.1%丙氨酸溶液，两种氨基酸的混合液。

2. 展开

在展开缸中加入 20mL 展开剂[3]，将滤纸未点样的一端在展开缸中挂起，将点有试样的一端放在展开剂下 1cm 处，但试样斑点的位置必须在展开剂液面以上，采用上行法进行展层。当溶剂前沿上升到距纸上端 1cm 时，取出滤纸，立即用铅笔记下溶剂前沿的位置，用吹风机吹干滤纸上的溶剂。用铅笔描出溶剂前沿界线，吹干(图 3-25)。

3. 显色

在滤纸表面均匀喷上茚三酮溶液[4]，切勿喷得过多致使斑点扩散。然后将滤纸用热风

吹干或置烘箱中（100℃）烘烤5min。吹干后将出现的斑点用铅笔勾出。

4. 比移值

用铅笔轻轻描出显色斑点的形状，并用一直尺度量每一显色斑点中心与原点之间的距离和原点到溶剂前沿的距离，计算各色斑的R_f值，与标准氨基酸的R_f值对照，确定混合物中含有哪些氨基酸。

注释

[1] 取滤纸前，要将手洗净，这是因为手上的汗渍会污染滤纸，并尽可能少接触滤纸；如条件许可，也可戴上一次性手套拿滤纸。要将滤纸平放在洁净的纸上，不可放在实验台上，以防止污染。

[2] 点样斑点不能太大（直径应小于0.3cm），否则分离效果不好，并且样品用量大会造成“拖尾巴”现象。防止层析后氨基酸斑点过度扩散和重叠，且吹风温度不宜过高，否则斑点变黄。

[3] 展开剂的配制　正丁醇：乙醇：醋酸：水＝4：1：1：2。

[4] 显色剂的配制　2g茚三酮溶于100mL 95%的乙醇中。

【思考题】

1. 纸层析法的原理是什么？
2. 何谓R_f值？影响R_f值的主要因素是什么？
3. 采取哪些措施可避免拖尾？

实验二十五　从茶叶中提取咖啡因（4学时）

（综合设计性实验）

【实验目的】

1. 学习从茶叶中提取咖啡因的基本原理和方法。
2. 掌握用索氏提取器提取有机物的原理和方法。
3. 进一步熟悉萃取、蒸馏、升华等基本操作。
4. 学习自主设计实验路线，实验装置，查找实验条件等完成实验。

【实验要求】

所谓设计实验，是用多种装置和仪器按某种目的进行串联组合完成某项实验。

设计实验具有较强的综合性，要求根据一定的实验原理，使用一定的仪器或组装成一套实验装置，按一定顺序进行实验操作，才能顺利完成。要求学生对所学过的物质的性质、制备以及分离方法，常用仪器和装置的作用及使用时应注意的问题等知识融会贯通，并能够吸收新信息加以灵活运用。

【实验原理】

咖啡因又名咖啡碱，是一种生物碱，存在于茶叶、咖啡、可可等植物中。例如茶叶中含有1%～5%的咖啡因，同时还含有单宁酸、色素、纤维素等物质。

咖啡因是弱碱性化合物，可溶于氯仿、丙醇、乙醇和热水中，难溶于乙醚和苯（冷）。纯品熔点235～236℃，含结晶水的咖啡因为无色针状晶体，在100℃时失去结晶水，并开始升华，120℃时显著升华，178℃时迅速升华。利用这一性质可纯化咖啡因。

提取咖啡因的方法有碱液提取法和索氏提取器提取法。本实验以乙醇为溶剂，用索氏提取器提取，再经浓缩、中和、升华，得到含结晶水的咖啡因。

提取是分离有机物的常用方法之一，通过提取操作，可以从固体混合物中提取出所需要的物质，也可以除去不需要的杂质，达到分离的目的。

【实验流程】

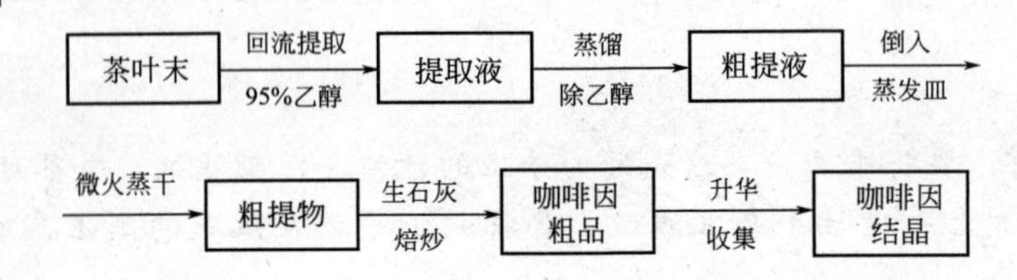

【预习内容】

1. 回流操作
2. 蒸馏操作
3. 升华操作
4. 天然产物的分离提纯的相关理论知识

【实验准备】

由同学们自己查阅文献和有关资料，做好如下准备工作。

（1）实验药品规格及用量
（2）实验仪器和设备的选用
（3）实验步骤、操作方法的设计
（4）实验装置的安装
（5）注意事项
（6）实验现象及结论记录表等
（7）存在的问题与注意事项

【实验内容】

自己设计。

【思考题】

1. 索氏提取器的工作原理？
2. 索氏提取器的优点是什么？
3. 为什么要将固体物质（茶叶）研细成粉末？
4. 生石灰的作用是什么？
5. 升华装置中，为什么要在蒸发皿上覆盖刺有小孔的滤纸？

实验二十六　从黄连中提取黄连素（4学时）

（综合设计性实验）

【实验目的】

1. 学习从黄连中提取黄连素的基本原理和方法。
2. 掌握用索氏提取器提取有机物的原理和方法。
3. 掌握减压蒸馏、减压过滤的装置，真空度控制和操作技术。
4. 进一步熟悉重结晶的基本操作。
5. 学习自主设计实验路线，实验装置，查找实验条件等完成实验。

【实验原理】

黄连素（也称小檗碱）属于生物碱，是中草药黄连的主要有效成分，含量可达4%～

10%。除了黄连中含有黄连素以外，黄柏、白屈菜、伏牛花、三颗针等中草药中也含有黄连素，其中以黄连和黄柏中含量最高。

黄连素是黄色针状体，微溶于水和乙醇，较易溶于热水和热乙醇中，几乎不溶于乙醚。黄连素的盐酸盐、氢碘酸盐、硫酸盐、硝酸盐均难溶于冷水，易溶于热水，故可用水对其进行重结晶，从而达到纯化目的。

从黄连中提取黄连素，往往采用适当的溶剂（如乙醇、水、硫酸等）在脂肪提取器中连续抽提，然后浓缩，再加酸进行酸化，得到相应的盐。粗产品可以采取重结晶等方法进一步提纯。

提取是分离有机物的常用方法之一，通过提取操作，可以从固体混合物中提取出所需要的物质，也可以除去不需要的杂质，达到分离的目的。

【实验流程】

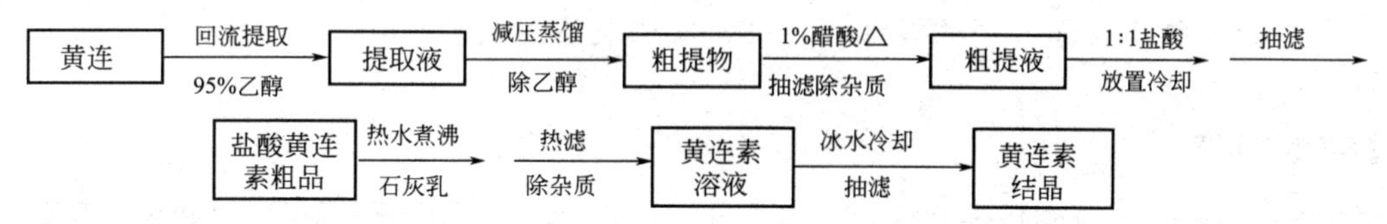

【预习内容】

1. 回流操作
2. 减压蒸馏操作
3. 重结晶操作
4. 天然产物的分离提纯的相关理论知识

【实验准备】

由同学们自己查阅文献和有关资料，做好如下准备工作。

（1）实验药品规格及用量　　（2）实验仪器和设备的选用
（3）实验步骤、操作方法的设计　　（4）实验装置的安装
（5）注意事项　　（6）实验现象及结论记录表等
（7）存在的问题与注意事项

【实验内容】

自己设计。

【思考题】

1. 黄连素为何种生物碱类化合物？
2. 黄连素的紫外光谱上有何特征？

实验二十七　对乙酰氨基苯磺酰氯的制备（4学时）

（有机合成设计性实验）

有机合成设计实验包括以下几个要素：

（1）实验目的　　（2）实验原理
（3）实验用品以及装置　　（4）实验操作及规程
（5）实验结果处理　　（6）实验注意事项

在规划实验设计时，必须遵循一些原则。具体有：

（1）科学性原则　　（2）可行性原则
（3）简约性原则　　（4）安全性原则

【实验目的】

由学生自己提出实验目的。

【实验原理】

根据实验目的，确定实验原理。

【实验预习】

由同学们自己查阅文献和有关资料，做好如下准备工作。

（1）水浴加热　　（2）重结晶操作
（3）减压过滤　　（4）晶体洗涤
（5）实验药品规格及用量　　（6）实验仪器和设备的选用
（7）实验步骤、操作方法的设计　　（8）实验装置的安装
（9）注意事项

【实验流程】

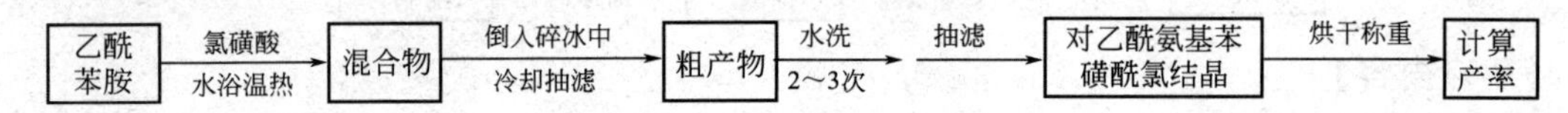

【实验内容】

【实验结果记录及分析】

【注意事项】

实验二十八　对氨基苯磺酰胺的制备（4学时）

（有机合成设计性实验）

【实验目的】

由学生自己提出实验目的。

【实验原理】

根据实验目的，确定实验原理。

【实验预习】

由同学们自己查阅文献和有关资料，做好如下准备工作。

（1）水浴加热　　（2）回流操作
（3）减压过滤　　（4）晶体洗涤
（5）实验药品规格及用量　　（6）实验仪器和设备的选用
（7）实验步骤、操作方法的设计　　（8）实验装置的安装
（9）注意事项

【实验流程】

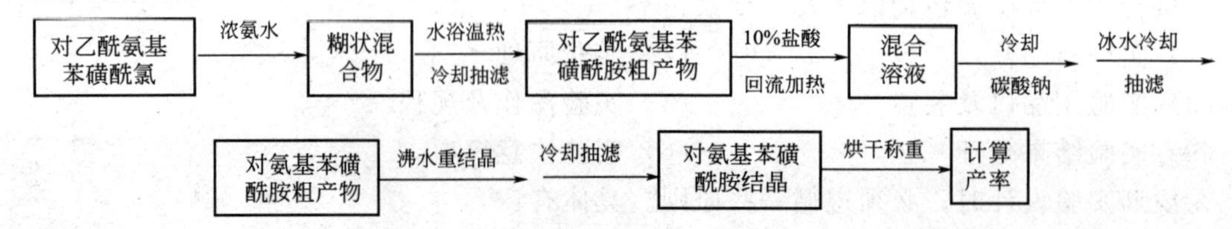

【实验内容】

【实验结果记录及分析】

【注意事项】

【思考题】

1. 对乙酰苯磺酰胺分子中既含有羧酰胺又含有磺酰胺，但是水解时，前者远比后者容易，如何解释？

2. 为什么苯胺要乙酰化后再氯磺化？直接氯磺化行吗？

第四章　分析化学实验

实验一　滴定操作练习（3 学时）

【实验目的】

1. 掌握酸碱滴定的原理。

2. 掌握滴定操作，学会正确判断滴定终点。

【实验原理】

如果酸（A）与碱（B）的中和反应为

$$aA+bB \xlongequal{} cC+dH_2O$$

当反应达到化学计量点时，则 A 的物质的量 n_A 与 B 的物质的量 n_B 之比为

$$\frac{n_A}{n_B}=\frac{a}{b} \quad 或 \quad n_A=\frac{a}{b}n_B$$

又因为　$n_A=c_AV_A \qquad n_B=c_BV_B$

所以　$c_AV_A=\frac{a}{b}c_BV_B$

式中，c_A、c_B 分别为 A、B 的浓度，$mol \cdot L^{-1}$；V_A，V_B 分别为 A，B 的体积，L 或 mL。由此可见，酸碱溶液通过滴定，确定它们中和时所需的体积比，即可确定它们的浓度比。如果其中一溶液的浓度已确定，则另一溶液的浓度可求出。

本实验以酚酞为指示剂，用 NaOH 溶液分别滴定 HCl 和 HAc，当指示剂由无色变为粉红色时，即表示已达到终点。由前面的计算公式，可求出酸或碱的浓度。

【仪器药品】

仪器：碱式滴定管、25mL 移液管。

药品：$0.1mol \cdot L^{-1}$ HCl 标准溶液（准确浓度已知）、$0.1mol \cdot L^{-1}$ NaOH 溶液（准确浓度待标定）、$0.1mol \cdot L^{-1}$ HAc 溶液（准确浓度待标定）、酚酞溶液（1%）。

【实验内容】

1. NaOH 溶液浓度的标定

用 $0.1mol \cdot L^{-1}$ NaOH 操作液荡洗已洗净的碱式滴定管，每次 10mL 左右，荡洗液从滴定管两端分别流出弃去，洗三次。然后再装满滴定管，赶出滴定管下端的气泡。调节滴定管内溶液的弯月面在“0”刻度以下。静置 1min，准确读数，并记录在报告本上。

将已洗净的用于盛放 HCl 标准溶液的小烧杯和 25mL 移液管用 $0.1mol \cdot L^{-1}$ HCl 标准溶液荡洗三次后（每次用 10～15mL 溶液），准确移取 25.00mL 的 HCl 标准溶液于 250mL 锥形瓶中。加酚酞指示剂 2 滴，此时溶液应无色。用已备好的 $0.1mol \cdot L^{-1}$ NaOH 操作液滴定

盐酸。近终点时，用蒸馏水冲洗锥形瓶内壁，再继续滴定，直至溶液在滴加半滴 NaOH 溶液后，变为明显的粉红色，并在 30s 内不褪色，此时即为终点。准确读取滴定管中的 NaOH 的体积。终读数和初读数之差，即为中和 HCl 所消耗的 NaOH 的体积。

重新把碱式滴定管装满溶液（每次滴定最好用滴定管的相同起始读数），重新移取 25.00mL HCl，按上述方法再滴定两次。计算 NaOH 的浓度，三次测定结果的相对平均偏差不应大于 0.2%。

2. HAc 溶液浓度测定

用上述已测知浓度的 NaOH 溶液，平行测定 HAc 溶液的浓度 3 次。三次测定结果的相对平均偏差不应大于 0.2%。

【数据记录和结果处理】

将 NaOH 溶液浓度的标定和 HAc 溶液的浓度的测定有关数据分别填入表 4-1 和表 4-2中。

表 4-1 NaOH 溶液浓度的标定数据记录

数据记录与计算 \ 测定序号		1	2	3
HCl 标准溶液的浓度/mol·L^{-1}				
HCl 标准溶液的净用量/mL		25.00	25.00	25.00
NaOH 操作液	终读数/mL			
	初读数/mL			
	净读数/mL			
NaOH 溶液的浓度/mol·L^{-1}				
平均值/mol·L^{-1}				
相对平均偏差				

表 4-2 HAc 溶液浓度的测定

数据记录与计算 \ 测定序号		1	2	3
NaOH 溶液浓度/mol·L^{-1}				
NaOH 溶液用量	终读数/mL			
	初读数/mL			
	净读数/mL			
HAc 溶液净用量/mL		25.00	25.00	25.00
HAc 溶液浓度/mol·L^{-1}				
平均值/mol·L^{-1}				
相对平均偏差				

【思考题】

1. 分别用 NaOH 滴定 HCl 和 HAc，达到化学计量点时，溶液的 pH 是否相同？

2. 在滴定分析实验中，滴定管、移液管为何需要用滴定剂和要移取的溶液润洗几次？滴定中使用的锥形瓶是否也要用滴定剂润洗？为什么？

实验二　盐酸溶液的配制与标定（3学时）

【实验目的】

1. 学会用基准物质标定盐酸浓度的方法。

2. 进一步掌握滴定操作。

【实验原理】

标定 HCl 溶液的基准物质常用无水碳酸钠，其反应式如下：

$$Na_2CO_3+2HCl \Longrightarrow 2NaCl+H_2O+CO_2\uparrow$$

滴定至反应完全时，化学计量点的 pH 为 3.89，可选用溴甲酚绿-二甲基黄混合指示剂指示终点，其终点颜色变化为绿色（或蓝绿色）到亮黄色（pH＝3.9），根据 Na_2CO_3 质量和所消耗的 HCl 体积，可以计算出盐酸的浓度 c(HCl)。

【仪器药品】

Na_2CO_3 基准物质：先置于烘箱中（270～300℃）烘干至恒重后，保存于干燥器中。

溴甲酚绿-二甲基黄混合指示剂：取 4 份 0.2%溴甲酚绿酒精溶液和 1 份 0.2%二甲基黄酒精溶液，混匀。

【实验内容】

用减量法准确称取 3～5 份经干燥过的无水 Na_2CO_3，每份 0.15～0.20g（应称准到小数点后第几位?）。分别置于 250mL 锥形瓶中，各加入 80mL 水，使其完全溶解。加 9 滴溴甲酚绿-二甲基黄混合指示剂溶液，用待定的 HCl 溶液滴定，快到终点时，用洗瓶中蒸馏水吹洗锥形瓶内壁。继续滴定到溶液由绿色变成亮黄色（不带黄绿色）。记下滴定用去的 HCl 体积。

【实验数据记录】

盐酸溶液浓度测定数据见表 4-3。

表 4-3　盐酸溶液浓度的标定

记录项目		序号		
		1	2	3
称量瓶＋碳酸钠质量(倒出前)/g				
称量瓶＋碳酸钠质量(倒出后)/g				
称出碳酸钠质量/g				
HCl	最后读数/mL			
	最初读数/mL			
	净用体积/mL			
c(HCl)/mol·L^{-1}				
平均值 $\bar{c}$(HCl)/mol·L^{-1}				

【思考题】

1. 标定 HCl 溶液的浓度除了用 Na_2CO_3 外，还可以用何种基准物质？为什么 HCl 和 NaOH 标准溶液配制后，一般要经过标定？

2. 用 Na_2CO_3 标定 HCl 溶液时为什么可用溴甲酚绿-二甲基黄指示剂？能否改用酚酞做指示剂？

实验三　氢氧化钠标准滴定溶液的配制与标定（3学时）

【实验目的】

1. 熟练掌握采用减量法称取基准物的方法。

2. 学习用邻苯二甲酸氢钾标定氢氧化钠溶液的方法。

【实验原理】

NaOH 有很强的吸水性和吸收空气中的 CO_2 的性质，因而，市售 NaOH 中常含有 Na_2CO_3。

反应方程式：

$$2NaOH + CO_2 \longequal Na_2CO_3 + H_2O$$

碳酸钠的存在对指示剂的使用影响较大，应设法除去。除去 Na_2CO_3 最常用的方法是将 NaOH 先配成饱和溶液（约52%，质量分数），由于 Na_2CO_3 在饱和 NaOH 溶液中几乎不溶解，会慢慢沉淀出来，因此，可用饱和氢氧化钠溶液，配制不含 Na_2CO_3 的 NaOH 溶液。待 Na_2CO_3 沉淀后，可吸取一定量的上清液，稀释至所需浓度即可。此外，用来配制 NaOH 溶液的蒸馏水，也应加热煮沸放冷，除去其中的 CO_2。

标定碱溶液的基准物质很多，常用的有草酸（$H_2C_2O_4 \cdot 2H_2O$）、苯甲酸（C_6H_5COOH）和邻苯二甲酸氢钾（$C_6H_4COOHCOOK$）等，最常用的是邻苯二甲酸氢钾。滴定反应如下：

$$C_6H_4COOHCOOK + NaOH \longequal C_6H_4COONaCOOK + H_2O$$

到达计量点时由于弱酸盐的水解，溶液呈弱碱性，应采用酚酞作为指示剂。

【仪器药品】

仪器：碱式滴定管（50mL）、容量瓶、锥形瓶、分析天平、台秤。

药品：邻苯二甲酸氢钾（基准试剂）、氢氧化钠固体（A. R）、10g/L 酚酞指示剂（1g 酚酞溶于适量乙醇中再稀释至 100mL）。

【实验内容】

1. $0.1mol \cdot L^{-1}$ NaOH 标准溶液的配制

用小烧杯在台秤上称取 120g 固体 NaOH，加 100mL 水，振摇使之溶解成饱和溶液，冷却后注入聚乙烯塑料瓶中，密闭，放置数日，澄清后备用。

准确吸取上述溶液的上层清液 5.6mL 加入到 1000mL 无二氧化碳的蒸馏水中，摇匀，贴上标签。

2. $0.1mol \cdot L^{-1}$ NaOH 标准溶液的标定

将基准邻苯二甲酸氢钾加入干燥的称量瓶内，于 105～110℃烘至恒重，用减量法准确称取邻苯二甲酸氢钾约 0.6000 克，置于 250mL 锥形瓶中，加 50mL 无 CO_2 蒸馏水，温热使之溶解，冷却，加酚酞指示剂 2～3 滴，用待标定的 $0.1mol \cdot L^{-1}$ NaOH 溶液滴定，直到溶液呈粉红色，30s 不褪色。同时做空白试验。

要求平行标定三次。

【结果与处理】

根据所得数据计算 NaOH 标准溶液的浓度，取三次结果的平均值，并计算相对误差，所得结果经过指导老师确认后方可结束实验。

【思考题】

1. 称取 NaOH 要用分析天平？为什么？

2. 已标定的 NaOH 标准溶液在保存时吸收了空气中的 CO_2，用它测定 HCl 溶液的浓度，若改用酚酞做指示剂，对测定结果产生何种影响？改用甲基橙为指示剂，结果如何？

实验四　混合碱中碳酸钠和碳酸氢钠含量的测定（酸碱滴定法）（3学时）

【实验目的】

1. 了解强碱弱酸盐滴定过程中 pH 的变化。

2. 掌握用双指示剂法测定混合碱中的 Na_2CO_3，$NaHCO_3$ 以及总碱量的方法。

【实验原理】

混合碱中组分 Na_2CO_3、$NaHCO_3$ 的含量和总碱量（以 Na_2O 表示）的测定，一般可以用“双指示剂法”。先加酚酞指示剂，以 HCl 标准溶液滴定至无色，此时溶液中 Na_2CO_3 仅被滴定成 $NaHCO_3$，即 Na_2CO_3 只被中和了一半。反应式如下：

$$Na_2CO_3+HCl = NaHCO_3+NaCl$$

然后再以溴甲酚绿-二甲基黄指示剂，继续滴定至溶液由绿色到亮黄色，此时溶液中 $NaHCO_3$ 才完全被中和：

$$NaHCO_3+HCl = NaCl+H_2O+CO_2\uparrow$$

用酚酞做指示剂时，用去的酸体积为 V_1，再加溴甲酚绿-二甲基黄指示剂时，又用去的酸体积为 V_2，则 Na_2CO_3、$NaHCO_3$ 以及 Na_2O 的含量可由以下式子计算：

$$w(Na_2CO_3)=\frac{c(HCl)V_1M(Na_2CO_3)}{m_s}\times100\%$$

$$w(NaHCO_3)=\frac{c(HCl)V_2M(NaHCO_3)}{m_s}\times100\%$$

$$w(Na_2O)=\frac{\frac{1}{2}c(HCl)VM(Na_2O)}{m_s}\times100\%$$

式中，m_s为碱灰试样质量，g；V 为滴定碱灰试液用去 HCl 的总体积，mL。

【仪器药品】

碱灰试样、酚酞指示剂、溴甲酚绿-二甲基黄指示剂、$0.1mol\cdot L^{-1}$ HCl 标准溶液。

【实验内容】

准确称取 0.15～0.20g 碱灰样三份，分别置于 250mL 锥形瓶中，各加 50mL 蒸馏水、1 滴酚酞指示剂后溶液呈红色，用 $0.1mol\cdot L^{-1}$ HCl 标准溶液滴定至无色，记下用去 HCl 体积（V_1）。必须注意，在滴定时，酸要逐滴地加入并不断地摇动溶液以避免溶液局部酸度过大。否则，Na_2CO_3 不是被中和成 $NaHCO_3$，而直接转变为 CO_2。第一终点到达后再加 9 滴溴甲酚绿-二甲基黄指示剂，继续用 HCl 滴定，直到溶液由绿色变成亮黄色。记下第二次用去

HCl体积（V_2）。计算Na_2CO_3，$NaHCO_3$和Na_2O的含量。

【思考题】

1. 本实验用酚酞作指示剂时，其所消耗的HCl体积较溴甲酚绿-二甲基黄的少，为什么？

2. 在总碱量的计算式中，V有几种求法？如果只要求测定总碱量，实验应怎样做？

实验五　食用白醋中HAc浓度的测定（3学时）

【实验目的】

1. 了解基准物质邻苯二甲酸氢钾（$KHC_8H_4O_4$）的性质及其应用。

2. 掌握NaOH标准溶液的配制，标定及保存要点。

【实验原理】

醋酸为有机弱酸（$K_a=1.8\times10^{-5}$），与NaOH反应式为

$$HAc + NaOH \longrightarrow NaAc + H_2O$$

反应产物为弱酸强碱盐，滴定突跃在碱性范围内，可选用酚酞等碱性范围变色的指示剂。食用白醋中醋酸含量在30～50mg·mL^{-1}。

【仪器药品】

1. 0.1mol·L^{-1} NaOH溶液：用烧杯在台秤上称取4g固体NaOH，加入新鲜的或煮沸除去CO_2的蒸馏水，溶解完全后，转入带橡皮塞的试剂瓶中，加水稀释至1L，充分摇匀。

2. 2g·L^{-1}酚酞指示剂：乙醇溶液。

3. 邻苯二甲酸氢钾（$KHC_8H_4O_4$）基准物质：在100～125℃干燥1h后，置于干燥器中备用。

【实验内容】

1. 0.1mol·L^{-1} NaOH标准溶液浓度的标定

在称量瓶中以差减法称量$KHC_8H_4O_4$ 3份，每份0.4～0.6g，分别倒入250mL锥形瓶中，加入40～50mL蒸馏水，待试剂完全溶解后，加入2～3滴酚酞指示剂，用待标定的NaOH溶液滴定至呈红色并保持30s不褪色即为终点，计算NaOH溶液的浓度和各次标定结果的相对偏差。

2. 食用白醋含量的测定

准确移取食用白醋25.00mL置于250mL容量瓶中，用蒸馏水稀释至刻度、摇匀。用50mL移液管分取3份上述溶液，分别置于250mL锥形瓶中，加入酚酞指示剂2～3滴，用NaOH标准溶液滴定至微红色，并在30s内不褪色即为终点。计算每100mL食用白醋中含醋酸的质量。

【思考题】

1. 称取NaOH及$KHC_8H_4O_4$各用什么天平？为什么？

2. 已标定的NaOH标准溶液在保存时吸收了空气中的CO_2，用它测定HCl溶液的浓度，若改酚酞为指示剂，对测定结果产生何种影响？改用甲基橙为指示剂，结果如何？

实验六　EDTA标准溶液的配制与标定（3学时）

【实验目的】

1. 掌握EDTA标准溶液的配制与标定方法。

2. 学会判断配位滴定的终点。

3. 了解缓冲溶液的应用。

【实验原理】

配位滴定中通常使用的配位剂是乙二酸四乙酸的二钠盐（$Na_2H_2Y \cdot 2H_2O$），其水溶液的pH约为4.5，若pH偏低，应该用NaOH溶液中和至pH=5左右，以免溶液配制后有乙二胺四乙酸析出。

EDTA能与大多数金属离子形成1∶1的稳定配合物，因此可以用含有这些金属离子的基准物，在一定酸度下，选择适当的指示剂来标定EDTA的浓度。

标定EDTA溶液的基准物常用的有Zn，Cu，Pb，$CaCO_3$，$MgSO_4 \cdot 7H_2O$等。用Zn做基准物可以用铬黑T（EBT）做指示剂，在$NH_3 \cdot H_2O$-NH_4Cl缓冲液（pH=10）中进行标定，其反应如下。

滴定前：

$$\underset{\text{(纯蓝色)}}{Zn^{2+} + In^{2-}} = \underset{\text{(酒红色)}}{ZnIn}$$

式中，In为金属指示剂。

滴定开始至终点前：

$$Zn^{2+} + Y^{4-} = ZnY^{2-}$$

终点时：

$$\underset{\text{(酒红色)}}{ZnIn} + Y^{4-} = ZnY^{2-} + \underset{\text{(纯蓝色)}}{In^{2-}}$$

所以，到达终点时溶液从酒红色变成纯蓝色。

用Zn作基准物也可用二甲酚橙为指示剂，六亚甲基四胺作缓冲剂，在pH=5～6进行标定。两标定方法所得结果稍有差异。通常选用的标定条件应尽可能与被测定条件相近，以减少误差。

【仪器药品】

$NH_3 \cdot H_2O$-NH_4Cl缓冲溶液（pH=10）：取6.75g NH_4Cl溶于20mL水中，加入57mL 15mol·L^{-1} $NH_3 \cdot H_2O$，用水稀释到100mL。

铬黑T指示剂、纯Zn、EDTA二钠盐（AR）。

【实验内容】

1. 0.01mol·L^{-1} EDTA的配制

称取3.7g EDTA二钠盐，溶于1000mL水中，必要时可温热以加快溶解（若有残渣可过滤除去）。

2. 0.01mol·L^{-1} Zn^{2+}标准溶液的配制

取适量纯锌粒或锌片，用稀HCl稍加泡洗（时间不宜长），以除去表面的氧化物，再用水洗去HCl，然后，用酒精洗一下表面，沥干后于110℃下烘几分钟，置于干燥器中冷却。

准确称取纯锌 0.15～0.20g，置于 100mL 小烧杯中，加 5mL 1∶1HCl，盖上表面皿，必要时稍为温热（小心），使锌完全溶解。吹洗表面皿及杯壁，小心转移于 250mL 容量瓶中，用水稀释至标线，摇匀。计算 Zn^{2+} 标准溶液的浓度 $c(Zn^{2+})$。

3. EDTA 浓度的标定

用 25mL 移液管吸取 Zn^{2+} 标准溶液置于 250mL 锥形瓶中，逐滴加入 1∶1$NH_3 \cdot H_2O$，同时不断摇动直至开始出现白色 $Zn(OH)_2$ 沉淀。再加 5mL $NH_3 \cdot H_2O$-NH_4Cl 缓冲溶液、50mL 蒸馏水和 3 滴铬黑 T，用 EDTA 标准溶液滴定至溶液由酒红色为纯蓝色即为终点。记下 EDTA 溶液的用量 $V(EDTA)$。平行测定三次，计算 EDTA 的浓度 $c(EDTA)$。

【思考题】

1. 在配位滴定中，指示剂应具备什么条件？

2. 若调节溶液 pH＝10 的操作中，加入很多 $NH_3 \cdot H_2O$ 后仍不见有白色沉淀出现是何原因？应如何避免？

实验七 高锰酸钾溶液的配制与标定（3 学时）

【实验目的】

掌握高锰酸钾标准溶液的配制和标定方法。

【实验原理】

$KMnO_4$ 是氧化还原滴定中最常用的氧化剂之一。高锰酸钾滴定法通常在酸性溶液中进行，反应中锰原子的氧化数由＋7 变到＋2。市售的 $KMnO_4$ 多含杂质，因此用它配制的溶液要在暗处放置数天，待 $KMnO_4$ 把还原性杂质充分氧化后，再除去生成的 $MnO(OH)_2$ 沉淀，标定其准确浓度。光线使 $KMnO_4$ 分解，故配好的 $KMnO_4$ 溶液除尽杂质后保存于暗处。

$Na_2C_2O_4$ 和 $H_2C_2O_4 \cdot 2H_2O$ 是较易纯化的还原剂，也是标定 $KMnO_4$ 常用的基准物质，其反应如下：

$$5C_2O_4^{2-} + 2MnO_4^- + 16H^+ = 10CO_2\uparrow + 2Mn^{2+} + 8H_2O$$

反应要在酸性、较高温度和有 Mn^{2+} 作催化剂的条件下进行。滴定初期，反应很慢，$KMnO_4$ 溶液必须逐滴加入，如滴加过快，部分 $KMnO_4$ 在热溶液中将按下式分解而造成误差：

$$4KMnO_4 + 2H_2SO_4 = 4MnO_2 + 2K_2SO_4 + 2H_2O + 3O_2\uparrow$$

在滴定过程中逐渐生成的 Mn^{2+} 有催化作用，会使反应速率逐渐加快。

因为 $KMnO_4$ 溶液本身具有特殊的紫红色，极易察觉，故用它作为滴定液时，不需要另加指示剂。

【仪器药品】

H_2SO_4（$3mol \cdot L^{-1}$）、$KMnO_4$（s）、$Na_2C_2O_4$（s，AR）。

【实验内容】

1. $0.02mol \cdot L^{-1}$ $KMnO_4$ 溶液的配制

用台秤称取 1.7g $KMnO_4$，加入适量蒸馏水使其溶解后，倒入洁净的棕色试剂瓶中，用水稀释至约 500mL。摇匀，塞好，静置 7～10 天后，将上层溶液用玻璃砂芯漏斗过滤。残余溶液和沉淀则倒掉。把试剂瓶洗净，将滤液倒回瓶内，摇匀，待标定。

如果将溶液加热煮沸并保持微沸 1h，冷却后过滤，则不必长期放置，就可以标定其浓度。

2. $KMnO_4$ 溶液的标定

精确称取 0.2g 左右预先干燥过的 $Na_2C_2O_4$ 三份，分别置于 250mL 锥形瓶中，各加入 40mL 蒸馏水和 10mL 3mol·L^{-1} H_2SO_4 使其溶解，慢慢加热直到有蒸气冒出（75～85℃）。趁热用待标定的 $KMnO_4$ 溶液进行滴定，开始滴定时，速度宜慢，在第一滴 $KMnO_4$ 溶液滴入后，不断摇动溶液，当紫红色褪去后再滴入第二滴。待溶液中有 Mn^{2+} 产生后，反应速率加快，滴定速度也就可以适当加快，但也决不可使 $KMnO_4$ 溶液连续流下。接近终点时，紫红色褪去很慢，应减慢滴定速度，同时充分摇匀，以防超过终点。记下终读数并计算 $KMnO_4$溶液的浓度 $c(KMnO_4)$。

【思考题】

1. $KMnO_4$ 在中性、弱碱性或强碱性溶液中进行反应时，它的氧化数变化有何不同？
2. 标定 $KMnO_4$ 溶液时，为什么第一滴 $KMnO_4$ 的颜色褪得很慢，以后反而逐渐加快？

实验八　过氧化氢含量的测定（高锰酸钾法）（3 学时）

【实验目的】

1. 掌握高锰酸钾法测定过氧化氢含量的原理和方法。
2. 进一步掌握移液管及容量瓶的正确使用方法。

【实验原理】

H_2O_2 是医药上的消毒剂，它在酸性溶液中很容易被 $KMnO_4$ 氧化而生成氧气和水，其反应如下：

$$5H_2O_2+2MnO_4^-+6H^+ = 2Mn^{2+}+8H_2O+5O_2\uparrow$$

在一般的工业分析中，常用 $KMnO_4$ 标准溶液测定 H_2O_2 的含量，由反应式可知，H_2O_2 在反应中氧原子的氧化数从 −1 升到 0。

在生物化学中，常利用此法间接测定过氧化氢酶的活性。例如，血液中存在的过氧化氢酶能使过氧化氢分解，所以用一定量的 H_2O_2 与其作用，然后在酸性条件下用标准 $KMnO_4$ 溶液滴定残余的 H_2O_2，就可以了解酶的活性。

【仪器药品】

工业 H_2O_2 样品、$KMnO_4$（0.02mol·L^{-1}）标准溶液、H_2SO_4（3mol·L^{-1}）。

【实验内容】

用移液管吸取 10mL H_2O_2 样品（3%），置于 250mL 容量瓶中，加水稀释至标线，混合均匀。吸取 25mL 稀释液三份，分别置于三个 250mL 锥形瓶中，各加 5mL 的 3mol·L^{-1} H_2SO_4，用 $KMnO_4$ 标准溶液滴定。

计算未经稀释样品中 H_2O_2 含量。

【思考题】

1. 氧化还原法测定 H_2O_2 的基本原理是什么？$KMnO_4$ 与 H_2O_2 反应的物质的量的比是多少？自拟计算 $w(H_2O_2)$ 的公式。

2. 用 $KMnO_4$ 法测定 H_2O_2 时，为什么要在 H_2SO_4 酸性介质中进行，能否用 HCl 来代替？

实验九　$AgNO_3$ 标准溶液的配制和标定及氯化物中氯含量的测定（莫尔法）（4 学时）

【实验目的】

1. 掌握莫尔法测定氯化物的基本原理。

2. 掌握莫尔法测定的反应条件。

【实验原理】

某些可溶性氯化物中氯含量的测定常采用莫尔法。此法是在中性或弱碱性溶液中，以 K_2CrO_4 为指示剂，用 $AgNO_3$ 标准溶液直接滴定待测试液中的 Cl^-。主要反应如下：

$$Ag^+ + Cl^- \longrightarrow AgCl\downarrow\text{（白色）} \qquad K_{sp}=1.8\times10^{-10}$$

$$2Ag^+ + CrO_4^{2-} \longrightarrow Ag_2CrO_4\downarrow\text{（砖红色）} \qquad K_{sp}=2.0\times10^{-12}$$

由于 AgCl 的溶解度小于 Ag_2CrO_4，因此，溶液中首先析出 AgCl 沉淀。当 AgCl 定量沉淀后，过量 1 滴 $AgNO_3$ 溶液即与 CrO_4^{2-} 生成砖红色 Ag_2CrO_4 沉淀，指示到达终点。

滴定必须在中性或弱碱性溶液中进行，最适宜 pH 范围为 6.5～10.5。如果有铵盐存在，溶液的 pH 需控制在 6.5～7.2。

指示剂的用量对滴定有影响，一般以 $5\times10^{-3}mol\cdot L^{-1}$ 为宜。凡是能与 Ag^+ 生成难溶性化合物或配合物的阴离子都干扰测定，如 PO_4^{3-}、AsO_4^{3-}、SO_3^{2-}、S^{2-}、CO_3^{2-}、$C_2O_4^{2-}$ 等。其中，H_2S 可加热煮沸除去，将 SO_3^{2-} 氧化成 SO_4^{2-} 后不再干扰测定。大量 Cu^{2+}、Ni^{2+}、Co^{2+} 等有色离子将影响终点观察。凡是能与 CrO_4^{2-} 指示剂生成难溶化合物的阳离子也干扰测定，如 Ba^{2+}、Pb^{2+} 能与 CrO_4^{2-} 分别生成 $BaCrO_4$ 和 $PbCrO_4$ 沉淀。Ba^{2+} 的干扰可加入过量的 Na_2SO_4 消除。Al^{3+}、Fe^{3+}、Bi^{3+}、Sn^{4+} 等高价金属离子在中性或弱碱性溶液中易消解产生沉淀，会干扰测定。

【仪器药品】

1. NaCl 基准试剂：在 500～600℃高温炉中灼烧半个小时后，置于干燥器中冷却。也可将 NaCl 置于带盖的瓷坩埚中，加热，并不断搅拌，待爆裂声停止后，继续加热 15min，将坩埚放入干燥器中冷却后使用。

2. $0.1mol\cdot L^{-1}$ $AgNO_3$ 溶液：称取 8.5g $AgNO_3$ 溶解于 500mL 不含 Cl^- 的蒸馏水中，将溶液转入棕色试剂瓶中，置暗处保存，以防光照分解。

3. $50g\cdot L^{-1}$ K_2CrO_4 溶液。

【实验内容】

1. $AgNO_3$ 溶液的标定

准确称取 0.5～0.65g NaCl 基准物于小杯中，用蒸馏水溶解后，转入 100mL 容量瓶中，稀释至刻度，摇匀。用移液管移取 25.00mL NaCl 溶液注入 250mL 锥形瓶中，加入 25mL 水，用吸量管加入 1mL K_2CrO_4 溶液，在不断摇动下，用 $AgNO_3$ 溶液滴定至呈现砖红色，即为终点。平行标定 3 份。根据所消耗 $AgNO_3$ 体积和 NaCl 的质量，计算 $AgNO_3$ 的浓度。

2. 试样分析

准确称取 2g NaCl 试样置于烧杯中，加水溶解后，转入 250mL 容量瓶中，用水稀释至刻度，摇匀。用移液管移取 25.00mL 试液注入 250mL 锥形瓶中，加入 25mL 水，用吸量管加入 1mL K_2CrO_4 溶液，在不断摇动下，用 $AgNO_3$ 标准溶液滴定至呈现砖红色，即为终点。平行标定 3 份，计算试样中氯的含量。

实验完毕后，将装有 $AgNO_3$ 溶液的滴定管先用蒸馏水冲洗 2～3 次后，再用蒸馏水洗净，以免 AgCl 残留于管内。

【思考题】

1. 莫尔法测定氯时，为什么溶液的 pH 须控制在 6.5～10.5?

2. 以 K_2CrO_4 为指示剂时，指示剂浓度过大或过小对测定有何影响?

实验十　紫外吸收光谱法测定双组分混合物（4 学时）

【实验目的】

1. 掌握单波长双光束紫外-可见分光光度计的使用。

2. 学会用解联立方程组的方法，定量测定吸收曲线相互重叠的二元混合物。

【实验原理】

根据朗伯-比尔定律，用紫外-可见分光光度法很容易定量测定在此光谱区内有吸收的单一成分。由两种组分组成的混合物中，若彼此都不影响另一种物质的光吸收性质，可根据相互间光谱重叠的程度，采用相对的方法来进行定量测定。如：当两组分吸收峰部分重叠时，选择适当的波长，仍可按测定单一组分的方法处理；当两组分吸收峰大部分重叠时（图 4-1)，则宜采用解联立方程组或双波长法等方法进行测定。

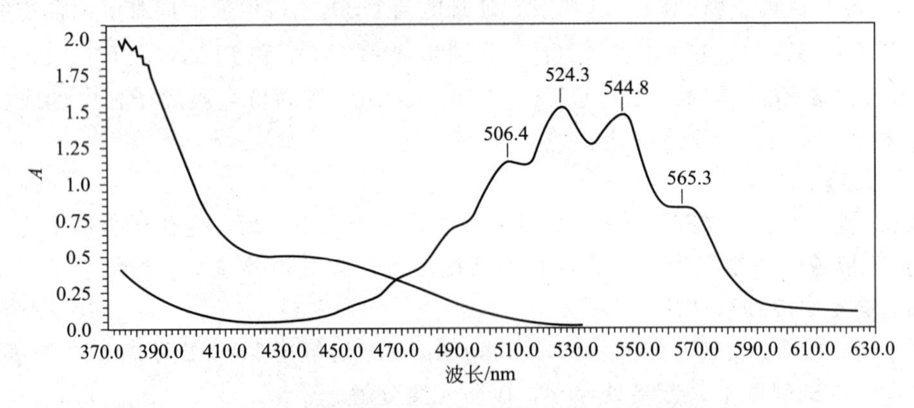

图 4-1　高锰酸钾、重铬酸钾标准溶液吸收曲线

解联立方程组的方法是以朗伯-比尔定律及吸光度的加和性为基础，同时测定吸收光谱曲线相互重叠的二元组分的一种方法。从图 4-2 可看出，混合组分在 λ_1 处的吸收等于 A 组分和 B 组分分别在 λ_1 处的吸光度之和 $A_{\lambda1}^{A+B}$，即：

$$A_{\lambda1}^{A+B}=\kappa_{\lambda1}^{A}bc^{A}+\kappa_{\lambda1}^{B}bc^{B}$$

同理，混合组分在 λ_2 处吸光度之和 $A_{\lambda2}^{A+B}$应为：

$$A_{\lambda2}^{A+B}=\kappa_{\lambda2}^{A}bc^{A}+\kappa_{\lambda2}^{B}bc^{B}$$

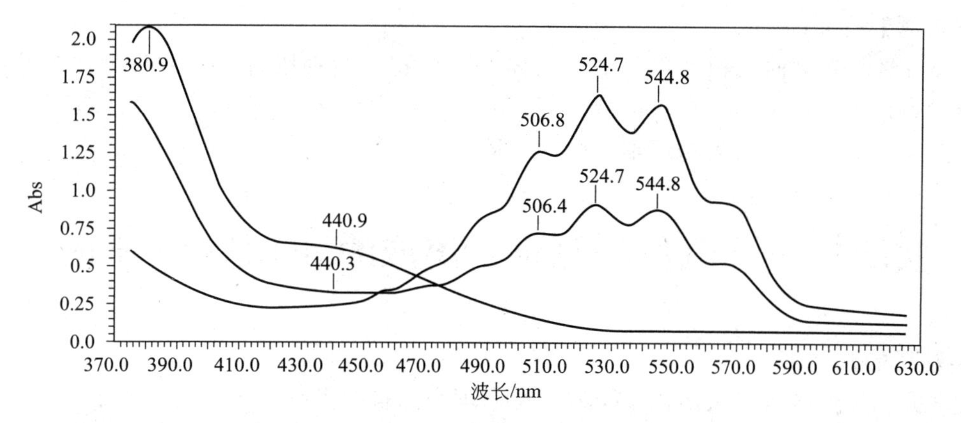

图 4-2　高锰酸钾、重铬酸钾标准溶液及混合溶液的吸收曲线

若先用 A、B 组分的标样，分别测得 A、B 两组分在 λ_1 和 λ_2 处的摩尔吸收系数 $\kappa_{\lambda1}^{A}$、$\kappa_{\lambda2}^{A}$ 和 $\kappa_{\lambda1}^{B}$、$\kappa_{\lambda2}^{B}$；当测得未知试样在 λ_1 和 λ_2 的吸光度 $A_{\lambda1}^{A+B}$ 和 $A_{\lambda2}^{A+B}$ 后，解下列二元一次方程组：

$$A_{\lambda1}^{A+B}=\kappa_{\lambda1}^{A}bc^{A}+\kappa_{\lambda1}^{B}bc^{B}$$

$$A_{\lambda2}^{A+B}=\kappa_{\lambda2}^{A}bc^{A}+\kappa_{\lambda2}^{B}bc^{B}$$

即可求得 A、B 两组分各自的浓度 c^{A} 和 c^{B}。

$$c^{A}=(A_{\lambda1}^{A+B}\cdot\kappa_{\lambda2}^{B}-A_{\lambda2}^{A+B}\cdot\kappa_{\lambda1}^{B})/(\kappa_{\lambda1}^{A}\cdot\kappa_{\lambda2}^{B}-\kappa_{\lambda2}^{A}\cdot\kappa_{\lambda1}^{B})$$

$$c^{B}=(A_{\lambda1}^{A+B}-\kappa_{\lambda1}^{A}\cdot c^{A})/\kappa_{\lambda1}^{B}$$

一般来说，为了提高检测的灵敏度，λ_1 和 λ_2 宜分别选择在 A、B 两组分最大吸收峰处或其附近。

【仪器药品】

仪器：紫外可见分光光度计（375～625nm）、1cm 比色皿、容量瓶、移液管、烧杯。

0.0200mol·L^{-1} $KMnO_4$ 标准溶液（其中含 H_2SO_4 0.5mol·L^{-1}，含 KIO_4 2g·L^{-1}），0.0200mol·L^{-1} $K_2Cr_2O_7$ 标准溶液（其中含 H_2SO_4 0.5mol·L^{-1}，含 KIO_4 2g·L^{-1}）。

【实验内容】

1. 分别吸取一定量的 0.0200mol·L^{-1} $K_2Cr_2O_7$ 标准溶液，稀释配制成浓度为 0.0008mol·L^{-1}、0.0016mol·L^{-1}、0.0024mol·L^{-1}、0.0032mol·L^{-1}、0.0040mol·L^{-1}的一系列标准溶液。编号 1～5。

2. 分别吸取一定量的 0.0200mol·L^{-1} $KMnO_4$ 标准溶液，稀释配制成浓度为 0.0008mol·L^{-1}、0.0016mol·L^{-1}、0.0024mol·L^{-1}、0.0032mol·L^{-1}、0.0040mol·L^{-1}的一系列标准溶液。编号 6～10。

3. 按照分光光度计操作规程，开启仪器。

4. 绘制上述 10 种标准溶液在 375～625nm 范围内的吸收光谱图，找到最大吸收波长（λ_1 和 λ_2）。并测定它们在最大吸收波长（λ_1 为 440nm 和 λ_2 为 545nm）处的吸光度。

5. 测定教师给定的试样在 440nm 和 545nm 处吸光度，并记录好数据。

【数据处理】

1. 由标准溶液测定的吸光度，分别求得 $KMnO_4$ 和 $K_2Cr_2O_7$ 在 545nm 和 440nm 处的摩尔吸收系数 κ_{545}^{A}、κ_{440}^{A} 和 κ_{545}^{B}、κ_{440}^{B}。

2. 由试样测定的吸光度 A_{545}^{A+B} 和 A_{440}^{A+B}，列出二元一次方程组，求得 c^{A} 和 c^{B} 的浓度。

【思考题】

1. 现有吸收光谱曲线相互重叠的三元体系混合物，能否用解联立方程组的方法测定它们各自的含量？

2. 设计一个用双波长法测定本实验内容的实验方案。

实验十一　电位法测定水溶液的 pH 值（4 学时）

【实验目的】

1. 掌握用玻璃电极测量溶液 pH 的基本原理和测量技术。

2. 学会怎样测定玻璃电极的响应斜率，进一步加深对玻璃电极响应特性的了解。

【实验原理】

以玻璃电极作指示电极，饱和甘汞电极作参比电极，用电位法测量溶液的 pH，组成测量电池的图解表示式为：

$$(-)\mathrm{Ag,AgCl}|内参比溶液|玻璃膜|试液\ ¦¦\ \mathrm{KCl}(饱和)|\mathrm{Hg_2Cl_2,Hg}(+)$$

$$\varepsilon_6\qquad\qquad \varepsilon_5\qquad\qquad \varepsilon_4\qquad \varepsilon_3\qquad\qquad \varepsilon_2\qquad\qquad \varepsilon_1$$

电池的电动势等于各相界电位的代数和。即：

$$E(电池)=(\varepsilon_1-\varepsilon_2)+(\varepsilon_2-\varepsilon_3)+(\varepsilon_3-\varepsilon_4)+(\varepsilon_4-\varepsilon_5)+(\varepsilon_5-\varepsilon_6)$$

$$E(\mathrm{SCE})=\varepsilon_1-\varepsilon_2;E(\mathrm{Ag,AgCl})=\varepsilon_6-\varepsilon_5$$

$$E(膜)=(\varepsilon_4-\varepsilon_3)-(\varepsilon_4-\varepsilon_5)=\varepsilon_5-\varepsilon_3$$

其中 $(\varepsilon_2-\varepsilon_3)$ 为试液与饱和氯化钾溶液之间的液接电位 E_j，于是

$$E(电池)=E(\mathrm{SCE})-E(膜)-E(\mathrm{Ag,AgCl})+E_j$$

当测量体系确定后，式中 E(电池)、$E(\mathrm{Ag,AgCl})$ 及 E_j 均为常数，而

$$E(膜)=k+\frac{RT}{nF}\ln a_{\mathrm{H}}$$

合并常数项，电动势可表示为：

$$E(电池)=E(\mathrm{SCE})-E(\mathrm{Ag,AgCl})-k+E_j-\frac{RT}{nF}\ln a_{\mathrm{H}}$$

$$=K-\frac{RT}{nF}\ln a_{\mathrm{H}}$$

$$=K+0.059\mathrm{pH}$$

其中 0.059 为玻璃电极在 25℃的理论响应斜率。

由于玻璃电极的常数项，或说电池的“常数”电位值无法准确确定，故实际中测量 pH 的方法是采用相对方法。即选用 pH 已经确定的标准缓冲溶液进行比较而得到待测溶液的 pH。为此，pH 值通常被定义为溶液所测电动势与标准溶液的电动势差有关的函数，其关系式是：

$$\mathrm{pH}_x=\mathrm{pH}_s+\frac{(E_x-E_s)F}{RT\ln10}\tag{4-1}$$

式中，pH_x 和 pH_s 分别为待测溶液和标准缓冲溶液的 pH；E_x 和 E_s 分别为其相应电动势。该式常称为 pH 的实用定义。

测定 pH 用的仪器——pH 电位计是按上述原理设计制成的。例如在 25℃时，pH 计设计为单位 pH 变化 58mV。若玻璃电极在实际测量中响应斜率不符合 58mV 的理论值，这时

仍用一个标准 pH 缓冲溶液校准 pH 计，就会因电极响应斜率与仪器不一致引入测量误差。为了提高测量的准确度，需用双标准 pH 缓冲溶液法将 pH 计的单位 pH 的电位变化与电极的电位变化校准为一致。

当用双标准 pH 缓冲溶液法时，电位计的单位 pH 变化率 S 可校定为：

$$S=\frac{E(\mathrm{s},2)-E(\mathrm{s},1)}{\mathrm{pH}(\mathrm{s},1)-\mathrm{pH}(\mathrm{s},2)} \tag{4-2}$$

式中，pH(s,1) 和 pH(s,2) 分别为标准 pH 缓冲溶液 1 和 2 的 pH 值；E(s,1) 和 E(s,2)分别为其电动势。代入式(4-1)，得：

$$\mathrm{pH}_x=\mathrm{pH}_\mathrm{s}+\frac{E_x-E_\mathrm{s}}{S}$$

从而消除了电极响应斜率与仪器原设计值不一致引入的误差。

显然，标准缓冲溶液的 pH 是否准确可靠，是准确测量 pH 的关键。目前，我国所建立的 pH 标准溶液体系有 7 个缓冲溶液，它们在 0～95℃的标准 pH 可查阅相关文献。

【仪器药品】

仪器：pH/mV 计，玻璃电极（2 支，其电极响应斜率须有一定差别），饱和甘汞电极。

药品：邻苯二甲酸氢钾标准 pH 缓冲溶液，磷酸氢二钠与磷酸二氢钾标准 pH 缓冲溶液，硼砂标准 pH 缓冲溶液。

未知 pH 试样溶液（至少 3 个，选 pH 分别在 3、6、9 左右较好）。

【实验内容】

1. 测定玻璃电极的实际响应斜率

(1) 小心地在 pH 电位计上装好玻璃电极和甘汞电极；

(2) 选用仪器的“mV”挡，用蒸馏水冲洗电极，并用滤纸轻轻地将附着在电极上的水吸去。然后，小心将电极插在试液中，注意切勿与杯底、杯壁相碰；

(3) 按下测量按钮，待电位值显示稳定时，读取“mV”数值，记录在数据记录表中。松开测量按钮，从试液中提起电极，用滤纸吸去电极上残留试液，再按步骤 (2) 冲洗电极；

(4) 至少按上述步骤测量 3 种不同 pH 的标准缓冲溶液，用作图法求出电极的响应斜率；

(5) 同上述步骤测量另一支玻璃电极的响应“mV”值。

2. 单标准 pH 缓冲溶液法测量溶液 pH

这种方法适合一般要求，即待测溶液的 pH 值与标准缓冲溶液的 pH 之差小于 3 个 pH 单位。

(1) 选用仪器“pH”挡，将清洗干净的电极浸入待测标准 pH 缓冲溶液中，按下测量按钮，转动定位调节旋钮，使仪器显示的 pH 稳定在该标准缓冲溶液 pH 处；

(2) 松开测量按钮，取出电极，用蒸馏水冲洗几次，小心用滤纸吸去电极上溶液；

(3) 将电极置于待测试液中，按下测量按钮，读取稳定 pH，记录。松开测量按钮，取出电极，按步骤 (2) 清洗，继续下个样品溶液测量。测量完毕，清洗电极，并将玻璃电极浸泡在蒸馏水中。

3. 双标准 pH 缓冲溶液法测量溶液 pH

为了获得高精确度的 pH，通常用两个标准 pH 缓冲溶液校正仪器，并且要求未知溶液的 pH 尽可能落在这两个标准溶液的 pH 之间。

(1) 按单标准 pH 缓冲溶液方法步骤 (1) 和 (2)，选择两个标准缓冲溶液，用其中一个对仪器定位；

（2）将电极置于另一个标准缓冲溶液中，调节斜率旋钮（如果没设斜率旋钮，可使用温度补偿旋钮调节），使仪器显示的pH读数至该标准缓冲溶液的pH；

（3）松开测量按钮，取出电极，冲洗，滤纸吸干后，再放入第一次测量的标准缓冲溶液中，按下测量按钮，其读数与该试液的pH相差至多不超过0.05pH单位，表明仪器和玻璃电极的响应特性均良好。往往要反复测量、反复调节几次，才能使测量系统达到最佳状态；

（4）当测量系统调定后，将洗干净的电极置于待测试样溶液中，按下测量按钮，读取稳定pH，记录。松开测量按钮，取出电极，冲洗净后，将玻璃电极浸泡在蒸馏水中。

【数据处理】

标准缓冲溶液中电位计读数见表4-4。

表4-4　标准缓冲溶液“mV”测量记录表

标准缓冲溶液pH	电位计读数	
	1# 电极	2# 电极
4.00		
6.86		
9.18		

1. 以上表中的标准缓冲溶液的pH为横坐标，测得电位计的“mV”读数为纵坐标作图，从直线斜率计算出玻璃电极的响应斜率，并比较两支电极的性能。

2. 列表记录两种方法测量的试样溶液pH结果。

【注意事项】

1. 玻璃电极的敏感膜非常薄，易于破碎损坏，因此，使用时应该注意勿与硬物碰撞，电极上所沾附的水分，只能用滤纸轻轻吸干，不得擦拭。

2. 不能用于含有氟离子的溶液，也不能用浓硫酸洗液、浓酒精来洗涤电极，否则会使电极表面脱水，而失去功能。

3. 测量极稀的酸或碱溶液（小于$0.01 mol \cdot L^{-1}$）的pH时，为了保证电位计稳定工作，需要加入惰性电解质（如KCl），提供足够的导电能力。

4. 如果需要测量精确度高的pH，为避免空气中CO_2的影响，尤其测量碱性溶液pH，要使暴露于空气中的时间尽量短，读数要尽可能得快。

5. 玻璃电极经长期使用后，会逐渐降低及失去氢电极的功能，称为“老化”。当电极响应斜率低于52mV/pH时，就不宜再使用。

【思考题】

1. 在测量溶液pH值时，为什么pH计要用标准pH缓冲溶液进行定位？

2. 使用玻璃电极测量溶液pH时，应匹配何种类型的电位计？

3. 为什么用单标准pH缓冲溶液方法测量pH时，应尽量选用pH与它相近的标准缓冲溶液来校正pH计？

实验十二　循环伏安法判断电极过程（3学时）

【实验目的】

1. 掌握用循环伏安法判断电极过程的可逆性。

2. 学会使用循环伏安仪。

3. 测量峰电流和峰电位。

【实验原理】

循环伏安法与单扫描极谱法相似。在电极上施加线性扫描电压，当到达某设定的终止电压后，再反向回扫至某设定的起始电压，若溶液中存在氧化态O，电极上将发生还原反应：

$$O+ne^- \longrightarrow R$$

反向回扫时，电极上生成的还原态R将发生氧化反应：

$$R \longrightarrow O+ne^-$$

峰电流可表示为：

$$i_p=Kn^{\frac{3}{2}}D^{\frac{1}{2}}m^{\frac{2}{3}}t^{\frac{2}{3}}v^{\frac{1}{2}}c$$

其峰电流与被测物质浓度 c、扫描速度 v 等因素有关。

从循环伏安图可确定氧化峰峰电流 i_{pa} 和还原峰电流 i_{pc}，氧化峰峰电位 φ_{pa} 值和还原峰峰电位 φ_{pc} 值。

对于可逆体系，氧化峰峰电流与还原峰峰电流比：

$$\frac{i_{pa}}{i_{pc}}\approx 1$$

氧化峰峰电位与还原峰峰电位差：

$$\Delta\varphi=\varphi_{pa}-\varphi_{pc}\approx\frac{0.058}{n}(\mathrm{V})$$

条件电位 $\varphi^{\ominus}$：

$$\varphi^{\ominus}=\frac{\varphi_{pa}+\varphi_{pc}}{2}$$

由此可判断电极过程的可逆性。

【仪器药品】

仪器：循环伏安仪、x-y 函数记录仪、金圆盘电极、铂圆盘电极或玻璃碳电极，铂丝电极和饱和甘汞电极。

药品：1.00×10^{-2} mol·L^{-1} $K_3Fe(CN)_6$、1.0mol·L^{-1} KNO_3。

【实验内容】

1. 金圆盘电极（或铂圆盘电极、玻璃碳电极）的预处理

用 Al_2O_3 粉（或牙膏）将电极表面抛光（或用抛光机处理），然后用蒸馏水清洗，待用。也可用超声波处理。

2. $K_3Fe(CN)_6$ 溶液的循环伏安图

在电解池中放入 1.00×10^{-3} mol·L^{-1} $K_3Fe(CN)_6$ + 0.50mol·L^{-1} KNO_3 溶液，插入铂圆盘（或金圆盘）指示电极、铂丝辅助电极和饱和甘汞电极，通 N_2 除 O_2。

以扫描速率 20mV·s^{-1}，从 +0.80～−0.20V 扫描，记录循环伏安图。

以不同扫描速率 10、40、60、80、100 和 200（mV·s^{-1}），分别记录从 +0.80～−0.20V扫描的循环伏安图。

3. 不同浓度的 $K_3Fe(CN)_6$ 溶液的循环伏安图

以扫描速率 20mV·s^{-1}，从 +0.80～−0.20V 扫描，分别记录 1.00×10^{-5} mol·L^{-1}

$K_3Fe(CN)_6$、$1.00\times10^{-4}mol\cdot L^{-1}$ $K_3Fe(CN)_6$、$1.00\times10^{-3}mol\cdot L^{-1}$ $K_3Fe(CN)_6$、$1.00\times10^{-2}mol\cdot L^{-1}$ $K_3Fe(CN)_6+0.50mol\cdot L^{-1}$ KNO_3 溶液的循环伏安图。

【数据处理】

1. 从 $K_3Fe(CN)_6$ 溶液的循环伏安图测定 i_{pa}、i_{pc}和φ_{pa}、φ_{pc}值。

2. 分别以 i_{pc}和 i_{pa}对 $v^{1/2}$作图，说明峰电流与扫描速率间的关系。

3. 计算 i_{pa}/i_{pc}值、$\varphi^{\ominus}$值和 $\Delta\varphi$值。

4. 从实验结果说明 $K_3Fe(CN)_6$ 在 KNO_3 溶液中极谱电极过程的可逆性。

【注意事项】

1. 指示电极表面必须仔细清洗，否则严重影响循环伏安图图形。

2. 每次扫描之间，为使电极表面恢复初始条件，应将电极提起后再放入溶液中或用搅拌子搅拌溶液，等溶液静止 1～2min 再扫描。

【思考题】

1. 解释 $K_3Fe(CN)_6$ 溶液的循环伏安图形状。

2. 如何用循环伏安法来判断极谱电极过程的可逆性。

实验十三　溶出伏安法测定微量金属离子（3 学时）

【实验目的】

1. 了解阳极溶出伏安法的基本原理。

2. 学习电化学工作站仪器的溶出伏安测定功能。

【实验原理】

阳极溶出伏安法分为两步：第一步是预电解，通过控制电位选择性地将待测离子沉积到工作电极表面；第二步是溶出，以某种特定的扫描方式使工作电极的电位由负向正的方向扫描，电极上富集的金属重新氧化成离子回到溶液中。溶出峰的电流大小与被测离子的浓度成正比，据此可以对金属离子进行定量分析。

阳极溶出产生很大的氧化电流。对汞膜电极，峰电流为：

$$i_p=Kn^2D_0^{2/3}\omega^{1/2}\eta^{-1/6}Avc_0t$$

式中，n 是参与电极反应的电子数；D_0 是被测物质在溶液的扩散系数；ω 为电解富集时的搅拌速度；η是溶液的黏度；A 是汞膜电极表面积；v 是扫描速度；t 是电解富集时间；c_0 是被测物质在溶液中的浓度。在实验条件一定时，i_p 与 c_0 成正比。

峰电流的大小与预电解时间、预电解时搅拌溶液的速度、预电解电位、工作电极以及溶出的方式等因素有关。为了获得再现性的结果，实验时必须严格控制实验条件。

【仪器药品】

仪器：极谱仪或溶出伏安仪；银基汞膜电极和银－氯化银电极；x-y 函数记录仪；秒表。

药品：1.000×10^{-3} $mol\cdot L^{-1}$ Cd^{2+} 标准溶液：准确称取 $CdCl_2\cdot2.5H_2O$（A. R.）0.2284g，用蒸馏水溶解后移入 1000mL 容量瓶中，稀释至刻度，摇匀，备用；$0.25mol\cdot L^{-1}$ KCl 溶液：称取 KCl(A. R.）18.64g，用蒸馏水稀释至 1000mL；$0.1mol\cdot L^{-1}$ HCl；未知浓度镉试液。

【实验步骤】

1. 电极准备

（1）汞膜电极

用湿滤纸蘸去污粉擦净电极表面，用蒸馏水冲洗后浸在1：1HNO_3中，待表面刚变白后立即用蒸馏水冲洗并沾汞。初次沾汞往往浸润性不良，可用干滤纸将沾有少许汞的电极表面擦匀擦亮，再用1∶1 HNO_3把此汞膜溶解，蒸馏水洗净后重新涂汞膜。每次沾涂1滴汞（4～5mg），涂汞需在Na_2SO_3除O_2的氨水中进行。

新制备的汞膜电极应在0.1mol•L^{-1} KCl溶液（Na_2SO_3除O_2）中于－1.8V(相对于Ag|AgCl电极)阴极化并正向扫描至－0.2V，如此反复扫描3次后，电极便可使用。

实验结束后，将该电极浸在0.1mol•L^{-1} NH_3•H_2O-NH_4Cl溶液中待用。

（2）Ag|AgCl电极

银电极表面用去污粉擦净，在0.1mol•L^{-1} HCl中氯化。以银电极为阳极，铂电极为阴极，外加＋0.5V电压后银电极表面逐步呈暗灰色。为使制备的电极性能稳定，将电极换向，以银电极为阴极，铂电极为阳极，外加1.5V电压使银电极还原表面变白，然后再氯化。如此反复数次，制得Ag|AgCl电极。

实验结束后，将电极浸在0.1mol•L^{-1} KCl溶液中待用。

2. Cd^{2+}浓度与溶出峰电流关系

用移液管准确移取1.000×10^{-5}mol•L^{-1} Cd^{2+}标准溶液0、0.40、0.80、1.20、2.00（mL）于5只50mL容量瓶中，再分别加入0.25mol•L^{-1} KCl溶液10mL，5滴饱和Na_2SO_3溶液，用蒸馏水稀释至刻度，摇匀，待用。

以银基汞膜电极为工作电极，Ag|AgCl电极为参比电极，在－1.0V电压下预电解2min，静止30s后向正方向扫描溶出，记录阳极波，并分别测量峰高。

3. 废水中Cd^{2+}的测定

准确移取试液10mL于50mL容量瓶中，加入0.25mol•L^{-1} KCl溶液10mL，5滴饱和Na_2SO_3溶液，用蒸馏水稀释至刻度，摇匀。用上述同样条件进行溶出测定，记录阳极波，并测量峰高。

【数据处理】

1. 绘制峰高与Cd^{2+}浓度曲线。
2. 根据标准曲线计算试液中Cd^{2+}浓度（mol•L^{-1}）。

【思考题】

1. 为什么阳极溶出伏安法的灵敏度高？
2. 为了获得再现性的溶出峰，实验时应注意什么？

实验十四　气相色谱的定性和定量分析（3学时）

【实验目的】

1. 进一步学习计算色谱峰的分辨率。
2. 熟练掌握根据保留值、用已知物对照定性的分析方法。
3. 学习用归一化法定量测定混合物各组分的含量。

【实验原理】

对一个混合试样进行成功地分离，是气相色谱法完成定性及定量分析的前提和基础。衡量一对色谱峰分离的程度可用分离度 R 表示：

$$R=\frac{t_{R,2}-t_{R,1}}{\frac{1}{2}(Y_1+Y_2)}$$

式中，$t_{R,2}$、Y_2 和 $t_{R,1}$、Y_1、Y_2 分别是两个组分的保留时间和峰底宽，如图 4-3 所示。当$R=1.5$ 时，两峰完全分离；当 $R=1.0$ 时 98%的分离。在实际应用中，$R=1.5$ 一般可以满足需要。

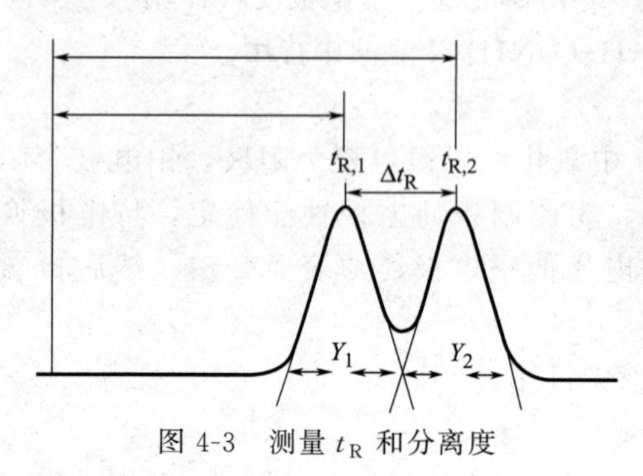

图 4-3　测量 t_R 和分离度

用色谱法进行定性分析的任务是确定色谱图上每一个峰所代表的物质。在色谱条件一定时，任何一种物质都有确定的保留值、保留时间、保留体积、保留指数及相对保留值等保留参数。因此，在相同的色谱操作条件下，通过比较已知纯样和未知物的保留参数或在固定相上的位置，即可确定未知物为何种物质。

当有待测组分的纯样时，用与已知物对照进行定性极为简单。实验时，可采用单柱比较法、峰高加入或双柱比较法。

单柱比较法是在相同的色谱条件下，分别对已知纯样及待测试样进行色谱分析，得到两张色谱图，然后比较其保留参数。当两者的数值相同时，即可认为待测试样中有纯样组分存在。

双柱比较法是在两个极性完全不同的色谱柱上，在各自确定的操作条件下，测定纯样和待测组分在其上的保留参数，如果都相同，则可准确地判断试样中有与此纯样相同的物质存在。由于有些不同的化合物会在某一固定相上表现了相同的热力学性质，故双柱法定性比单柱法更为可靠。

在一定的色谱条件下，组分 i 的质量 m_i 或其在流动相中的浓度，与检测器的响应信号峰面积 A_i 或峰高 h_i 成正比：

$$m_i=f_i^{A}A_i$$

$$\text{或 } m_i=f_i^{h}h_i$$

式中，f_i^{A} 和 f_i^{h} 称为绝对校正因子。此公式为色谱定量的依据。不难看出，响应信号 A、h 及校正因子的准确测量直接影响定量分析的准确度。

由于峰面积的大小不易受操作条件如柱温、流动相的流速、进样速度等因素的影响，故峰面积更适于作为定量分析的参数。测量峰面积的方法分为手工测量和自动测量两大类。现代色谱仪中一般都配有准确测量色谱面积的电学积分仪。手工测量则首先测量峰高 h 和半峰宽 $Y_{1/2}$，然后按下式计算：

$$A_i=1.065h_iY_{1/2}$$

当峰形不对称时，则可按下式计算：

$$A_i=\frac{1}{2}h_i(Y_{0.15}+Y_{0.85})$$

式中，$Y_{0.15}$和$Y_{0.85}$分别是峰高0.15和0.85处的峰宽值。

由

$$m_i = f_i^{A} \times A_i \Rightarrow f_i^{A} = \frac{m_i}{A_i}$$

式中，m_i 可用质量、物质的量及体积等物理量表示，相应校正因子分别称为质量校正因子、摩尔校正因子和体积校正因子。由于绝对校正因子受仪器和操作条件的影响很大，其应用受到限制，一般采用相对校正因子。相对校正因子是指组分 i 与基准组分 s 的绝对校正因子之比，即：

$$f_{is}^{A} = \frac{A_s m_i}{A_i m_s}$$

因绝对校正因子很少使用，一般文献上提到的校正因子就是相对校正因子。

根据不同的情况，可选用不同的定量方法。归一化法是将样品中所有组分含量之和按100%计算，以它们相应的响应信号为定量参数，通过下式计算各组分的质量分数：

$$w_i = \frac{m_i}{m(\text{总})} = \frac{f_{is}^{A} A_i}{f_{1s}^{A} A_1 + f_{2s}^{A} A_2 + \cdots + f_{ns}^{A} A_n} \times 100\% = \frac{f_{is}^{A} A_i}{\sum_{k=1}^{n} f_{ks}^{A} A_k}$$

该法简便、准确。当操作条件变化时，对分析结果影响较小，常用于常量分析，尤其适于进样量少而体积不易准确测量的液体试样。但采用本法进行定量分析时，要求试样中各组分产生可以测量的色谱峰。

【仪器药品】

仪器：有记录仪的气相色谱仪；热导池检测器；带减压阀的氢气钢瓶；秒表；注射器（10μL、100μL）；带磨口试管若干。

色谱柱：柱长2m，内径2mm，6201载体上涂有邻苯二甲酸二壬酯［100∶(10～15)］固定液。

药品：正己烷、环己环、苯、甲苯（均为AR），未知的混合试样。

【实验内容】

1. 认真阅读气相色谱仪操作说明。

2. 在教师指导下，按照下列色谱条件开启色谱仪：

柱温：85～95℃；

检测器温度：120℃；

气化室温度：120℃；

载气流速：稍高于已测的最佳流速。

3. 准确配制正己烷∶环己烷∶苯∶甲苯为1∶1∶1.5∶2.5（质量比）的标准混合溶液，以备测量校正因子。

4. 进未知混合试样约1.4～2.0μL和空气20～40μL，各2～3次，记录色谱图上各峰的保留时间 t_R 和死时间 t_M。

5. 分别注射正己烷、苯、环己烷、甲苯等纯试剂0.2μL，各2～3次，记录色谱图上各峰的保留时间 t_R。

6. 每次进1.4～2.0μL已配制好的标准混合溶液，2～3次，记录色谱图及各峰的保留时间 t_R。

7. 在与操作 6 完全相同的条件下，每次进 1.4～1.6μL 未知混合试样，2～3 次，记录色谱图及各峰的保留时间 t_R。

【数据处理】

1. 用实验内容 6 所得数据，计算前 3 个峰中，每两个峰间的分辨率。

2. 比较实验内容 4 和 5 所得色谱图及保留时间，指出未知混合试样中各色谱峰对应的物质。

3. 用实验内容 6 所得数据，以苯为基准物质，计算各组分的质量校正因子。

4. 用实验内容 7 所得色谱图，计算未知混合试样中各组分的质量分数。

【思考题】

1. 本实验中，进样量是否需要非常准确？为什么？

2. 将测得的质量校正因子与文献值比较。

3. 试说明 3 种不同单位校正因子的关系和联系。

4. 试根据混合试样各组分及固定液的性质，解释各组分的流出顺序。

实验十五　反相液相色谱法分离芳香烃（3 学时）

【实验目的】

1. 学习高效液相色谱仪的操作。

2. 了解反相液相色谱法分离非极性化合物的基本原理。

3. 掌握用反相液相色谱法分离芳香烃类化合物。

【实验原理】

高效液相色谱法选用颗粒很细的高效固定相，采用高压泵输送流动相，分离、定性及定量全部分析过程都通过仪器来完成。除了有快速、高效的特点外，它能分离沸点高、相对分子质量大、热稳定性差的试样。

根据使用的固定相及分离机理不同，一般将高效液相色谱法分为分配色谱、吸附色谱、离子交换色谱和空间排斥色谱等。

在分配色谱中，组分在色谱柱上的保留程度取决于它们在固定相和流动相之间的分配系数 K：

$$K=\frac{\text{组分在固定相中的浓度}}{\text{组分在流动相中的浓度}}$$

显然，K 越大，组分在固定相上的停留时间越长，固定相与流动相间的极性差值也越大。因此，相应出现了流动相为非极性而固定相为极性物质的正相液相色谱法和以流动相为极性而固定相为非极性物质的反相液相色谱法。目前应用最广泛的固定相是通过化学反应的方法将固定相键合到硅胶表面上，即所谓的键合固定相。若将正构烷烃等非极性物质（如 n-C_{18}）键合到硅胶基质上，以极性溶剂（如甲醇和水）为流动相，则可分离非极性或弱极性的化合物。据此，采用反相液相色谱法可分离烷基苯类化合物。

【仪器药品】

仪器：高效液相色谱仪；UV(254nm) 检测器；色谱柱(250mm×4.6mm，n-C_{18}柱)。

流动相：80%甲醇＋20%水（使用前超声波脱气）。

微量注射器：10μL

药品：苯、甲苯、n-丙基苯、n-丁基苯（均为AR），未知样品。

【实验内容】

1. 用流动相溶液（80%甲醇+20%水）配制浓度为10mg·mL^{-1}的标准样品。

2. 在教师指导下，按下述色谱条件操作色谱仪。

柱温：室温；

流动相流速：1.3mL·min^{-1}；

UV检测器灵敏度：0.32～0.64AUFS。

3. 待记录仪基线稳定后，分别进苯、甲苯、n-丙基苯，n-丁基苯标准样各5μL；进样同时，按标记钮（MARKER）（如为计算机软件控制，点击工作站软件相应记录按钮即可）。

4. 获得四种标准样的色谱图后，按步骤3进未知试样20μL，记录色谱图。

【数据处理】

1. 测定每一个标准样的保留距离（进样标记至色谱峰顶间的距离）。

2. 测定未知试样中每一个峰的保留距离，与标准样色谱图比较，标出未知试样中每一个峰代表什么化合物。

3. 用标样峰的峰面积，估算未知试样中相应化合物的含量。

【思考题】

1. 解释未知试样中各组分的洗脱顺序。

2. 试说明苯甲酸在本实验的色谱柱上，是强保留还是弱保留？为什么？

实验十六　高效液相色谱法测定饮料中的咖啡因（3学时）

【实验目的】

通过用高效液相色谱法测定饮料中的咖啡因，掌握采用高效液相色谱法进行定性及定量分析的基本方法。

【实验原理】

定量测定咖啡因的传统分析方法是采用萃取分光光度法。用反相高效液相色谱法将饮料中的咖啡因与其他组分（如单宁酸、咖啡酸、蔗糖等）分离后，将已配制的浓度不同的咖啡因标准溶液也进入色谱系统。如流速和泵的压力在整个实验过程中是恒定的，测定它们在色谱图上的保留时间t_R（或保留距离）和峰面积A后，可直接用t_R定性，用峰面积作为定量测定的参数，采用工作曲线法（即外标法）测定饮料中的咖啡因含量。

【仪器药品】

仪器：高效液相色谱仪，UV（254nm）检测器。色谱柱：ODS(n-C_{18}）柱。超声波发生器或水泵。微量注射器：50μL。

药品：咖啡因标准试剂；待测饮料试液。流动相：甲醇+水（1+4），1L，制备前，先调节水的pH≈3.5，进入色谱系统前，用超声波发生器或水泵脱气5min。

【实验内容】

1. 标准贮备液的配制：准确称取25.0mg咖啡因标准试剂，用配制的流动相溶解，转入100mL容量瓶中，稀释至刻度。

2. 用标准贮备液配制浓度分别为 25μg·mL^{-1}，50μg·mL^{-1}，75μg·mL^{-1}，100μg·mL^{-1}，125μg·mL^{-1}的系列标准溶液。

3. 启动泵，打开检测器，设置泵的流速为 2.3mL·min^{-1}，检测器的灵敏度设在 0.08AUFS，打开记录仪。当流动相通过色谱柱 5～10min，待基线稳定后，开始进样。

4. 将进样阀放在装载（LOAD）位时，用注射器取 25μL 浓度最低的标准样（比进样阀上定量管多 5μL 以上），注入进样阀中。

5. 将进样阀从装载（LOAD）位转向进样（INJECT）位，同时按标记钮（MARKER），记录信号。

6. 当咖啡因的色谱峰出完后，按照上述 4～5 连续操作 2 次，使最低浓度的标准试液获得 3 张色谱图。

7. 按标准溶液浓度增加的顺序，按上述 4～6 操作，使每一种标准样获得 3 个数据。

8. 取 2mL 咖啡饮料试液放入 25mL 容量瓶中（或取 5mL 茶液放入 50mL 容量瓶中），分别用流动相稀释至刻度。

9. 按上述 4～6 操作，分析饮料试液（咖啡或茶）。

【数据处理】

1. 用长度表示保留时间（保留距离），测定标样色谱图上进样信号与色谱峰极大值之间的距离。

2. 根据标准试样色谱图中的保留数据，找到并标出咖啡或茶样色谱图中相应咖啡因色谱峰。

3. 用 $A=hY_{1/2}$ 公式计算每一张色谱图上的峰面积，并对每一个样品求出平均值。

4. 用系列标准溶液的数据作面积 A 对质量浓度ρ（mg·mL^{-1}）的工作曲线。

5. 从工作曲线上求得咖啡或茶中咖啡因的质量浓度（mg·mL^{-1}）（注意实验内容 9 的稀释）。

【思考题】

1. 解释用反相柱 n-C_{18}测定咖啡的理论基础。

2. 在本实验中，用峰高 h 为定量基础的校正曲线能否得到咖啡因的精确结果？

3. 能否用离子交换柱测定咖啡因？为什么？

实验十七　邻菲罗啉分光光度法测定铁（4 学时）

【实验目的】

1. 进一步了解朗伯-比尔定律的应用。

2. 学会邻菲罗啉分光光度法测定铁的方法和正确绘制邻菲罗啉-铁的标准曲线。

3. 了解分光光度计的构造及使用。

【实验原理】

邻菲罗啉（又称邻二氮杂菲）是测定微量铁的一种较好试剂，其结构如下：

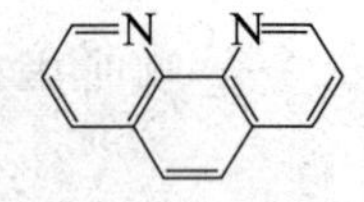

在 pH＝1.5～9.5 条件下，Fe^{2+} 与邻菲罗啉生成很稳定的橙红色络合物，反应式如下：

$$Fe^{2+}+3\,\text{phen} \longrightarrow [Fe(phen)_3]^{2+}$$

邻菲啰啉　　橙红色

此络合物的 $\lg K_{稳}=21.3$，$\varepsilon=11000$。

在显色前，首先用盐酸羟胺把 Fe^{3+} 还原为 Fe^{2+}：

$$2NH_2OH+2Fe^{3+} \xlongequal{} 2Fe^{2+}+2H^{+}+N_2+2H_2O$$

测定时，控制溶液酸度在 pH＝2～9 较适宜，酸度过高，反应速度慢，酸度太低，则 Fe^{2+} 水解，影响显色。

Bi^{3+}、Ca^{2+}、Hg^{2+}、Ag^{+}、Zn^{2+} 与显色剂生成沉淀，Cu^{2+}、Co^{2+}、Ni^{2+} 则形成有色络合物，因此当这些离子共存时应注意它们的干扰作用。

【仪器药品】

仪器：可见分光光度计，50mL 容量瓶 7 个（先编好 1、2、3、4、5、6、7 号），10mL 移液管（有刻度）1 支，5mL 移液管（有刻度）4 支，5mL 量筒 1 个，500mL 烧杯 1 个，洗瓶 1 个，洗耳球 1 个，小滤纸，镜头纸。

药品：

铁盐标准溶液的配制

A 液（母液→0.1g·L^{-1}）：准确称取 1.4060g 分析纯硫酸亚铁铵 [$(NH_4)_2Fe(SO_4)_2\cdot 6H_2O$] 于 200mL 烧杯中，加入 50.0mL 1mol·L^{-1} HCl，完全溶解后，移入 250mL 容量瓶中，加去离子水稀释至刻度，摇匀；B 液（0.01g·L^{-1}）：用 25mL 移液管，准确移取 A 液 25.00mL，置于 250mL 的容量瓶中，加去离子水稀释至刻度，摇匀，备用。

乙酸-乙酸钠（HAc-NaAc）缓冲溶液（pH＝4.6）：称取 135g 分析纯乙酸钠，加入 120mL 冰乙酸，加水溶解后，稀释至 500mL。

因 $w=1\%$ 的盐酸羟胺水溶液不稳定，需临用时配制。

$w=0.1\%$ 的邻菲罗啉水溶液：先用少许乙醇溶解后，用水稀释，新近配制。

【实验内容】

1. 吸收曲线的绘制和测量波长的选择

用吸管吸取铁盐标准溶液（B 液）5.00mL 于 50mL 容量瓶中，依次加入 5.0mL HAc-NaAc 缓冲液、2.5mL 盐酸羟胺、5.0mL 邻菲罗啉溶液，用蒸馏水稀释至刻度，摇匀。用 1cm 比色皿以试剂空白为参比，在 450～550nm 范围内，每隔 10nm 测量 1 次吸光值。在峰值附近每间隔 5nm 测量 1 次。以波长为横坐标、吸光度为纵坐标绘制吸收曲线，确定最大吸收波长。

2. 标准曲线绘制

分别移取铁的标准溶液（0.01g·L^{-1}）0.0、1.0、2.0、3.0、4.0、5.0mL 于 6 只 50mL 容量瓶中，依次分别加入 5.0mL HAc-NaAc 缓冲液、2.5mL 盐酸羟胺、5.0mL 邻菲罗啉溶液，用蒸馏水稀释至刻度，摇匀，放置 10min。

按仪器说明书要求，将分光光度计各部分线路接好，光源接 10V 电压。

按仪器使用说明“操作步骤”的要求，在其最大吸收波长（510nm）下，用1cm的比色皿测得各标准溶液的吸光度，以不含铁的试剂溶液作参比溶液。

3. 试样中铁的含量测定

吸取试液10.0mL于50mL容量瓶中，加入5.0mL HAc-NaAc缓冲液、2.5mL盐酸羟胺、5.0mL邻菲罗啉溶液，用蒸馏水稀释至刻度，摇匀，放置10min，仍以不含铁的试剂溶液作参比溶液，于分光光度计上测定吸光度。

实验完毕后，用去离子水将比色皿洗干净，用滤纸、镜头纸吸干水分，放回原处。

4. 记录

分光光度法测铁数据记录见表4-5。

表4-5　邻菲罗啉分光光度法测定铁数据记录

分光光度计型号＿＿＿＿＿　波长＿＿＿＿＿

	标准溶液(0.01g·L^{-1})						未知液
容量瓶编号	1	2	3	4	5	6	7
吸取的体积/mL	0	1.0	2.0	3.0	4.0	5.0	6.0
吸光度							
总含铁量/mg							

【数据处理及结果计算】

1. 绘制标准曲线
2. 从标准曲线查出未知液的铁的含量
3. 计算试样中铁的含量

【思考题】

1. 显色前加入盐酸羟胺的目的是什么？如测定一般铁盐的总铁量，是否需要加入盐酸羟胺？

2. 本实验中哪些试剂加入量的体积要比较准确？哪些试剂则可以不必？为什么？

3. 根据实验数据，如何计算在最合适波长下邻菲罗啉铁络合物的摩尔吸收系数？

实验十八　火焰原子吸收光谱法测定自来水中钙、镁（3学时）

【实验目的】

1. 掌握测定灵敏度和检出限的方法，了解影响灵敏度和检出限的因素。
2. 学习用原子吸收光谱法测定水中钙、镁的方法。

【实验原理】

在原子吸收光谱法中，灵敏度和检出限是常用的重要概念，也是原子吸收分光光度计的重要技术指标。

根据国际纯粹和应用化学联合会（IUPAC）的规定，灵敏度定义为校正曲线$A=f(c)$的斜率，$S=dA/dc$，表示当被测元素浓度或含量改变一个单位时吸光度的变化量。S越大，表示灵敏度越高。

灵敏度用于检验仪器的固有性能和估计最适宜的测量范围及取样量。测试灵敏度的通常方法是选择最佳测量条件和一组浓度合适的标准溶液，测量其吸收值，做一条标准溶液，测量其吸收值，做一条标准溶液浓度-吸光度校正曲线，求其斜率，计算其灵敏度值。

检出限定义为能产生吸收信号为三倍噪声水平所对应被检出元素的最小浓度或最小量，量纲是 $\mu g \cdot mL^{-1}$ 或 g。噪声水平是用空白溶液进行不少于 10 次的吸收值测量，计算其标准偏差求得。

检出限说明仪器的稳定性和灵敏度，它反映了在测量中总噪声水平的大小，是一台仪器的综合性技术指标。测试检出限时，试验溶液的浓度应当很低，通常取约 5 倍于检出限浓度的溶液与空白溶液进行 10 次以上连续交替测量。以空白溶液测量数值的标准偏差 σ 的三倍所对应的浓度为检出限。由于检出限测试着重于减小噪声水平，因此最佳测量条件的考虑，往往不完全与灵敏度的测量条件相同。

【仪器药品】

仪器：WFX-1F2B 型或 WFX-110 型原子吸收分光光度计。

药品：1.0mg·mL^{-1}镁标准贮备液、1.0mg·mL^{-1}钙标准贮备液、50$\mu g \cdot mL^{-1}$镁标准工作液、50$\mu g \cdot mL^{-1}$钙标准工作液。

【实验内容】

1. 镁标准系列的配制

分别准确移取 0、0.20、0.40、0.60、0.80、1.00（mL）的 50$\mu g \cdot mL^{-1}$镁标准工作液于一系列 50mL 容量瓶中，用蒸馏水稀释至刻度，摇匀，备用。

2. 钙标准系列的配制

分别准确移取 0、1.00、2.00、3.00、4.00、5.00（mL）的 50$\mu g \cdot mL^{-1}$钙标准工作液于一系列 50mL 容量瓶中，用蒸馏水稀释至刻度，摇匀，备用。

3. 检出限实验试验溶液的配制

（1）0.01$\mu g \cdot mL^{-1}$镁标准溶液配制　采用逐级稀释，用 50$\mu g \cdot mL^{-1}$的镁标准工作液配制 100mL 的 0.01$\mu g \cdot mL^{-1}$的试验溶液，备用。

（2）0.05$\mu g \cdot mL^{-1}$钙标准溶液配制　配制方法同镁试验溶液。

4. 仪器参数设置见表 4-6。

表 4-6　火焰原子吸收光谱法测钙、镁仪器参数

	波长/nm	灯电流/mA	狭缝宽度/mm	空气流量/$L \cdot h^{-1}$	乙炔流量/$L \cdot h^{-1}$	燃烧器高度/mm
镁	285.2	2	0.2	450	70	7
钙	422.7	2	0.2	450	100	7

5. 灵敏度的测定

按仪器操作步骤分别对镁标准系列和钙标准系列进行测定，记录吸光度。

6. 检出限的测定

分别对镁、钙的试验溶液和空白溶液连续进行 10 次以上交替测量，记录吸光度。

7. 自来水中镁、钙的测定

分别测定自来水中镁、钙的吸光度值，记录。

【数据处理】

1. 灵敏度

由镁、钙各自的标准系列浓度和吸光度值绘制标准校正曲线，求斜率，计算灵敏度值。

如果校正曲线为一直线，可在直线区域内取某一浓度所对应的吸光度按以下简便公式计算特征浓度，以此表示分析方法的灵敏程度。

$$S=\frac{c\times 0.0044}{A}(\mu g\cdot mL^{-1}\cdot 1\%^{-1})$$

2. 检出限

检出限计算公式：

$$c_L=\frac{c\times 3\sigma}{A}，其中\ \sigma=\sqrt{\frac{\sum(\overline{A}-A_i)^2}{n-1}}$$

式中，c_L 为元素的检出限，$\mu g\cdot mL^{-1}$；c 为试验溶液浓度；σ 为空白吸光度标准偏差；$\overline{A}$ 为试验溶液的平均吸光度；A_i 为单次测量的吸光度；n 为测定次数。

用以上公式分别计算镁、钙的检出限。

【思考题】

1. 灵敏度和检出限有何意义？
2. 影响灵敏度和检出限的主要因素有哪些？
3. 测定钙、镁过程中为消除可能干扰可加入哪些试剂？

实验十九 高锰酸钾法测定石灰石中钙的含量（4学时）

【实验目的】

1. 掌握氧化还原法间接测定目标物质的基本原理。
2. 了解氧化还原反应条件对滴定的影响。
3. 掌握高锰酸钾溶液的配制方法，巩固滴定操作。

【实验原理】

石灰石的主要成分为碳酸钙和碳酸镁，此外还含有铁、硅、铬等杂质。

试样经盐酸溶解后，加入过量草酸铵，用浓度较低的氨水中和至甲基橙呈黄色，此时，Ca^{2+} 与 $C_2O_4^{2-}$ 生成微溶性 CaC_2O_4 沉淀，而其他杂质离子则大多转入溶液中。沉淀经过滤、洗涤后，溶于热的稀硫酸中，用 $KMnO_4$ 标准溶液滴定溶液中的 $C_2O_4^{2-}$，根据 $KMnO_4$ 标准溶液的浓度和消耗体积，即可计算石灰石中的钙含量。

【仪器药品】

仪器：滴定管、烧杯、表面皿、砂芯漏斗等。

药品：

$KMnO_4$ 标准溶液：称取 1.6g $KMnO_4$，溶于 500mL 蒸馏水中，加盖表面皿后，加热沸腾 1 小时，静置 7～10 天后，用玻璃砂芯漏斗抽滤，滤液贮藏于棕色玻璃瓶中待标定。

$Na_2C_2O_4$ 基准试剂于 105～110℃烘干至恒重后，备用。1∶1 HCl 溶液、1∶2 H_2SO_4 溶液、1∶1 氨水、0.1%和 4% $(NH_4)_2C_2O_4$ 溶液及甲基橙指示剂。

【实验内容】

1. $KMnO_4$ 标准溶液的标定

准确称取 0.15～0.2g $Na_2C_2O_4$ 基准试剂三份，分别置于 250mL 锥形瓶中，加入 150mL 蒸馏水溶解，加热近沸，再加入 10mL 1∶2 H_2SO_4 溶液，然后立即用 $KMnO_4$ 标准溶液趁热滴定。最初，$KMnO_4$ 标准溶液滴入后瓶内溶液褪色很慢，所以此阶段中 $KMnO_4$ 标准溶液的滴加应缓慢进行，待前一滴溶液颜色褪尽后再滴加下一滴。当接近终点时，反应也较慢，此时锥形瓶内溶液温度须不低于 60℃，还需小心逐滴加入，直至溶液出现粉红色，且半分钟不褪色即为终点。记录消耗的 $KMnO_4$ 标准溶液体积，并计算其浓度。

2. 石灰石中钙含量的测定

石灰石粉末样品于 105～110℃烘干 1 小时后，备用。准确称取 0.2～0.25g 样品，分别置于 500mL 烧杯中，加少量蒸馏水润湿样品，加盖表面皿，然后于烧杯嘴处小心滴加 15mL 1∶1 HCl 溶液，加热溶解，煮沸除去 CO_2。然后，用蒸馏水吹洗表面皿及烧杯壁，加入 150mL 水和 30mL 4%（$(NH_4)_2C_2O_4$）溶液。将溶液加热至沸，加入 2 滴甲基橙指示剂，在不断搅拌下逐滴加入 1∶1 氨水至溶液由红色变为黄色（pH>4）。放置半小时，用致密滤纸以倾析法过滤，用 0.1%（$(NH_4)_2C_2O_4$）溶液洗涤烧杯及沉淀 5～6 次，最后用蒸馏水洗涤烧杯和沉淀各 3 次。将滤纸摊开贴于烧杯壁上，用沸水 150mL 将沉淀洗入烧杯，并倒入 10mL 1∶2 H_2SO_4 溶液。此时，溶液温度应保持在 70～85℃之间。用 $KMnO_4$ 标准溶液滴定至稳定的粉红色，再用玻璃棒将滤纸移入溶液，继续用 $KMnO_4$ 标准溶液滴定至微红色，且半分钟不褪色即为终点。记录 $KMnO_4$ 标准溶液的消耗体积，计算石灰石中 CaO 的质量百分数（表 4-7）。

表 4-7　实验数据记录

记录项目	序号		
	1	2	3
石灰石样品质量/g			
$KMnO_4$ 标准溶液初读数/mL			
$KMnO_4$ 标准溶液终读数/mL			
$KMnO_4$ 标准溶液总体积/mL			
CaO 的质量百分数/%			
CaO 的质量百分数平均值/%			

【思考题】

1. 洗涤沉淀时，为什么选用 0.1%（$(NH_4)_2C_2O_4$）溶液，而不是水？
2. 为什么滴定时要控制溶液的温度保持在 60～90℃之间？
3. 滴定过程中，为什么 $KMnO_4$ 标准溶液的滴加要先慢后快？

实验二十　红外光谱测定有机样品（3 学时）

【实验目的】

1. 学习有机化合物红外光谱测定的制样方法。
2. 学习红外光谱仪的操作技术。

【实验原理】

由于分子吸收了红外线的能量，导致分子内振动能级的跃迁，从而产生相应的吸收信号，即为红外光谱（Infrared Spectroscopy，IR）。通过红外光谱可以判定各种有机化合物的官能团；如果结合对照标准红外光谱还可用以鉴定有机化合物的结构。

红外光谱的试样可以是液体、固体或气体，红外光谱法对试样的要求如下。

① 试样应该是单一组分的纯物质，纯度＞98％或符合商业规格，才便于与纯物质的标准光谱进行对照。

② 试样中不应含有游离水。水本身有红外吸收，会严重干扰样品谱，而且会侵蚀吸收池的盐窗。

③ 试样的浓度和测试厚度应选择适当，以使光谱图中的大多数吸收峰的透射比处于10％～80％范围内。

对具体样品，制样方法如下。

（1）气体样品

气态样品可在玻璃气槽内（图 4-4）进行测定，它的两端粘有红外透光的 NaCl 或 KBr 窗片。先将气槽抽真空，再将试样注入。

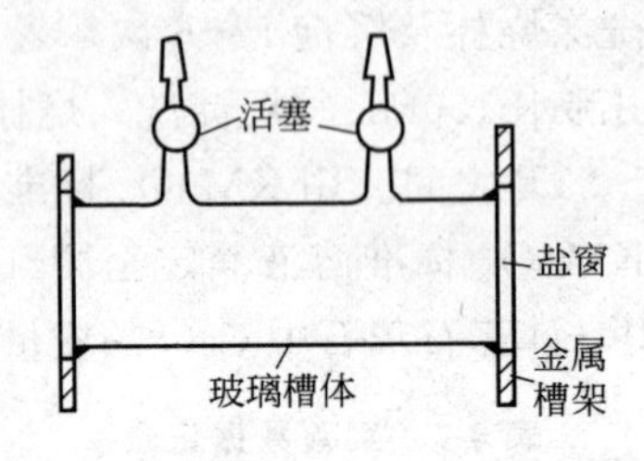

图 4-4　气体样品池

（2）液体和溶液试样

① 液体池法　沸点较低，挥发性较大的试样，可注入封闭液体池（图 4-5）中，液层厚度一般为 0.01～1mm。

② 液膜法　沸点较高的试样，直接滴在两片盐片之间，形成液膜。

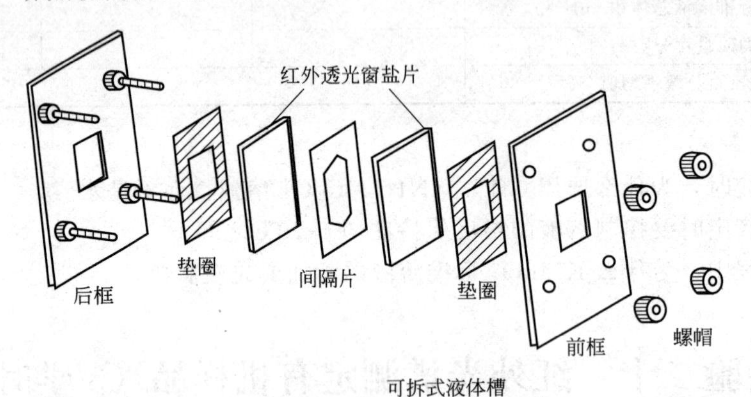

图 4-5　液体样品池

（3）固体试样

① 压片法　将 1～2mg 试样与 200mg 纯 KBr 研细均匀，置于模具中，用 15～25MPa 的压力在油压机上压成透明薄片，即可用于测定。试样和 KBr 都应经干燥处理，研磨到粒度小于 2 微米，以免散射光影响。

② 石蜡糊法　将干燥处理后的试样研细，与液体石蜡或全氟代烃混合，调成糊状，夹在盐片中测定。

③ 薄膜法　主要用于高分子化合物的测定，可将它们直接加热熔融后涂制或压制成膜，也可将试样溶解在低沸点的易挥发溶剂中，涂在盐片上，待溶剂挥发后成膜测定。

【仪器药品】

仪器：红外光谱仪，压片机，模具，玛瑙研钵，不锈钢铲，红外灯。

药品：苯甲酸，光谱纯 KBr 粉末，甲醇，丙酮。

【实验步骤】

取 1～3mg 固体苯甲酸与光谱纯 KBr 粉末混合研磨成粒度小于 2μm 的细粉，用不锈钢铲取约 70～90mg 磨细的混合物装在模具中，放于压片机上，加压至 15MPa，5min 后取出。将透明的薄片装在固体样品架上按计算机提示进行测定。

【注意事项】

1. 待测样品及盐片均需充分干燥处理。

2. 为了防潮，宜在红外干燥灯下操作。

3. 测试完毕，应及时用丙酮擦洗盐片。干燥后，置入干燥器中备用。

【附】　苯甲酸红外谱图

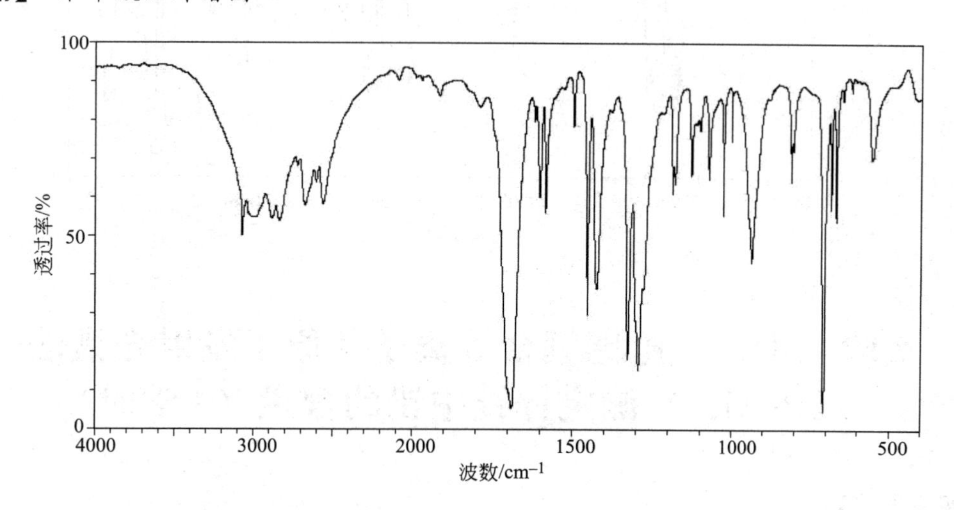

实验二十一　薄膜法有机物红外光谱的测定（3 学时）

【实验目的】

1. 掌握有机物薄膜的制备方法，并能熟练用于有机物的红外光谱测定。

2. 学会将实验测定的红外光谱与标准光谱进行比对和分析，并得到合理的结论。

【实验原理】

参见实验二十。高分子化合物的红外光谱检测多适用薄膜法。

【仪器试剂】

仪器：红外光谱仪、红外灯、薄膜夹、载玻片、玻璃棒、胶带等。

药品：CCl_4（A. R.）、聚苯乙烯、氯仿（A. R.）、丙酮。

【实验步骤】

1. 将胶带粘贴于干净载玻片边缘，在中间留出将要涂膜的区域。

2. 滴加适量质量浓度约为 10％的聚苯乙烯四氯化碳溶液到留白区域，立即用玻璃棒将溶液推平，使其自然干燥 1～2 小时，再把载玻片浸于水中，小心地揭下薄膜，并用滤纸除去薄膜上的水，将薄膜放在红外灯下烘干。

3. 将薄膜放在薄膜夹中，用红外光谱仪测定其谱图。

4. 将实验谱图与已知标准谱图进行比较，找出各特征峰是否与标准谱图一致。重复测定三次，评价实验结果的重复性。

【思考题】

1. 聚苯乙烯谱图中的苯环特征吸收峰与苯的吸收峰有何区别和联系？

2. 聚苯乙烯中的乙烯基对苯环特征吸收峰有何影响？

【附】 聚苯乙烯红外谱图

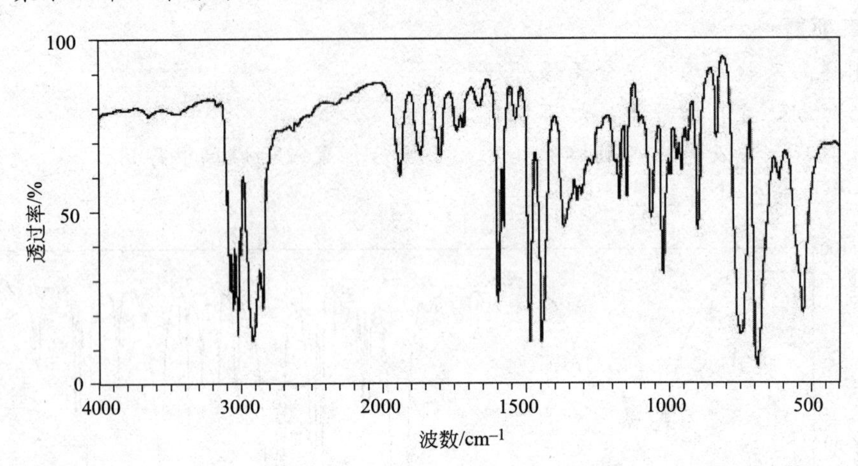

实验二十二　电感耦合等离子体原子发射光谱法（ICP-AES）测定锌锭中铅的含量（3学时）

【实验目的】

1. 了解多通道电感耦合等离子体光谱仪的结构、工作原理及其特点。

2. 掌握 ICP-AES 法同时测定多元素的操作方法。

3. 了解 ICP-AES 法同时测定多元素的样品制备、数据处理过程。

【实验原理】

ICP 发射光谱分析是将试样在等离子体中激发，使待测元素发射出特有波长的光，经分光后测量其强度而进行的定量分析方法。ICP 具有高温、环状结构、惰性气氛、自吸现象小等特点，因而具有基体效应小、检出限低、线性范围宽等优点，是分析液体试样的最佳光源。目前，此光源可用于分析化学元素周期表中绝大多数元素（约 70 多种），检出限可达 $10^{-3}\sim10^{-4}ng\cdot g^{-1}$级，精密度在 1%左右，并可对百分之几十的高含量元素进行测定。

锌锭中铅杂质的含量是一项重要指标，锌基体对杂质元素无明显干扰，采用背景扣除基体法可以基本消除，对铅直接进行测定。各杂质元素含量相当低，元素之间的干扰也可忽略不计。

【仪器药品】

仪器：美国珀金埃尔默公司 optima 8000DV 型 ICP-AES 仪。

药品：

锌标准溶液（$10mg\cdot mL^{-1}$）：准确称取 0.5000g 高纯金属锌（Zn 含量≥99.99%），加入 20mL 1∶1 硝酸，使其溶解，待溶完后加热煮沸几分钟，冷却后移入 50mL 容量瓶中，用水稀释至刻度，摇匀。

铅标准贮备液（1000$\mu g \cdot mL^{-1}$）：准确称取 0.1000g 光谱纯金属铅于 100mL 烧杯中，加入 20mL 1∶1 硝酸，加热溶解，移入 100mL 容量瓶中，用水稀释至刻度，摇匀。

铅标准工作液（50$\mu g \cdot mL^{-1}$）：移取 5.00mL 铅标准贮备液于 100mL 容量瓶中，用水稀释至刻度，摇匀。

硝酸（优级纯），二次蒸馏水。

【实验步骤】

1. 仪器条件

（1）ICP 高频发生器：频率 40.68MHz，入射功率为 1.1kW，反射功率 5kW。

（2）炬管：三层同轴石英玻璃管。

（3）雾化器：同轴玻璃雾化器。

（4）感应线圈：3 匝。

（5）等离子体焰炬观察高度：10mm；径向距离：4.5mm。

（6）氩气流量：载气 0.40$L \cdot min^{-1}$，等离子气 0.50$L \cdot min^{-1}$，冷却气 10.0$L \cdot min^{-1}$。

（7）积分时间：5s；积分次数：3 次。

（8）分析线波长：Pb 220.35nm。

2. 配制标准溶液系列

分别取 1.0、2.0、5.0、10.0、25.0（mL）铅标准工作液于 5 只 50mL 容量瓶中，然后用水稀释至刻度，摇匀，即得标准溶液系列，其浓度为 1.0、2.0、5.0、10.0、25.0（$\mu g \cdot mL^{-1}$）。

3. 样品预处理

准确称取 0.5000g 样品于 150mL 烧杯中，加水约 10mL，再加入 10mL 硝酸，待剧烈反应完成后稍加热，使样品溶解完全，冷却，转入 50mL 容量瓶定容，待测。

4. 工作曲线的绘制

根据实验条件，按照仪器的使用方法，测量标准溶液系列中铅的光强度。

5. 在相同的条件下测定高纯锌和锌锭样品中铅的光强度

【数据处理】

1. 利用仪器软件，将铅的光强度对浓度进行线性回归，绘制标准曲线。

2. 打印高纯锌和样品中铅的结果，以高纯锌作为背景扣除计算锌锭样品中的铅的含量。

3. 报告测定结果。

【思考题】

1. 为什么 ICP 光源能够提高光谱分析的灵敏度和准确度，除 ICP 光源外还有哪些光源，与 ICP 相比各具有什么特点？

2. 为什么计算样品中铅的含量时要以高纯锌作为背景扣除？

实验二十三　水中钙、镁含量的测定

（自来水硬度的测定）（4 学时）

【实验目的】

1. 掌握配位滴定的基本原理、方法和计算。

2. 掌握铬黑 T、钙指示剂的使用条件和终点变化。

【实验原理】

用 EDTA 测定 Ca^{2+}、Mg^{2+} 时，通常在两个等份溶液中分别测定 Ca^{2+} 量以及 Ca^{2+} 和 Mg^{2+} 的总量，Mg^{2+} 量则从两者所用 EDTA 量的差求出。

在测定 Ca^{2+} 时，先用 NaOH 调节溶液到 pH＝12～13，使 Mg^{2+} 生成难溶的 $Mg(OH)_2$ 沉淀。加入钙指示剂与 Ca^{2+} 配位成红色。滴定时，EDTA 先与游离 Ca^{2+} 配位，然后夺取已和指示剂配位的 Ca^{2+}，使溶液的红色变成蓝色为终点。从 EDTA 标准溶液用量计算 Ca^{2+} 的含量。

测定 Ca^{2+}、Mg^{2+} 总量时，在 pH＝10 的缓冲溶液中，以铬黑 T 为指示剂，用 EDTA 滴定。因稳定性 $CaY^{2-}>MgY^{2-}>MgIn>CaIn$，铬黑 T 先与部分 Mg^{2+} 配位为 MgIn（酒红色）。而当 EDTA 滴入时，EDTA 首先与 Ca^{2+} 和 Mg^{2+} 配位，然后再夺取 MgIn 中的 Mg^{2+}，使铬黑 T 游离，因此达到终点时，溶液由酒红色变为蓝色。从 EDTA 标准溶液用量计算 Ca^{2+}、Mg^{2+} 总量，然后换算为相应的硬度单位。

各国对水的硬度的表示方法各有不同。其中德国硬度是较早的一种，也是被我国采用较普遍的硬度之一，它以度数计，1°相当于 1L 水中含 10mg CaO 所引起的硬度。现在我国《生活饮用水卫生标准》GB 5749—2006 规定城乡生活饮用水总硬度（以碳酸钙计）不得超过 $450mg\cdot L^{-1}$。

【仪器药品】

$NH_3\cdot H_2O$-NH_4Cl 缓冲溶液（pH＝10）、铬黑 T 指示剂、钙指示剂、$6mol\cdot L^{-1}$ NaOH。

【实验内容】

1. Ca^{2+} 的测定

用移液管准确吸取水样 50mL 于 250mL 的锥形瓶中，加入 50mL 蒸馏水，2mL $6mol\cdot L^{-1}$ NaOH(pH＝12～13)、4～5 滴钙指示剂。用 EDTA 溶液滴定，不断摇动锥形瓶，当溶液变为纯蓝色时，即为终点。记下所用体积 V_1。用同样方法平行测定三份。

2. Ca^{2+} 和 Mg^{2+} 总量的测定

准确吸取水样 50mL 于 250mL 的锥形瓶中，加入 50mL 蒸馏水，5mL $NH_3\cdot H_2O$-NH_4Cl 缓冲溶液、3 滴铬黑 T 指示剂。用 EDTA 溶液滴定，当溶液由酒红色变为纯蓝色时，即为终点。记下所用体积 V_2。用同样的方法平等测定三份。

按下式分别计算 Ca^{2+}、Mg^{2+} 总量（以 $CaCO_3$ 含量表示，单位 $mg\cdot L^{-1}$）及 Ca^{2+} 和 Mg^{2+} 的分量（单位 $mg\cdot L^{-1}$）。

$$CaCO_3\ 含量=\frac{c\overline{V}_2 M(CaCO_3)}{50}\times 1000$$

$$Ca^{2+}\ 含量=\frac{c\overline{V}_1 M(Ca)}{50}\times 1000$$

$$Mg^{2+}\ 含量=\frac{c(\overline{V}_2-\overline{V}_1)M(Mg)}{50}\times 1000$$

式中，c 为 EDTA 的浓度，$mol\cdot L^{-1}$；$\overline{V}_1$ 为三次滴定 Ca^{2+} 量所消耗 EDTA 的平均体积，mL；$\overline{V}_2$ 为三次滴定 Ca^{2+}、Mg^{2+} 总量所消耗 EDTA 的平均体积，mL。

【思考题】

1. 如果只有铬黑 T 指示剂，能否测定 Ca^{2+} 的含量？如何测定？

2. Ca^{2+}、Mg^{2+} 与 EDTA 的配合物，哪个稳定？为什么滴定 Mg^{2+} 时要控制 pH=10，而 Ca^{2+} 则需控制 pH=12～13？

实验二十四　维生素 C 含量的测定（直接碘量法）（4 学时）

【实验目的】

1. 掌握碘标准溶液的配制注意事项。

2. 通过维生素 C 的测定了解直接碘量法的过程。

【实验原理】

维生素 C 又名抗坏血酸，分子式 $C_6H_4O_6$。由于分子中的烯二醇基具有还原性，能被 I_2 定量地氧化成二酮基，其反应式为：

$$\begin{array}{c} \text{(环中 O 连接第一个 C 与第四个 C)} \\ \underset{\|}{\overset{}{C}}\!\!-\!\!\underset{|}{C}\!\!=\!\!\underset{|}{C}\!\!-\!\!\underset{|}{C}\!\!-\!\!\overset{H}{\underset{|}{\overset{|}{C}}}\!\!-\!CH_2OH + I_2 = \underset{\|}{C}\!\!-\!\!\underset{\|}{C}\!\!-\!\!\underset{\|}{C}\!\!-\!\!\underset{|}{C}\!\!-\!\!\overset{H}{\underset{|}{\overset{|}{C}}}\!\!-\!CH_2OH + 2HI \\ \text{O}\quad \text{OH}\ \text{OH}\ \text{H}\quad \text{OH} \qquad\qquad\qquad\quad \text{O}\quad \text{O}\quad \text{O}\quad \text{H}\quad \text{OH} \end{array}$$

碱性条件下可使反应向右进行完全，但因维生素 C 还原性很强，在碱性溶液中尤其易被空气氧化，在酸性介质中较为稳定，故反应应在稀酸（如稀乙酸、稀硫酸或偏磷酸）溶液中进行，并在样品溶于稀酸后，立即用碘标准溶液进行滴定，以减少副反应的发生。

【仪器药品】

维生素 C(s)，1∶1 HAc，$0.05mol \cdot L^{-1}$ I_2 标准溶液，$0.1mol \cdot L^{-1}$ $Na_2S_2O_3$ 标准溶液，淀粉指示剂（w 约为 0.005）。

【实验步骤】

准确称取试样 0.2g 置于 250mL 锥形瓶中，加入新煮沸过的冷蒸馏水 100mL 和 10mL 1∶1 HAc，完全溶解后，再加入 3mL 淀粉指示剂，立即用 I_2 标准溶液滴定至溶液显稳定的蓝色。重复滴定一次并计算维生素 C 的含量。

【思考题】

1. 测定维生素 C 的溶液中为什么要加入 HAc?

2. 溶解维生素 C 时为什么要用新煮沸过并放冷的蒸馏水?

实验二十五　电位滴定法测定氯、碘离子浓度及 AgI 和 AgCl 的 K_{sp}（4 学时）

【实验目的】

1. 掌握电位滴定法测量离子浓度的一般原理。

2. 学会用电位滴定法测定难溶盐的溶度积常数。

【实验原理】

当银丝电极插入含有 Ag^+ 的溶液时，其电极反应的能斯特响应可表示为：

$$E=E^{\ominus}(\mathrm{Ag}^{+},\mathrm{Ag})+\frac{RT}{nF}\ln a(\mathrm{Ag}^{+})$$

如果与一参比电极组成电池可表示为：

$$E(\text{电池})=E^{\ominus}(\mathrm{Ag}^{+},\mathrm{Ag})+\frac{RT}{nF}\ln a(\mathrm{Ag}^{+})-E(\text{参比})+E_j$$

进一步简化为：

$$E(\text{电池})=K+\frac{RT}{nF}\ln a(\mathrm{Ag}^{+})=k'+S\lg[\mathrm{Ag}^{+}]$$

式中包括 $E^{\ominus}(\mathrm{Ag}^{+}, \mathrm{Ag})$，$E$（参比），$E_j$ 和 $a(\mathrm{Ag}^{+})$ 常数项。银电极不仅可指示溶液中 Ag^{+} 的浓度变化，而且也能指示与 Ag^{+} 反应的阴离子的浓度变化。例如，卤素离子。

本实验利用卤素阴离子（I^{-}、Cl^{-}）与银离子生成沉淀的溶度积 K_{sp} 非常小，在化学计量点附近发生电位突跃，从而通过测量电池电动势的变化来确定滴定终点。在终点时：

$$[\mathrm{Ag}^{+}]=[\mathrm{X}^{-}]=\sqrt{K_{sp}}$$

其中 X^{-} 为 Cl^{-}、I^{-}，代入终点时的滴定电池方程：

$$E_{EP}=k'+S\lg\sqrt{K_{sp}}$$

用该式即可计算出被滴定物质难溶盐的 K_{sp}。而式中 k' 和 S 值可利用第二终点之后过量 $[\mathrm{Ag}^{+}]$ 与 E(电池) 的关系作图求得，由直线的截距确定 k'，由斜率确定 S。

通常的电位滴定使用甘汞或 AgCl/Ag 参比电极，由于它们的盐桥中含有氯离子会渗漏于溶液中，不适合在这个实验中使用，故可选用甘汞双液接硝酸盐盐桥或硫酸亚汞电极。

【仪器药品】

仪器：pH/mV 计、电磁搅拌器、银电极、双液接饱和甘汞电极

药品：

硝酸银标准溶液（$0.100\mathrm{mol \cdot L^{-1}}$）：溶解 8.5g $AgNO_3$ 于 500mL 去离子水中，将溶液转入棕色试剂瓶中置暗处保存；准确称取 1.461g 基准 NaCl，置于小烧杯中，用去离子水溶解后转入 250mL 容量瓶中，加水稀释至刻度，摇匀；准确移取 25.00mL NaCl 标准溶液于锥形瓶中，加 25mL 水，加 1mL 15% K_2CrO_4，在不断摇动下，用 $AgNO_3$ 溶液滴定至呈现砖红色即为终点；根据 NaCl 标准溶液浓度和滴定中所消耗的 $AgNO_3$ 体积（mL），计算 $AgNO_3$ 的浓度

$Ba(NO_3)_2$（固体）、硝酸（$6\mathrm{mol \cdot L^{-1}}$）、试样溶液（其中含 Cl^{-} 和 I^{-} 分别都为 $0.05\mathrm{mol \cdot L^{-1}}$ 左右）

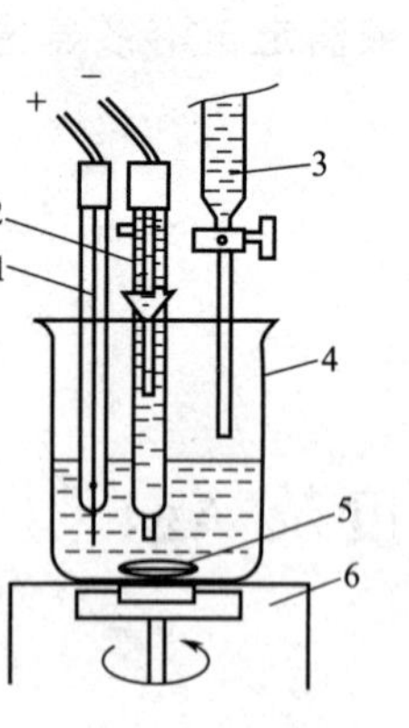

图 4-6 电位滴定装置
1—银电极；2—双盐桥饱和甘汞电极；3—滴定管；4—滴定池（100mL 烧杯）；5—搅拌子；6—磁力搅拌器

【实验内容】

1. 按图 4-6 所示安装仪器。

2. 用移液管取 20.00mL 的 Cl^{-}、I^{-} 混合试样溶液于 100mL 烧杯中，再加约 30mL 水，加几滴 $6\mathrm{mol \cdot L^{-1}}$ 硝酸和约 0.5g $Ba(NO_3)_2$ 固体。将此烧杯放在磁力搅拌器上，放入搅拌磁子，然后将清洗后的银电极和参比电极插入溶液。滴定管应装在烧杯上方适当位置，便于滴定操作。

3. 开动搅拌器，溶液应稳定而缓慢地转动。开始每次加入滴定剂 1.0mL，待电位稳定后，读取其值和相应滴定剂体积记录在表格里。随着电位差的增大，减少每次加入滴定剂的量。当电位差值变化

迅速，即接近滴定终点时，每次加入 0.1mL 滴定剂。第一终点过后，电位读数变化变缓，就增大每次加入的滴定剂量，接近第二终点时，按前述操作进行。

4. 重复测定两次。每次的电极、烧杯及搅拌磁子都要清洗干净。

【数据处理】

1. 按表 4-8 格式记录和处理数据：

表 4-8　电位滴定法测定数据记录与处理

滴入 $AgNO_3$ V/mL	电位 E/mV	ΔE /mV	ΔV /mL	$\Delta E/\Delta V$ /(mV/mL)	平均体积 $\overline{V}$/mL	$\Delta\left(\frac{\Delta E}{\Delta V}\right)$	$\overline{\Delta V^2}$

2. 作 E-V，$\frac{\Delta E}{\Delta V}$-$V$，$\frac{\Delta^2 E}{\Delta V^2}$-$V$ 滴定曲线。

3. 求算试样溶液中 Cl^- 和 I^- 的质量浓度（$mg \cdot L^{-1}$）。

4. 从实验数据计算 AgI 和 AgCl 的 K_{sp}。

【思考题】

1. 在滴定试液中加入 $Ba(NO_3)_2$ 的目的是什么？

2. 如果试液中 Cl^- 和 I^- 的浓度相同，当 AgCl 开始沉淀时，AgI 还有百分之几没有沉淀？

3. 如果有 $1.0mol \cdot L^{-1}$ 氨与 Cl^- 和 I^- 共存在滴定试液中，将会对上述滴定产生什么样的影响？

实验二十六　离子选择电极法测定天然水中的 F^-（4 学时）

【实验目的】

1. 掌握电位法的基本原理。

2. 学会使用离子选择电极的测量方法和数据处理方法。

【实验原理】

氟离子选择电极是以氟化镧单晶片为敏感膜的电位法指示电极，对溶液中的氟离子具有良好的选择性。氟电极与饱和甘汞电极组成的电池可表示为：

$$\mathrm{Ag,AgCl}\begin{pmatrix}10^{-3}\,\mathrm{mol\cdot L^{-1}\ NaF}\\10^{-1}\,\mathrm{mol\cdot L^{-1}\ NaCl}\end{pmatrix}\Big|\mathrm{LaF_3}\,|\,\mathrm{F^-}\text{试液}\,\|\,\mathrm{KCl}(\text{饱和}),\mathrm{Hg_2Cl_2}\,|\,\mathrm{Hg}$$

$$E(\text{电池})=E(\mathrm{SCE})-E(\mathrm{F})=E(\mathrm{SCE})-k+\frac{RT}{F}\ln a(\mathrm{F},\text{外})$$

$$=K+\frac{RT}{F}\ln a(\mathrm{F},\text{外})=K+0.059\lg a(\mathrm{F},\text{外})$$

式中，0.059 为 25℃时电极的理论响应斜率；其他符号具有通常意义。

用离子选择电极测量的是溶液中离子活度，而通常定量分析需要测量的是离子的浓度，不是活度。所以必须控制试液的离子强度。如果测量试液的离子强度维持一定，则上述方程可表示为：

$$E(\text{电池})=K+0.059\lg c_{F}$$

用氟离子选择电极测量 F^- 最适宜 pH 范围为 5.5～6.5。pH 过低，易形成 HF_2^- 影响 F^- 的活度；pH 过高，易引起单晶膜中 La^{3+} 水解，形成 $La(OH)_3$，影响电极的响应。故通常用 pH＝6 的枸橼酸盐缓冲溶液来控制溶液的 pH。枸橼酸盐还可消除 Al^{3+}、Fe^{3+}（生成稳定的配合物）的干扰。

使用总离子强度缓冲调节剂（TISAB），既能控制溶液的离子强度，又能控制溶液的 pH，还可消除 Al^{3+}、Fe^{3+} 对测定的干扰。TISAB 的组成要视被测溶液的成分及被测离子的浓度而定。

【仪器药品】

仪器：离子计或 pH/mV 计、电磁搅拌器、氟离子选择电极、饱和甘汞电极。

药品

NaF 标准贮备液（$1.000\text{mg}\cdot\text{mL}^{-1}$）：准确称取在 120℃下烘干的 NaF 2.2100g 于塑料杯中，用去离子水溶解，转入 1000mL 容量瓶中，定容，摇匀，转入塑料瓶中贮存。

NaF 标准工作液（$100\mu\text{g}\cdot\text{mL}^{-1}$）：准确移取 NaF 标准贮备液 10.00mL 于 100mL 容量瓶中，用去离子水定容，摇匀，转入塑料瓶中备用。

NaF 标准工作液（$10\mu\text{g}\cdot\text{mL}^{-1}$）：准确移取 $100\mu\text{g}\cdot\text{mL}^{-1}$ NaF 标准工作液 10.00mL 于 100mL 容量瓶中，用去离子水定容，摇匀，转入塑料瓶中备用。

总离子强度缓冲调节剂（TISAB）：称取 102g KNO_3，83g NaAc，32g 枸橼酸钾（钠），分别溶解后转入 1000mL 容量瓶中，加入 14mL 冰醋酸，用水稀释至 800mL 左右，摇匀，此时溶液 pH 应在 5～5.6 之间。若超出该范围可用冰醋酸和 NaOH 在 pH 计上调节，完成后，定容，摇匀备用，此溶液中 KNO_3、NaAc、HAc、枸橼酸钾的浓度基本稳定，大约分别为 $1\text{mol}\cdot\text{L}^{-1}$、$1\text{mol}\cdot\text{L}^{-1}$、$0.25\text{mol}\cdot\text{L}^{-1}$、$0.1\text{mol}\cdot\text{L}^{-1}$。

【实验内容】

1. 将氟电极和甘汞电极分别与离子计或 pH/mV 计相接，开启仪器开关，预热仪器。

2. 清洗电极

（1）首先把氟电极在 $10^{-3}\text{mol}\cdot\text{L}^{-1}$ 氟标准溶液中浸泡半天以上。

（2）取去离子水 50～60mL 至 100mL 的烧杯中，放入搅拌磁子，插入氟电极和饱和甘汞电极。开启搅拌器 2～3min 后，若读数大于－260mV，则更换去离子水，继续清洗，直至读数小于－260mV。

3. 工作曲线法

（1）标准系列的配制

分别取 2.00、4.00、6.00、8.00、10.00（mL）的 $10\mu\text{g}\cdot\text{mL}^{-1}$ NaF 标准工作液于 5 个 50mL 的容量瓶中，加入 10mL 空白溶液和 10mL TISAB，定容，摇匀。此时浓度系列为 0.4、0.8、1.2、1.6、2.0（$\mu\text{g}\cdot\text{mL}^{-1}$）。

（2）将标准系列溶液分别倒出部分于塑料烧杯中，放入搅拌磁子，插入经洗净的电极，搅拌 1min，停止搅拌后（或一直搅拌，待读数稳定后），读取稳定的电位值。按顺序从低到高浓度依次测量，每测量 1 份试液，无需清洗电极，只需用滤纸沾去电极上的水珠。测量结果列表记录。

（3）水样测定

移取制好的样品滤液 10.00mL 于 50mL 容量瓶中，加入 10mL TISAB，定容，摇匀，测定。

4. 标准加入法

准确移取滤液10.00mL于100mL塑料烧杯中，加入10mLTISAB，加入30mL去离子水，放入搅拌磁子，插入清洗干净的电极，搅拌，读取稳定的电位值E_1。再准确加入$100\mu g \cdot mL^{-1}$ F^-标准工作液1.00mL，同样测量出稳定的电位值E_2，计算出其差值（$\Delta E = E_1 - E_2$）。

【数据处理】

1. 用标准系列溶液数据在半对数坐标纸上绘制E-c_F曲线，或在坐标纸上绘制E-$\lg c_F$曲线。

2. 根据样品测得的电位值，在校正曲线上查其对应浓度，计算水样中氟离子的含量（$mg \cdot g^{-1}$）。

3. 根据标准加入法所得的ΔE和从校正曲线上计算得到的电极响应斜率S代入下述方程：

$$c_x = \frac{c_s V_s}{V_x + V_s}(10^{\Delta E/S} - 1)^{-1}$$

计算滤液中氟离子的含量，进而计算水样中氟的含量。式中c_s和V_s分别为加入标准溶液的浓度和体积，c_x和V_x分别为滤液的氟离子浓度和体积。

【思考题】

1. 氟离子的选择电极在使用时应注意哪些问题？

2. 为什么要清洗电极，使其电位值负于－260mV？

3. TISAB在测量溶液中起哪些作用？

实验二十七　磺基水杨酸合铁(Ⅲ)配离子的组成和稳定常数的测定（4学时）

【实验目的】

1. 了解比色法测定配合物的组成和稳定常数测定的原理和方法。

2. 学习分光光度计的使用及有关实验数据处理方法。

【实验原理】

磺基水杨酸与Fe^{3+}离子可形成稳定的配合物。形成配合物时，其组成因pH不同而不同，当pH＝2～3时，生成紫红色配合物（有1个配位体）；当pH为4～9时，生成红色配合物（有2个配位体）；pH为9～11.5时，生成黄色配合物（有3个配位体）；pH＞12时，有色配合物被破坏而生成$Fe(OH)_3$沉淀。

如上所述，设中心离子和配体分别以M和L表示，且在给定条件下反应，只生成一种有色配离子ML_n（略去电荷符号），反应式如下：

$$M + nL \longrightarrow ML_n$$

若M和L都是无色的，而只有ML_n有色，则此溶液的吸光度A与有色配合物的浓度c成正比。在此前提条件下，本实验用等物质的量连续变更法（也叫浓比递变法），即保持金属离子与配体总物质的量数不变的前提下，改变金属离子和配体的相对量，配制一系列溶液。显然在此系列溶液中，有些溶液中的金属离子是过量的，而另一些溶液中配体是过量的。在这两部分溶液中，配合物的浓度都不可能达到最大值，只有当溶液中金属离子与配体的物质的量之比与配合物的组成一致时，配合物的浓度才能最大，因而吸光度最大，故可根据测定系列溶液的吸光度，求该配合物的组成和稳定常数，测定方法如下。

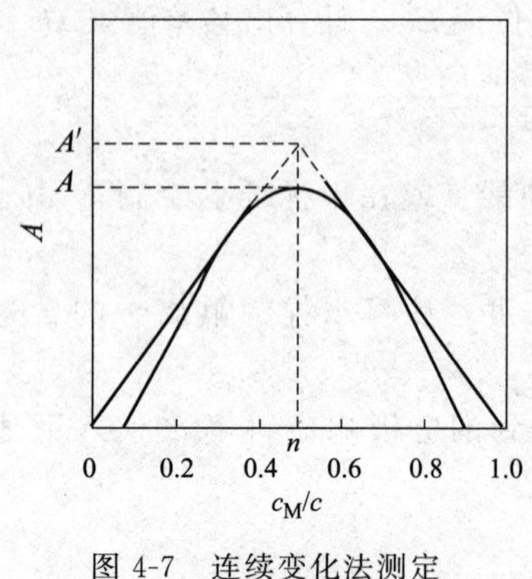

图 4-7　连续变化法测定配合物组成

配制一系列含有中心离子 M 和配体 L 的溶液，M 和 L 的总物质的量相等，但各自的物质的量分数连续变更。例如，使溶液中 L 的物质的量分数依次为 0、0.1、0.2、0.3……0.9、1.0，而 M 的物质的量依次作相应递减。然后在一定波长的单色光中，分别测定此系列溶液的吸光度。显然，有色配合物的浓度越大，溶液颜色越深，其吸光度越大。当 M 和 L 恰好全部形成配合物时（不考虑配合物的离解），ML_n 的浓度最大，吸光度也最大。

再以吸光度 A 为纵坐标，以配体的物质的量分数为横坐标作图，得一曲线（如图 4-7），所得曲线出现一个高峰 A 点。将曲线两边的直线部分延长，相交于 A' 点，A' 点即为最大吸收处。

由 A 点的横坐标算出配合物中心离子与配体物质的量之比，确定对应配位体的物质的量分数 x_L：

$$x_L=\frac{\text{配体物质的量}}{\text{总的物质的量}}$$

若 $x_L=0.5$，则中心离子的物质的量分数为 $1.0-0.5=0.5$，所以：

$$x_L=\frac{\text{配体物质的量}}{\text{中心离子物质的量}}=\frac{\text{配体物质的量分数}}{\text{中心离子物质的量分数}}=\frac{0.5}{0.5}=1$$

由此可知，该配合物组成为 ML 型。

配合物的稳定常数也可根据图 4-7 求得。从图 4-7 可看出，对于 ML 型配合物，若它全部以 ML 形式存在，则其最大吸光度应在 A'处，即吸光度为 A_1，但由于配合物有一部分离解，其浓度要稍小些，所以，实测得的最大吸光度在 A 处，即吸光度 A_2。显然配合物离解越大，则 A_1-A_2 差值越大，因此配合物的离解度 α 为：

$$a=\frac{A_1-A_2}{A_1}$$

配离子（或配合物）的表观稳定常数 K 与离解度 α 的关系如下：

	ML	$\rightleftharpoons$	M	+	L
起始浓度/mol·L^{-1}	c		0		0
平衡浓度/mol·L^{-1}	$c-c\alpha$		$c\alpha$		$c\alpha$

$$K_{稳}(\text{表观})=\frac{[ML]}{[M][L]}=\frac{1-\alpha}{c\alpha^2}$$

式中，c 表示 B 点所对应配离子的浓度。也可看成溶液中金属离子的原始浓度。

本实验是在 pH 为 2～3 的条件下，测定磺基水杨酸铁(Ⅲ) 的组成和稳定常数，并用高氯酸来控制溶液的 pH，其优点主要是 ClO_4^- 不易与金属离子配合。

在不同 pH 条件下，不同电解质 lgα 值不同。在 pH=2 时，磺基水杨酸的 lgα=10.297，即

$$K'_{稳}=K_{稳}(\text{表观})\times10^{10.297}$$

【仪器药品】

仪器：刻度试管器（10mL，11 支），移液管（5mL，2 支），容量瓶（50mL，2 个），容量瓶（25mL，2 支），洗耳球，擦镜纸，滤纸碎片，坐标纸，7220 型分光光度计，滴管。

药品：

高氯酸 $HClO_4$（$0.01mol \cdot L^{-1}$）：将 4.4mL 70% $HClO_4$ 加到 50mL 水中，稀释到 5000mL；硫酸高铁铵 $(NH_4)Fe(SO_4)_2$（$0.0100mol \cdot L^{-1}$）：将称准的分析纯硫酸高铁铵 $(NH_4)Fe(SO_4)_2 \cdot 12H_2O$ 结晶溶于 $0.01mol \cdot L^{-1}$ $HClO_4$ 中配制而成。

磺基水杨酸（$0.0100mol \cdot L^{-1}$）：将称准的分析纯磺基水杨酸溶于 $0.01mol \cdot L^{-1}$ 中配制而成。

【实验内容】

1. 溶液的配制

（1）配制 $0.00100mol \cdot L^{-1}$ Fe^{3+} 溶液：用移液管吸取 5.00mL $0.0100mol \cdot L^{-1}$ $(NH_4)Fe(SO_4)_2$ 溶液，注入 50mL 容量瓶中，用 $0.0100mol \cdot L^{-1}$ $HClO_4$ 溶液稀释至刻度，摇匀备用。

（2）配制 $0.00100mol \cdot L^{-1}$ 磺基水杨酸溶液：用吸液管准确吸取 5.00mL $0.0100mol \cdot L^{-1}$ 磺基水杨酸溶液注入 25mL 容量瓶中，用 $0.01mol \cdot L^{-1}$ $HClO_4$ 溶液稀释至刻度，摇匀备用。

2. 连续变更法测定有色配离子（或配合物）的吸光度

（1）用 2 支 5mL 移液管按表 4-9 的数量取各溶液，分别放入已编号的洗净且干燥的 11 支 10mL 刻度试管器中，用 $0.01mol \cdot L^{-1}$ 的 $HClO_4$ 稀释至刻度，使总体积为 10mL，摇匀各溶液。

（2）接通分光光度计电源，并调整好仪器，选定波长为 500mm 的光源（分光光度计的使用方法参看紫外-分光光谱法部分）。

（3）取 4 只厚度为 1cm 的比色皿，往其中一只中加入约比色皿 3/4 体积的参比溶液（用 $0.01mol \cdot L^{-1}$ $HClO_4$ 溶液或表 4-9 中的 11 号溶液），放在比色架中的第一格内，其余 3 只依次分别加入各编号的待测溶液。分别测定各待测溶液的吸光度，并记录。

表 4-9　系列溶液的配制与测定

溶液编号	$0.00100mol \cdot L^{-1}$ Fe^{3+} 的体积 V_M/mL	$0.00100mol \cdot L^{-1}$ 磺基水杨酸的体积 V_L/mL	磺基水杨酸物质的量分数 $x_i=\frac{V_L}{V_M+V_L}$	吸光度 A
1	5.00	0.00		
2	4.50	0.50		
3	4.00	1.00		
4	3.50	1.50		
5	3.00	2.00		
6	2.50	2.50		
7	2.00	3.00		
8	1.50	3.50		
9	1.00	4.00		
10	0.50	4.50		
11	0.00	5.00		

【数据处理】

1. 以配合物吸光度 A 为纵坐标，磺基水杨酸的物质的量分数或体积分数为横坐标作图。从图中找出最大吸光度。

2. 由配位体物质的量分数-吸光度图，找出最大吸收处，并算出磺基水杨酸铁（Ⅲ）配离子的组成和表观稳定常数。

【思考题】

1. 本实验测定配合物的组成及稳定常数的原理是什么?

2. 连续变更法的原理是什么?如何用作图法来计算配合物的组成和稳定常数。

3. 连续变更法测定配离子组成时，为什么说溶液中金属离子与配体物质的量之比恰好与配离子组成相同时，配离子的浓度最大?

实验二十八　洗衣粉活性组分与碱度的测定（6 学时）

【实验目的】

1. 培养解决实物分析的能力，根据被测组分的特点，合理选择测定方法。

2. 掌握阴离子表面活性剂的测定方法。

3. 利用酸碱滴定测定洗衣粉中的碱度。

【实验要求】

1. 多数洗衣粉中的活性物质是烷基苯磺酸钠（平均按 C_{12} 烷基计）阴离子表面活性剂，常用的化学分析方法有萃取光度法和滴定法，学生选择合适的方法进行测定。

2. 洗衣粉的碱性物质分析中，常用活性碱度和总碱度两个指标来表示碱性物质的含量，活性碱度仅指由氢氧化钠（或氢氧化钾）产生的碱度；总碱度包括由碳酸盐、碳酸氢盐、氢氧化钠及有机碱等所产生的碱度。要求利用酸碱滴定或电位滴定法测定洗衣粉中的活性碱度和总碱度。

3. 写出实验方案，包括实验原理、所需试剂及用量，实验步骤及计算方法；实施实验方案，提交实验报告。

附　　录

附录一　元素的原子量

元素		相对原子质量	元素		相对原子质量	元素		相对原子质量	元素		相对原子质量
名称	符号		名称	符号		名称	符号		名称	符号	
锕	Ac	227.0	铒	Er	167.3	锰	Mn	54.94	钌	Ru	101.1
银	Ag	107.9	锿	Es	252.1	钼	Mo	95.94	硫	S	32.07
铝	Al	26.98	铕	Eu	152.0	氮	N	14.01	锑	Sb	121.8
镅	Am	243.1	氟	F	19.00	钠	Na	22.99	钪	Sc	44.96
氩	Ar	39.95	铁	Fe	55.85	铌	Nb	92.91	硒	Se	78.96
砷	As	74.92	镄	Fm	257.1	钕	Nd	144.2	硅	Si	28.09
砹	At	210.0	钫	Fr	223.0	氖	Ne	20.18	钐	Sm	150.4
金	Au	197.0	镓	Ga	69.72	镍	Ni	58.69	锡	Sn	118.7
硼	B	10.81	钆	Gd	157.3	锘	No	259.1	锶	Sr	87.62
钡	Ba	137.3	锗	Ge	72.61	镎	Np	237.0	钽	Ta	180.9
铍	Be	9.012	氢	H	1.008	氧	O	16.00	铽	Tb	158.9
铋	Bi	209.0	氦	He	4.003	锇	Os	190.2	锝	Tc	98.91
锫	Bk	247.1	铪	Hf	178.5	磷	P	30.97	碲	Te	127.6
溴	Br	79.9	汞	Hg	200.6	镤	Pa	231.0	钍	Th	232.0
碳	C	12.01	钬	Ho	164.9	铅	Pb	207.2	钛	Ti	47.88
钙	Ca	40.08	碘	I	126.9	钯	Pd	106.4	铊	Tl	204.2
镉	Cd	112.4	铟	In	114.8	钷	Pm	144.9	铥	Tm	168.9
铈	Ce	140.1	铱	Ir	192.2	钋	Po	210.0	铀	U	238.0
锎	Cf	252.1	钾	K	39.10	镨	Pr	140.9	钒	V	50.94
氯	Cl	35.45	氪	Kr	83.80	铂	Pt	195.1	钨	W	183.9
锔	Cm	247.1	镧	La	138.9	钚	Pu	239.1	氙	Xe	131.1
钴	Co	58.93	锂	Li	6.941	镭	Ra	226.0	钇	Y	88.91
铬	Cr	52.00	铹	Lr	260.1	铷	Rb	85.47	镱	Yb	173.0
铯	Cs	132.9	镥	Lu	175.0	铼	Re	186.2	锌	Zn	65.39
铜	Cu	63.55	钔	Md	256.1	铑	Rh	102.9	锆	Zr	91.22
镝	Dy	162.5	镁	Mg	24.31	氡	Rn	222.0			

附录二　化合物的分子量

化合物	相对分子质量	化合物	相对分子质量
$AgBr$	187.78	$FeCl_3$	162.21
$AgCl$	143.32	$FeCl_3 \cdot 6H_2O$	270.30
$AgCN$	133.84	FeO	71.85
Ag_2CrO_4	331.73	Fe_2O_3	159.69
AgI	234.77	Fe_3O_4	231.54
$AgNO_3$	169.87	$FeSO_4 \cdot H_2O$	169.96
$AgSCN$	169.95	$FeSO_4 \cdot 7H_2O$	278.01
Al_2O_3	101.96	$Fe_2(SO_4)_3$	399.87
$Al_2(SO_4)_3$	342.15	$FeSO_4 \cdot (NH_4)_2SO_4 \cdot 6H_2O$	392.13
As_2O_3	197.84	H_3BO_3	61.83
As_2O_5	229.84	HBr	80.91
$BaCO_3$	197.35	$H_2C_4H_4O_6$(酒石酸)	150.09
BaC_2O_4	225.36	HCN	27.03
$BaCl_2$	208.25	H_2CO_3	62.03
$BaCl_2 \cdot 2H_2O$	244.28	$H_2C_2O_4$	90.04
$BaCrO_4$	253.33	$H_2C_2O_4 \cdot 2H_2O$	126.07
BaO	153.34	$HCOOH$	46.03
$Ba(OH)_2$	171.36	HCl	36.46
$BaSO_4$	233.40	$HClO_4$	100.46
$CaCO_3$	100.09	HF	20.01
CaC_2O_4	128.10	HI	127.91
$CaCl_2$	110.99	HNO_2	47.01
$CaCl_2 \cdot H_2O$	129.00	HNO_3	63.01
CaF_2	78.08	H_2O	18.02
$Ca(NO_3)_2$	164.09	H_2O_2	34.02
CaO	56.08	H_3PO_4	98.00
$Ca(OH)_2$	74.09	H_2S	34.08
$CaSO_4$	136.14	H_2SO_3	82.08
$Ca_3(PO_4)_2$	310.18	H_2SO_4	98.08
$Ce(SO_4)_2$	332.24	$HgCl_2$	271.50
$Ce(SO_4)_2 \cdot 2(NH_4)_2SO_4 \cdot 2H_2O$	632.54	Hg_2Cl_2	472.09
CH_3COOH	60.05	$KAl(SO_4)_2 \cdot 12H_2O$	474.38
CH_3OH	32.04	$KB(C_6H_5)_4$	358.38
CH_3COCH_3	58.08	KBr	119.01
C_6H_5COOH	122.12	$KBrO_3$	167.01
$C_6H_4COOHCOOK$	204.23	KCN	65.12
CH_3COONa	82.03	K_2CO_3	138.21
C_6H_5OH	94.11	KCl	74.56
$(C_9H_7N)_3H_3PO_4 \cdot 12MoO_3$(磷钼酸喹啉)	2212.74	$KClO_3$	122.55
CCl_4	153.81	$KClO_4$	138.55
CO_2	44.01	K_2CrO_4	194.20
Cr_2O_3	151.99	$K_2Cr_2O_7$	294.19
$Cu(C_2H_3O_2)_2 \cdot 3Cu(AsO_2)_2$	1013.80	$KHC_2O_4 \cdot H_2C_2O_4 \cdot 2H_2O$	254.19
CuO	79.54	$KHC_2O_4 \cdot H_2O$	146.14
Cu_2O	143.09	KI	166.01
$CuSCN$	121.62	KIO_3	214.00
$CuSO_4$	159.60	$KIO_3 \cdot HIO_3$	389.92
$CuSO_4 \cdot 5H_2O$	249.68	$KMnO_4$	158.04

续表

化合物	相对分子质量	化合物	相对分子质量
KNO_2	85.10	$Na_2SO_4 \cdot 10H_2O$	322.20
K_2O	92.20	$Na_2S_2O_3$	158.10
KOH	56.11	$Na_2S_2O_3 \cdot 5H_2O$	248.18
KSCN	97.18	Na_2SiF_6	188.06
K_2SO_4	174.26	NH_3	17.03
$MgCO_3$	84.32	NH_4Cl	53.49
$MgCl_2$	95.21	$(NH_4)_2C_2O_4 \cdot H_2O$	142.11
$MgNH_4PO_4$	137.33	$NH_3 \cdot H_2O$	35.05
MgO	40.31	$NH_4Fe(SO_4)_2 \cdot 12H_2O$	482.19
$Mg_2P_2O_7$	222.60	$(NH_4)_2HPO_4$	132.05
MnO	70.94	$(NH_4)_3PO_4 \cdot 12MoO_3$	1876.53
MnO_2	86.94	$(NH_4)_2SO_4$	132.14
$Na_2B_4O_7$	201.22	$NiC_8H_{14}O_4N_4$（丁二酮肟镍）	288.93
$Na_2B_4O_7 \cdot 10H_2O$	381.37	P_2O_5	141.95
$NaBiO_3$	279.97	$PbCrO_4$	323.18
NaBr	102.90	PbO	223.19
NaCN	49.01	PbO_2	239.19
Na_2CO_3	105.99	Pb_3O_4	685.57
$Na_2C_2O_4$	134.00	$PbSO_4$	303.25
NaCl	58.44	SO_2	64.06
$NaHCO_3$	84.01	SO_3	80.06
NaH_2PO_4	119.98	Sb_2O_3	291.50
Na_2HPO_4	141.96	SiF_4	104.08
$Na_2H_2Y \cdot 2H_2O$（EDTA 二钠盐）	372.26	SiO_2	60.08
Na_2O	61.98	$SnCO_3$	147.63
$NaNO_2$	69.00	$SnCl_2$	189.60
NaI	149.89	SnO_2	150.69
NaOH	40.01	TiO_2	79.90
Na_3PO_4	163.94	WO_3	231.85
Na_2S	78.04	$ZnCl_2$	136.29
$Na_2S \cdot 9H_2O$	240.18	ZnO	81.37
Na_2SO_3	126.04	$Zn_2P_2O_7$	304.70
Na_2SO_4	142.04	$ZnSO_4$	161.43

附录三　弱酸在水中的解离常数（25℃）

弱酸	分子式	$K_a(I=0)$	pK_a
砷酸	H_3AsO_4	$6.3\times10^{-3}(K_{a1})$	2.20
		$1.0\times10^{-7}(K_{a2})$	7.00
		$3.2\times10^{-12}(K_{a3})$	11.50
亚砷酸	$HAsO_2$	6.0×10^{-10}	9.22
硼酸	H_3BO_3	$5.8\times10^{-10}(K_{a1})$	9.24
碳酸	$H_2CO_3(CO_2+H_2O)$	$4.5\times10^{-7}(K_{a1})$	6.35
		$5.6\times10^{-11}(K_{a2})$	10.25
氢氰酸	HCN	6.2×10^{-10}	9.21
铬酸	$HCrO_4^-$	$3.2\times10^{-7}(K_{a2})$	6.50
氢氟酸	HF	6.6×10^{-4}	3.18
亚硝酸	HNO_2	5.1×10^{-4}	3.29
磷酸	H_3PO_4	$7.6\times10^{-3}(K_{a1})$	2.12
		$6.3\times10^{-8}(K_{a2})$	7.20

续表

弱酸	分子式	$K_a(I=0)$	pK_a
		$4.4\times10^{-13}(K_{a3})$	12.36
焦磷酸	$H_4P_2O_7$	$3.0\times10^{-2}(K_{a1})$	1.52
		$4.4\times10^{-3}(K_{a2})$	2.36
		$2.5\times10^{-7}(K_{a3})$	6.60
		$5.6\times10^{-10}(K_{a4})$	9.25
亚磷酸	H_3PO_3	$5.0\times10^{-2}(K_{a1})$	1.30
		$2.5\times10^{-7}(K_{a2})$	6.60
氢硫酸	H_2S	$1.3\times10^{-6}(K_{a1})$	6.88
		$7.1\times10^{-15}(K_{a2})$	14.15
硫酸	HSO_4^-	$1.0\times10^{-2}(K_{a2})$	1.99
亚硫酸	$H_2SO_3(SO_2+H_2O)$	$1.3\times10^{-2}(K_{a1})$	1.90
		$6.3\times10^{-8}(K_{a2})$	7.20
偏硅酸	H_2SiO_3	$1.7\times10^{-10}(K_{a1})$	9.77
		$1.6\times10^{-12}(K_{a2})$	11.8
甲酸	HCOOH	1.8×10^{-4}	3.74
乙酸	CH_3COOH	1.4×10^{-3}	2.86
乳酸	$CH_3CH(OH)COOH$	1.4×10^{-4}	3.86
苯甲酸	C_6H_5COOH	6.2×10^{-6}	4.21
草酸	$H_2C_2O_4$	$5.9\times10^{-2}(K_{a1})$	1.22
		$6.4\times10^{-5}(K_{a2})$	4.19
苯酚	C_6H_5OH	1.1×10^{-10}	9.95
乙二胺四乙酸	H_6-$EDTA^{2+}$	$0.1(K_{a1})$	0.9
	H_5-$EDTA^+$	$3\times10^{-2}(K_{a2})$	1.6
	H_4-EDTA	$1\times10^{-2}(K_{a3})$	2.0
	H_3-$EDTA^-$	$2.1\times10^{-3}(K_{a4})$	2.67
	H_2-$EDTA^{2-}$	$6.9\times10^{-7}(K_{a5})$	6.16
	H-$EDTA^{3-}$	$5.5\times10^{-11}(K_{a6})$	10.26

附录四　弱碱在水中的解离常数（25℃）

弱碱	分子式	$K_b(I=0)$	pK_b
氢氧化铝	$Al(OH)_3$	$1.38\times10^{-9}(K_{b3})$	8.86
氨水	NH_3	1.8×10^{-5}	4.74
联氨	NH_2NH_2	$3.0\times10^{-6}(K_{b1})$	5.52
		$7.6\times10^{-15}(K_{b2})$	14.12
羟氨	NH_2OH	9.1×10^{-9}	8.04
甲氨	CH_3NH_2	4.2×10^{-4}	3.38
乙氨	$C_2H_5NH_2$	5.6×10^{-4}	3.25
二甲氨	$(CH_3)_2NH$	1.2×10^{-4}	3.93
二乙氨	$(C_2H_5)_2NH$	1.3×10^{-3}	2.89
乙醇氨	$HOC_2H_4NH_2$	3.2×10^{-5}	4.50
乙二氨	$H_2NC_2H_4NH_2$	$8.5\times10^{-5}(K_{b1})$	4.07
		$7.1\times10^{-8}(K_{b2})$	7.15
尿素	$CO(NH_2)_2$	1.5×10^{-14}	13.82
三甲胺	$(CH_3)_3N$	6.31×10^{-5}	4.2
三乙胺	$(C_2H_5)_3N$	5.25×10^{-4}	3.28
丙胺	$C_3H_7NH_2$	3.70×10^{-4}	3.432
1,3-丙二胺	$NH_2(CH_2)_3NH_2$	$2.95\times10^{-4}(K_{b1})$	3.53
		$3.09\times10^{-6}(K_{b2})$	5.51
1,2-丙二胺	$CH_3CH(NH_2)CH_2NH_2$	$5.25\times10^{-5}(K_{b1})$	4.28
		$4.05\times10^{-8}(K_{b2})$	7.393
三丙胺	$(CH_3CH_2CH_2)_3N$	4.57×10^{-4}	3.34
三乙醇胺	$(HOCH_2CH_2)_3N$	5.75×10^{-7}	6.24

续表

弱碱	分子式	$K_b(I=0)$	pK_b
丁胺	$C_4H_9NH_2$	4.37×10^{-4}	3.36
己胺	$H(CH_2)_6NH_2$	4.37×10^{-4}	3.36
辛胺	$H(CH_2)_8NH_2$	4.47×10^{-4}	3.35
苯胺	$C_6H_5NH_2$	3.98×10^{-10}	9.4
苄胺	C_7H_9N	2.24×10^{-5}	4.65
环己胺	$C_6H_{11}NH_2$	4.37×10^{-4}	3.36
吡啶	C_5H_5N	1.48×10^{-9}	8.83
六亚甲基四胺	$(CH_2)_6N_4$	1.35×10^{-9}	8.87
2-氯酚	C_6H_5ClO	3.55×10^{-6}	5.45
3-氯酚	C_6H_5ClO	1.26×10^{-5}	4.9
4-氯酚	C_6H_5ClO	2.69×10^{-5}	4.57
邻甲苯胺	$(o)CH_3C_6H_4NH_2$	2.82×10^{-10}	9.55
间甲苯胺	$(m)CH_3C_6H_4NH_2$	5.13×10^{-10}	9.29
对甲苯胺	$(p)CH_3C_6H_4NH_2$	1.20×10^{-9}	8.92
8-羟基喹啉(20℃)	8-HO—C_9H_6N	6.5×10^{-5}	4.19
二苯胺	$(C_6H_5)_2NH$	7.94×10^{-14}	13.1
联苯胺	$H_2NC_6H_4C_6H_4NH_2$	$5.01\times10^{-10}(K_{b1})$	9.3
		$4.27\times10^{-11}(K_{b2})$	10.37

附录五　配合物的稳定常数（18～25℃）

配合物	金属离子	配位数 n	$\lg\beta_n$
氨配合物	Ag^+	1,2	3.24;7.05
	Au^{3+}	4	10.3
	Co^{2+}	1,…,6	2.11;3.74;4.79;5.55;5.73;5.11
	Co^{3+}	1,…,6	6.7;14.0;20.1;25.7;30.8;35.2
	Cu^+	1,2	5.93;10.86
	Cu^{2+}	1,…,5	4.31;7.89;11.02;13.32;12.86
	Ni^{2+}	1,…,6	2.80;5.04;6.77;7.96;8.71;8.74
	Hg^{2+}	1,…,4	9.05;17.32;19.74;21.00
	Zn^{2+}	1,…,4	2.37;4.81;7.31;9.46
氯配合物	Ag^+	1,…,4	3.04;5.04;5.04;5.30
	Hg^{2+}	1,…,4	6.74;13.22;14.07;15.07
	Co^{3+}	1	1.42
	Cu^+	2,3	5.5;5.7
	Cu^{2+}	1,2	0.1;−0.6
	Sn^{2+}	1,…,4	1.51;2.24;2.03;1.48
	Sb^{3+}	1,…,6	3.3;3.49;4.18;4.72;4.72;4.11
氰配合物	Ag^+	1,…,4	—;21.1;21.7;20.6
	Au^+	2	38.3
	Cd^{2+}	1,2,3,4	5.48;10.60;15.23;18.78
	Cu^+	2,3,4	24.0;28.59;30.30
	Fe^{2+}	6	35
	Fe^{3+}	6	42
	Hg^{2+}	4	41.4
	Ni^{2+}	4	31.3
	Zn^{2+}	4	16.7

续表

配合物	金属离子	配位数 n	$\lg\beta_n$
氟配合物	Al^{3+}	1,…,6	6.13;11.15;15.00;17.75;19.37;19.84
	Co^{2+}	1	0.4
	Cr^{3+}	1,2,3	4.36;8.70;11.20
	Cu^{2+}	1	0.9
	Fe^{2+}	1	0.8
	Fe^{3+}	1,2,3	5.28;9.30;12.06
	Hg^{2+}	1	1.03
	Sn^{2+}	1,2,3	4.08;6.68;9.50
	Zn^{2+}	1	0.78
碘配合物	Ag^{+}	1,2,3	6.53;11.74;13.68
	Cd^{2+}	1,…,4	2.10;3.43;4.49;5.41
	Hg^{2+}	1,…,4	12.87;23.82;27.60;29.83
	Pb^{2+}	1,…,4	2.00;3.15;3.92;4.47
	Cu^{+}	2	5.89
	Fe^{3+}	1	1.88
溴配合物	Bi^{3+}	1,…,6	4.30;5.55;5.89;7.82;—;9.70
	Cd^{2+}	1,…,4	1.75;2.34;3.32;3.70
	Cu^{+}	2	5.89
	Hg^{2+}	1,…,4	9.05;17.32;19.74;21.00
	Ag^{+}	1,…,4	4.38;7.33;8.00;8.73
硫氰酸配合物	Ag^{+}	1,…,4	—;7.57;9.08;10.08
	Fe^{3+}	1,2	2.95;3.36
	Hg^{2+}	1,…,4	—;17.47;—;31.33
	Cu^{+}	1,2	12.11;5.18
	Cu^{2+}	1,2	1.90;3.00
	Ni^{2+}	1,2,3	1.18;1.64;1.81
	Pb^{2+}	1,2,3	0.78;0.99;1.00
	Sn^{2+}	1,2,3	1.17;1.77;1.74
	Zn^{2+}	1,2,3,4	1.33;1.91;2.00;1.60
硫代硫酸配合物	Cu^{+}	1,2,3	10.35;12.27;13.71
	Hg^{2+}	1,…,4	—;29.86;32.26;33.61
	Ag^{+}	1,2,3	8.82;13.46;14.15
	Cd^{2+}	1,2	3.92;6.44
	Pb^{2+}	2,3	5.13;6.35
草酸配合物	Al^{3+}	1,2,3	7.26;13.0;16.3
	Co^{2+}	1,2,3	4.79;6.7;9.7
	Co^{3+}	3	～20
	Fe^{2+}	1,2,3	2.9;4.52;5.22
	Fe^{3+}	1,2,3	9.4;16.2;20.2
	Ni^{2+}	1,2,3	5.3;7.64;～8.5
	Zn^{2+}	1,2,3	4.89;7.60;8.15
硝基配合物	Ba^{2+}	1	0.92
	Bi^{3+}	1	1.26
	Ca^{2+}	1	0.28
	Cd^{2+}	1	0.4
	Fe^{3+}	1	1
	Hg^{2+}	1	0.35
	Pb^{2+}	1	1.18
	Tl^{+}	1	0.33
	Tl^{3+}	1	0.92

续表

	金属离子	配位数 n	$\lg\beta_n$
焦磷酸配合物	Ca^{2+}	1	4.6
	Cd^{3+}	1	5.6
	Co^{2+}	1	6.1
	Cu^{2+}	1,2	6.7;9.0
	Hg^{2+}	2	12.38
	Mg^{2+}	1	5.7
	Ni^{2+}	1,2	5.8;7.4
	Pb^{2+}	1,2	7.3;10.15
	Zn^{2+}	1,2	8.7;11.0

附录六　溶度积常数（18～25℃）

化学式	$K_{sp}^{\ominus}$	化学式	$K_{sp}^{\ominus}$	化学式	$K_{sp}^{\ominus}$
Ag_3AsO_4	1.0×10^{-22}	$Co(OH)_2$ 新析出	2×10^{-15}	MnS 晶形	2×10^{-13}
AgBr	5.0×10^{-13}	$Co(OH)_3$	2×10^{-44}	$NiCO_3$	6.6×10^{-9}
Ag_2CO_3	8.1×10^{-12}	$Co[Hg(SCN)_4]$	1.5×10^{-6}	$Ni(OH)_2$ 新析出	2×10^{-15}
AgCl	1.8×10^{-10}	α-CoS	4×10^{-21}	$Ni_3(PO_4)_2$	5×10^{-31}
Ag_2CrO_4	2.0×10^{-12}	β-CoS	2×10^{-23}	α-NiS	3×10^{-19}
AgCN	1.2×10^{-16}	$Co_3(PO_4)_2$	2×10^{-35}	β-NiS	1×10^{-24}
AgOH	2.0×10^{-8}	$Cr(OH)_3$	6×10^{-31}	γ-NiS	2×10^{-36}
AgI	9.3×10^{-17}	CuBr	5.2×10^{-9}	$PbCO_3$	7.4×10^{-14}
$Ag_2C_2O_4$	3.5×10^{-11}	CuCl	1.2×10^{-6}	$PbCl_2$	1.6×10^{-5}
Ag_3PO_4	1.4×10^{-16}	CuCN	3.2×10^{-20}	PbClF	2.4×10^{-9}
Ag_2SO_4	1.4×10^{-5}	CuI	1.1×10^{-12}	$PbCrO_4$	2.8×10^{-13}
Ag_2S	2×10^{-49}	CuOH	1×10^{-14}	PbF_2	2.7×10^{-8}
AgSCN	1.0×10^{-12}	Cu_2S	2×10^{-48}	$Pb(OH)_2$	1.2×10^{-15}
$Al(OH)_3$ 无定形	1.3×10^{-33}	CuSCN	4.8×10^{-15}	PbI_2	7.1×10^{-9}
As_2S_3	2.1×10^{-22}	$CuCO_3$	1.4×10^{-10}	$PbMoO_4$	1×10^{-13}
$BaCO_3$	5.1×10^{-9}	$Cu(OH)_2$	2.2×10^{-20}	$Pb_3(PO_4)_2$	8.0×10^{-43}
$BaCrO_4$	1.2×10^{-10}	CuS	6×10^{-36}	$PbSO_4$	1.6×10^{-8}
BaF_2	1×10^{-6}	$FeCO_3$	3.2×10^{-11}	PbS	1.3×10^{-26}
$BaC_2O_4\cdot H_2O$	2.3×10^{-8}	$Fe(OH)_2$	8×10^{-16}	$Pb(OH)_4$	3×10^{-66}
$BaSO_4$	1.1×10^{-10}	FeS	6×10^{-15}	$Sb(OH)_2$	4×10^{-42}
$Bi(OH)_2$	4×10^{-31}	$Fe(OH)_3$	4×10^{-38}	Sb_2S_3	2×10^{-93}
BiOOH	4×10^{-10}	$FePO_4$	1.3×10^{-22}	$Sn(OH)_2$	1.4×10^{-28}
BiI_3	8.1×10^{-19}	Hg_2SO_4	7.4×10^{-7}	SnS	1×10^{-25}
BiOCl	1.8×10^{-31}	Hg_2S	1×10^{-47}	$Sn(OH)_4$	1×10^{-56}
$BiPO_4$	1.3×10^{-23}	$Hg(OH)_2$	3.0×10^{-26}	SnS_2	2×10^{-27}
Bi_2S_3	1×10^{-97}	HgS(红色)	4×10^{-53}	$SrCO_3$	1.1×10^{-10}
$CaCO_3$	2.9×10^{-9}	HgS(黑色)	2×10^{-52}	$SrCrO_4$	2.2×10^{-5}
CaF_2	2.7×10^{-11}	Hg_2Br_2	5.8×10^{-23}	SrF_2	2.4×10^{-9}
$CaC_2O_4\cdot H_2O$	2.0×10^{-9}	Hg_2CO_3	8.9×10^{-17}	$SrC_2O_4\cdot H_2O$	1.6×10^{-7}
$Ca_3(PO_4)_2$	2.0×10^{-29}	Hg_2Cl_2	1.3×10^{-18}	$Sr_3(PO_4)_2$	4.1×10^{-28}
$CaSO_4$	9.1×10^{-6}	$Hg_2(OH)_2$	2×10^{-24}	Sr_3SO_4	3.2×10^{-7}
$CaWO_4$	8.7×10^{-9}	Hg_2I_2	4.5×10^{-28}	$Ti(OH)_3$	1×10^{-40}
$CdCO_3$	5.2×10^{-12}	$MgNH_4PO_4$	2×10^{-13}	$TiO(OH)_2$	1×10^{-29}
$Cd_2[Fe(CN)_6]$	3.2×10^{-17}	$MgCO_3$	3.5×10^{-8}	$ZnCO_3$	1.4×10^{-11}
$Cd(OH)_2$ 新析出	2.5×10^{-14}	MgF_2	6.4×10^{-9}	$Zn_2[Fe(CN)_6]$	4.1×10^{-16}
$CdC_2O_4\cdot 3H_2O$	9.1×10^{-8}	$Mg(OH)_2$	1.8×10^{-11}	$Zn(OH)_2$	1.2×10^{-17}
CdS	8×10^{-27}	$MgCO_3$	1.8×10^{-11}	$Zn_3(PO_4)_2$	9.1×10^{-33}
$CoCO_3$	1.4×10^{-13}	$Mn(OH)_2$	1.9×10^{-13}	ZnS	2×10^{-22}
$Co_2[Fe(CN)_6]$	1.8×10^{-15}	MnS 无定形	2×10^{-10}		

附录七　标准电极电位（18～25℃）

半反应	$E^{\ominus}/V$	半反应	$E^{\ominus}/V$
$F_2(g)+2H^++2e^- = 2HF$	3.06	$TiOCl^++2H^++3Cl^-+e^- = TiCl_4^-+H_2O$	−0.09
$O_3+2H^++2e^- = O_2+H_2O$	2.07	$Pb^{2+}+2e^- = Pb$	−0.126
$S_2O_8^{2-}+2e^- = 2SO_4^{2-}$	2.01	$Sn^{2+}+2e^- = Sn$	−0.136
$H_2O_2+2H^++2e^- = 2H_2O$	1.77	$AgI(s)+e^- = Ag+I^-$	−0.152
$MnO_4^-+4H^++3e^- = MnO_2(s)+2H_2O$	1.695	$Ni^{2+}+2e^- = Ni$	−0.246
$PbO_2(s)+SO_4^{2-}+4H^++2e^- = PbSO_4(s)+2H_2O$	1.685	$H_3PO_4+2H^++2e^- = H_3PO_3+H_2O$	−0.276
$HClO_2+H^++e^- = HClO+H_2O$	1.64	$Co^{2+}+2e^- = Co$	−0.277
$HClO+H^++e^- = 1/2Cl_2+H_2O$	1.63	$Tl^++e^- = Tl$	−0.336
$Ce^{4+}+e^- = Ce^{3+}$	1.61	$In^{3+}+3e^- = In$	−0.345
$H_5IO_6+H^++2e^- = IO_3^-+3H_2O$	1.6	$PbSO_4(s)+2e^- = Pb+SO_4^{2-}$	0.3553
$HBrO+H^++e^- = 1/2Br_2+H_2O$	1.59	$SeO_3^{2-}+3H_2O+4e^- = Se+6OH^-$	−0.366
$BrO_3^-+6H^++5e^- = 1/2Br_2+3H_2O$	1.52	$As+3H^++3e^- = AsH_3$	−0.38
$MnO_4^-+8H^++5e^- = Mn^{2+}+4H_2O$	1.51	$Se+2H^++2e^- = H_2Se$	−0.4
Au(Ⅲ)$+3e^- = $Au	1.5	$Cd^{2+}+2e^- = Cd$	−0.403
$HClO+H^++2e^- = Cl^-+H_2O$	1.49	$Cr^{3+}+e^- = Cr^{2+}$	−0.41
$ClO_3^-+6H^++5e^- = 1/2Cl_2+3H_2O$	1.47	$Fe^{2+}+2e^- = Fe$	−0.44
$PbO_2(s)+4H^++2e^- = Pb^{2+}+2H_2O$	1.455	$HNO_2+H^++e^- = NO(g)+H_2O$	1
$HIO+H^++e^- = 1/2I_2+H_2O$	1.45	$VO_2^++2H^++e^- = VO^{2+}+H_2O$	1
$ClO_3^-+6H^++6e^- = Cl^-+3H_2O$	1.45	$HIO+H^++2e^- = I^-+H_2O$	0.99
$BrO_3^-+6H^++6e^- = Br^-+3H_2O$	1.44	$NO_3^-+3H^++2e^- = HNO_2+H_2O$	0.94
Au(Ⅲ)$+2e^- = $Au(Ⅰ)	1.41	$ClO^-+H_2O+2e^- = Cl^-+2OH^-$	0.89
$Cl_2+2e^- = 2Cl^-$	1.3595	$H_2O_2+2e^- = 2OH^-$	0.88
$ClO_4^-+8H^++7e^- = 1/2Cl_2+4H_2O$	1.34	$Cu^{2+}+I^-+e^- = CuI$(固)	0.86
$Cr_2O_7^{2-}+14H^++6e^- = 2Cr^{3+}+7H_2O$	1.33	$Hg^{2+}+2e^- = Hg$	0.845
$MnO_2+4H^++2e^- = Mn^{2+}+2H_2O$	1.23	$NO_3^-+2H^++e^- = NO_2+H_2O$	0.8
$O_2+4H^++4e^- = 2H_2O$	1.229	$Ag^++e^- = Ag$	0.7995
$IO_3^-+6H^++5e^- = 1/2I_2+3H_2O$	1.2	$Hg_2^{2+}+2e^- = 2Hg$	0.793
$ClO_4^-+2H^++2e^- = ClO_3^-+H_2O$	1.19	$Fe^{3+}+e^- = Fe^{2+}$	0.771
$Br_2+2e^- = 2Br^-$	1.087	$BrO^-+H_2O+2e^- = Br^-+2OH^-$	0.76
$NO_2+H^++e^- = HNO_2$	1.07	$O_2(g)+2H^++2e^- = H_2O_2$	0.682
$Br_3^-+2e^- = 3Br^-$	1.05	$AsO_2^-+2H_2O+3e^- = As+4OH^-$	0.68
$HAsO_2+3H^++3e^- = As+2H_2O$	0.248	$2HgCl_2+2e^- = Hg_2Cl_2(s)+2Cl^-$	0.63
$AgCl(s)+e^- = Ag+Cl^-$	0.2223	$Hg_2SO_4(s)+2e^- = 2Hg+SO_4^{2-}$	0.6151
$SbO^++2H^++3e^- = Sb+H_2O$	0.212	$MnO_4^-+2H_2O+3e^- = MnO_2+4OH^-$	0.588
$SO_4^{2-}+4H^++2e^- = SO_2(aq)+2H_2O$	0.17	$MnO_4^-+e^- = MnO_4^{2-}$	0.564
$Cu^{2+}+e^- = Cu^+$	0.519	$H_3AsO_4+2H^++2e^- = HAsO_2+2H_2O$	0.559
$Sn^{4+}+2e^- = Sn^{2+}$	0.154	$I_3^-+2e^- = 3I^-$	0.545
$S+2H^++2e^- = H_2S(g)$	0.141	$I_2(s)+2e^- = 2I^-$	0.5345
$Hg_2+Br_2+2e^- = 2Hg+2Br^-$	0.1395	Mo(Ⅵ)$+e^- = $Mo(Ⅴ)	0.53
$TiO^{2+}+2H^++e^- = Ti^{3+}+H_2O$	0.1	$Cu^++e^- = Cu$	0.52
$S_4O_6^{2-}+2e^- = 2S_2O_3^{2-}$	0.08	$4SO_2(aq)+4H^++6e^- = S_4O_6^{2-}+2H_2O$	0.51
$AgBr(s)+e^- = Ag+Br^-$	0.071	$HgCl_4^{2-}+2e^- = Hg+4Cl^-$	0.48
$2H^++2e^- = H_2$	0	$2SO_2(aq)+2H^++4e^- = S_2O_3^{2-}+H_2O$	0.4
$O_2+H_2O+2e^- = HO_2^-+OH^-$	−0.067	$Fe(CN)_6^{3-}+e^- = Fe(CN)_6^{4-}$	0.36
		$Cu^{2+}+2e^- = Cu$	0.337

续表

半反应	$E^{\ominus}$/V	半反应	$E^{\ominus}$/V
$VO^{2+}+2H^{+}+2e^{-}$ ══ $V^{3+}+H_2O$	0.337	$Cr^{2+}+2e^{-}$ ══ Cr	−0.91
$BiO^{+}+2H^{+}+3e^{-}$ ══ $Bi+H_2O$	0.32	$HSnO_2^{-}+H_2O+2e^{-}$ ══ $Sn+3OH^{-}$	−0.91
$Hg_2Cl_2(s)+2e^{-}$ ══ $2Hg+2Cl^{-}$	0.268	$Se+2e^{-}$ ══ Se^{2-}	−0.92
$S+2e^{-}$ ══ S^{2-}	−0.48	$Sn(OH)_6^{2-}+2e^{-}$ ══ $HSnO_2^{-}+H_2O+3OH^{-}$	−0.93
$2CO_2+2H^{+}+2e^{-}$ ══ $H_2C_2O_4$	−0.49	$CNO^{-}+H_2O+2e^{-}$ ══ $CN^{-}+2OH^{-}$	−0.97
$H_3PO_3+2H^{+}+2e^{-}$ ══ $H_3PO_2+H_2O$	−0.5	$Mn^{2+}+2e^{-}$ ══ Mn	−1.182
$Sb+3H^{+}+3e^{-}$ ══ SbH_3	−0.51	$ZnO_2^{2-}+2H_2O+2e^{-}$ ══ $Zn+4OH^{-}$	−1.216
$HPbO_2^{-}+H_2O+2e^{-}$ ══ $Pb+3OH^{-}$	−0.54	$Al^{3+}+3e^{-}$ ══ Al	−1.66
$Ga^{3+}+3e^{-}$ ══ Ga	−0.56	$H_2AlO_3^{-}+H_2O+3e^{-}$ ══ $Al+4OH^{-}$	−2.35
$TeO_3^{2-}+3H_2O+4e^{-}$ ══ $Te+6OH^{-}$	−0.57	$Mg^{2+}+2e^{-}$ ══ Mg	−2.37
$2SO_3^{2-}+3H_2O+4e^{-}$ ══ $S_2O_3^{2-}+6OH^{-}$	−0.58	$Na^{+}+e^{-}$ ══ Na	−2.71
$SO_3^{2-}+3H_2O+4e^{-}$ ══ $S+6OH^{-}$	−0.66	$Ca^{2+}+2e^{-}$ ══ Ca	−2.87
$AsO_4^{3-}+2H_2O+2e^{-}$ ══ $AsO_2^{-}+4OH^{-}$	−0.67	$Sr^{2+}+2e^{-}$ ══ Sr	−2.89
$Ag_2S(s)+2e^{-}$ ══ $2Ag+S^{2-}$	−0.69	$Ba^{2+}+2e^{-}$ ══ Ba	−2.9
$Zn^{2+}+2e^{-}$ ══ Zn	−0.763	$K^{+}+e^{-}$ ══ K	−2.925
$2H_2O+2e^{-}$ ══ H_2+2OH^{-}	−8.28	$Li^{+}+e^{-}$ ══ Li	−3.042

附录八　几种常见的酸碱指示剂

名称	pH 变色范围	酸色	碱色	pK_a	浓度
甲基紫(第一次变色)	0.13～0.5	黄	绿	0.8	0.1%水溶液
甲基紫(第二次变色)	1.0～1.5	绿	蓝	—	0.1%水溶液
百里酚蓝(第一次变色)	1.2～2.8	红	黄	1.65	0.1%乙醇(20%)溶液
甲基紫(第三次变色)	2.0～3.0	蓝	紫	—	0.1%水溶液
甲基黄	2.9～4.0	红	黄	3.3	0.1%乙醇(90%)溶液
甲基橙	3.1～4.4	红	黄	3.4	0.1%水溶液
溴甲酚绿	3.8～5.4	黄	蓝	4.68	0.1%乙醇(20%)溶液
甲基红	4.4～6.2	红	黄	4.95	0.1%乙醇(60%)溶液
溴百里酚蓝	6.0～7.6	黄	蓝	7.1	0.1%乙醇(20%)
中性红	6.8～8.0	红	黄	7.4	0.1%乙醇(60%)溶液
酚红	6.8～8.0	黄	红	7.9	0.1%乙醇(20%)溶液
百里酚蓝(第二次变色)	8.0～9.6	黄	蓝	8.9	0.1%乙醇(20%)溶液
酚酞	8.2～10.0	无色	紫红	9.4	0.1%乙醇(60%)溶液
百里酚酞	9.4～10.6	无色	蓝	10	0.1%乙醇(90%)溶液

附录九　常用混合酸碱指示剂

指示剂溶液组成	变色点 pH	酸色	碱色
1 份甲基黄 0.1%乙醇溶液， 1 份亚甲基蓝 0.1%乙醇溶液	3.28	蓝紫	绿
1 份甲基橙 0.1%水溶液， 1 份苯胺蓝 0.1%水溶液	4.3	紫	绿
3 份溴甲酚绿 0.1%乙醇溶液， 1 份甲基红 0.2%乙醇溶液	5.1	酒红	绿
1 份溴甲酚绿钠盐 0.1%水溶液， 1 份氯酚红钠盐 0.1%水溶液	6.1	黄绿	蓝紫

续表

指示剂溶液组成	变色点 pH	酸色	碱色
1 份中性红 0.1%乙醇溶液， 1 份亚甲基蓝 0.1%乙醇溶液	7.0	蓝紫	绿
1 份中性红 0.1%乙醇溶液， 1 份溴百里酚蓝 0.1%乙醇溶液	7.2	玫瑰	绿 1
1 份甲酚红钠盐 0.1%水溶液， 3 份百里酚蓝钠盐 0.1%水溶液	8.3	黄	紫
1 份酚酞 0.1%乙醇溶液， 2 份甲基绿 0.1%乙醇溶液	8.9	绿	紫
1 份酚酞 0.1%乙醇溶液， 1 份百里酚酞 0.1%乙醇溶液	9.9	无色	紫
2 份百里酚酞 0.1%乙醇溶液， 1 份茜素黄 0.1%乙醇溶液	10.2	黄	绿

附录十 氧化还原指示剂

名称	颜色		变色电位 $E^{\ominus}/V(pH=0)$	溶液配制方法
	氧化型	还原型		
二苯胺	紫	无色	0.76	1%浓硫酸溶液
二苯胺磺酸钠	紫红	无色	0.84	0.5%水溶液
亚甲基蓝	蓝	无色	0.532	0.1%水溶液
中性红	红	无色	0.24	0.05%的 60%乙醇溶液
喹啉黄	无色	黄	—	0.1%水溶液
淀粉	蓝	无色	0.53	0.1%水溶液
孔雀绿	棕	蓝	—	0.05%水溶液
劳氏紫	紫	无色	0.06	0.1%水溶液
邻二氮菲-亚铁	浅蓝	红	1.06	1.485g 邻二氮菲、0.695g 硫酸亚铁溶于 100mL 水
酸性绿	橘红	黄绿	0.96	0.1%水溶液
专利蓝 V	红	黄	0.95	0.1%水溶液

附录十一 常用缓冲溶液的配制

pH	组 成	配 制 方 法
1.7	KCl-HCl	25.0mL 0.2mol·L^{-1}KCl+13.0mL 0.2mol·L^{-1}HCl，加水稀释至 100mL
2.0	一氯乙酸-NH_4Ac	100mL 0.1mol·L^{-1}一氯乙酸+10mL 0.1mol·L^{-1} NH_4Ac
2.3	氨基乙酸-HCl	150g 氨基乙酸溶于 500mL 水+480mL 浓 HCl，再加水稀释至 1L
2.8	一氯乙酸-NaOH	200g 一氯乙酸溶于 200mL 水+40gNaOH，溶解完全后再加水稀释至 1L
3.6	邻苯二甲酸氢钾-HCl	25.0mL 0.2mol·L^{-1}邻苯二甲酸氢钾+6.0mL 0.1mol·L^{-1} HCl，加水稀释至 100mL
4.8	邻苯二甲酸氢钾-NaOH	25.0mL 0.2mol·L^{-1}邻苯二甲酸氢钾+17.5mL 0.1mol·L^{-1} NaOH，加水稀释至 100mL
5.0	NH_4Ac-HAc	250g NH_4Ac 溶于水+25mL HAc，稀释至 1L
5.4	六亚甲基四胺-HCl	40g 六亚甲基四胺溶于 200mL 水+10mL 浓 HCl，加水稀释至 1L
6.0	NH_4Ac-HAc	600g NH_4Ac 溶于水+20mL HAc，稀释至 1L

续表

pH	组　成	配制方法
6.8	KH_2PO_4-NaOH	25.0mL 0.2mol·L^{-1} KH_2PO_4 + 23.6mL 0.1mol·L^{-1} NaOH，加水稀释至100mL
8.0	硼酸-KCl-NaOH	25.0mL 0.2mol·L^{-1} 硼酸-KCl + 4.0mL 0.1mol·L^{-1} NaOH，加水稀释至100mL
8.0	NaAc-HAc	600g NH_4Ac 溶于水+20mL HAc，稀释至1L
8.2	三羟甲基氨甲烷(Tris)-HCl	25gTris溶于水+18mL浓HCl，稀释至1L
9.1	NH_4Cl-氨水	2份0.1mol·L^{-1} NH_4Cl+1份0.1mol·L^{-1}氨水
9.5	NH_4Cl-氨水	54g NH_4Cl 溶于水+126mL浓氨水，稀释至1L
10.0	NH_4Cl-氨水	54g NH_4Cl 溶于水+350mL浓氨水，稀释至1L
11.6	氨基乙酸-NaCl-NaOH	49.0mL 0.1mol·L^{-1}氨基乙酸-NaCl+51.0mL 0.1mol·L^{-1}NaOH
12.0	磷酸二氢钠-NaOH	50.0mL 0.05mol·L^{-1}磷酸氢二钠+26.9mL 0.1mol·L^{-1} NaOH，加水稀释至100mL
12.6	NaOH-$Na_2B_4O_7$	10g NaOH+10g $Na_2B_4O_7$ 溶于水，稀释至1L
13.0	KCl-NaOH	25.0mL 0.2mol·L^{-1} KCl + 66.0mL 0.2mol·L^{-1} NaOH，加水稀释至100mL

附录十二　市售酸碱试剂的含量和密度

试剂	密度/(g·mL^{-1})	浓度/(g·mL^{-1})	含量/%
乙酸	1.04	6.2～6.4	36.0～37.0
冰乙酸	1.05	17.4	优级纯，99.8；分析纯，99.5；化学纯，99.0
氨水	0.88	12.9～14.8	25～28
盐酸	1.18	11.7～12.4	36～38
氢氟酸	1.14	27.4	4
硝酸	1.4	14.4～15.3	65～68
高氯酸	1.75	11.7～12.5	70.0～72.0
磷酸	1.71	14.6	85.0
硫酸	1.84	17.8～18.4	95～98

附录十三　某些氢氧化物沉淀和溶解时所需的pH

氢氧化物	pH				
	开始沉淀		沉淀完全	沉淀开始溶解	沉淀完全溶解
	原始浓度/1mol·L^{-1}	原始浓度/0.1mol·L^{-1}			
$Sn(OH)_4$	0	0.5	1.0	13	>14
$TiO(OH)_2$	0	0.5	2.0		
$Sn(OH)_2$	0.9	2.1	4.7	10	13.5
$ZrO(OH)_2$	1.3	2.3	3.8		
$Fe(OH)_3$	1.5	2.3	4.1	14	
HgO	1.3	2.4	5.0	11.5	
$Al(OH)_3$	3.3	4.0	5.2	7.8	10.8
$Cr(OH)_3$	4.0	4.9	6.8	12	>14
$Be(OH)_2$	5.2	6.2	8.8		
$Zn(OH)_2$	5.4	6.4	8.0	10.5	12～13
$Fe(OH)_2$	6.5	7.5	9.7	13.5	
$Co(OH)_2$	6.6	7.6	9.2	14	

续表

氢氧化物	pH				
	开始沉淀		沉淀完全	沉淀开始溶解	沉淀完全溶解
	原始浓度/$1mol \cdot L^{-1}$	原始浓度/$0.1mol \cdot L^{-1}$			
$Ni(OH)_2$	6.7	7.7	9.5		
$Cd(OH)_2$	7.2	8.2	9.7		
Ag_2O	6.2	8.2	11.2	12.7	
$Mn(OH)_2$	7.8	8.8	10.4	14	
$Mg(OH)_2$	9.4	10.4	12.4		

附录十四　几种可燃性气体的燃点、最高火焰温度、爆炸范围

气体(蒸气)	燃点/℃	燃烧时最高火焰温度/℃		混合物中爆炸限度（气体体积分数/%，101.325kPa压力下）	
		在空气中	在氧气中	与空气混合	与氧气混合
一氧化碳	650	2100	2925	12.5～75	13～96
氢气	585	2024	2525	4.1～75	4.5～9.5
硫化氢	260	—	—	4.3～45.4	—
氨气	650	—	—	15.7～27.4	14.8～79
甲烷	537	1875	—	5.0～15	5.4～59.2
乙醇	558	400	—	3.28～18.95	—
煤气		1918			
乙炔	406～440	2325	3005	3.0～80	
乙醚	57			1.8～40	

附录十五　我国化学试剂（通用）的等级标志

中文标志名称	保证试剂优级纯	分析试剂分析纯	化学纯	实验试剂医用	生物试剂
级别	一级品	二级品	三级品	四级品	
符号	GR	AR	CP	LR	BR或CR
瓶签颜色	绿色	红色	蓝色	浅紫色或黑色	黄色或其他色
适用范围	最精确的分析和研究工作	精确分析和研究工作	一般工业分析	普通实验及制备实验	

附录十六　常用危险药品的分类

类别		举例	性质	注意事项
爆炸品		硝酸铵、苦味酸、三基甲苯	遇高热摩擦、撞击，引起剧烈反应，放出大量气体和热量，产生猛烈爆炸	置于阴凉、低温处；轻拿、轻放
易燃品	易燃品	丙酮、乙醚、甲醇、乙醇、苯等有机溶剂	沸点低、易挥发，遇火则燃烧，甚至引起爆炸	存放阴凉处，远离热源；使用时注意通风，不得有明火
	易燃固体	赤磷、硫、萘、消化纤维	燃点低，受热、摩擦、撞击或遇氧化剂，可引起剧烈连续燃烧、爆炸	存放阴凉处，远离热源；使用时注意通风，不得有明火
	易燃气体	氢气、乙炔、甲烷	因受热、撞击引起燃烧，与空气按一定比例混合则会爆炸	使用时注意通风；如为钢瓶气，不得在实验室存放
	遇水易燃品	钾、钠	遇水剧烈反应，产生可燃气体并放出热量，此反应热会引起燃烧	保存于煤油中，切勿与水接触
	自燃品	黄磷、白磷	在适当温度下被空气氧化、放热，达到燃点而引起自然	保存于水中

续表

类别	举例	性质	注意事项
氧化剂	硝酸钾、氯酸钾、过氧化氢、过氧化钠、高锰酸钾	具有强氧化性、遇酸、受热、与有机物、易燃品、还原剂等混合时，因反应引起燃烧或爆炸	不得与易燃品、爆炸品、还原剂等一起存放
剧毒品	氰化钾、三氧化二砷、升汞	剧毒，少量侵入人体(误食或接触伤口)引起中毒，甚至死亡	专人、专柜保管，现用现领，用后的剩余物，不论是固体或液体都要交回保管人，并应设有使用登记制度
腐蚀性药品	强酸、氟化氢、强碱、溴、酚	具有强腐蚀性，触及物品造成腐蚀、破坏，触及人体皮肤，引起化学烧伤	不要与氧化剂、易燃品、爆炸品放在一起

附录十七　定量和定性分析滤纸的规格

项目	单位	定量滤纸			定性滤纸		
		快速(白带)	中速(蓝带)	慢速(红带)	快速	中速	慢速
质量	g/m^2	75	75	80	75	75	80
过滤测定范围		氢氧化铁	碳酸锌	硫酸钡	氢氧化铁	碳酸锌	硫酸钡
水分	%(不大于)	7	7	7	7	7	7
灰分	%(不大于)	0.01	0.01	0.01	0.15	0.15	0.15
含铁量	%(不大于)	—	—	—	0.003	0.003	0.003
水溶性氯化物	%(不大于)	—	—	—	0.02	0.02	0.02

注：表中硫酸钡为热溶液。

附录十八　常用酸碱溶液的质量分数、相对密度和溶解度

表1　盐酸

质量分数/%	相对密度	$S(HCl)$ /g·(100mL H_2O)$^{-1}$	质量分数/%	相对密度	$S(HCl)$ /g·(100mL H_2O)$^{-1}$
1	1.003	1.003	22	1.108	24.38
2	1.008	2.006	24	1.119	26.85
4	1.018	4.007	26	1.129	29.35
6	1.028	6.167	28	1.139	31.90
8	1.038	8.301	30	1.149	34.48
10	1.047	10.47	32	1.159	37.10
12	1.057	12.69	34	1.169	39.75
14	1.068	14.95	36	1.179	42.44
16	1.078	17.24	38	1.189	45.16
18	1.088	19.58	40	1.198	47.92
20	1.098	21.96			

表 2　硫酸

质量分数/%	相对密度	$S(H_2SO_4)$ /g·(100mL H_2O)$^{-1}$	质量分数/%	相对密度	$S(H_2SO_4)$ /g·(100mL H_2O)$^{-1}$
1	1.005	1.005	70	1.611	112.7
2	1.012	2.024	80	1.727	138.2
3	1.018	3.055	90	1.814	163.3
4	1.025	4.100	91	1.820	165.6
5	1.032	5.159	92	1.824	167.8
10	1.066	10.66	93	1.828	170.2
15	1.102	16.53	94	1.831	172.1
20	1.139	22.79	95	1.834	174.2
25	1.178	29.46	96	1.836	176.2
30	1.219	36.56	97	1.836	178.1
40	1.303	52.11	98	1.836	179.9
50	1.395	69.76	99	1.834	181.6
60	1.498	89.90	100	1.831	183.1

表 3　发烟硫酸

游离 SO_3 质量分数/%	相对密度	S(游离 SO_3) /g·(100mL H_2O)$^{-1}$	游离 SO_3 质量分数/%	相对密度	S(游离 SO_3) /g·(100mL H_2O)$^{-1}$
10	1.800	83.46	60	2.020	92.65
20	1.920	85.30	70	2.018	94.48
30	1.957	87.14	90	1.990	98.16
50	2.000	90.81	100	1.984	100.00

注：含游离 SO_3 0%～30%在 15℃为液体；含游离 SO_3 30%～56%在 15℃为固体；含游离 SO_3 56%～73%在 15℃为液体；含游离 SO_3 73%～100%在 15℃为固体。

表 4　氢氧化钠溶液

质量分数/%	相对密度	S(NaOH) /g·(100mL H_2O)$^{-1}$	质量分数/%	相对密度	S(NaOH) /g·(100mL H_2O)$^{-1}$
1	1.010	1.010	26	1.285	33.40
5	1.054	5.269	30	1.328	39.84
10	1.109	11.09	35	1.380	48.31
16	1.175	18.80	40	1.430	57.20
20	1.219	24.38	50	1.525	76.27

表 5　氨水

质量分数/%	相对密度	$S(NH_3)$ /g·(100mL H_2O)$^{-1}$	质量分数/%	相对密度	$S(NH_3)$ /g·(100mL H_2O)$^{-1}$
1	0.994	9.94	16	0.936	149.8
2	0.991	19.97	18	0.930	167.3
4	0.981	39.24	20	0.923	184.6
6	0.973	58.38	22	0.916	201.6
8	0.965	77.21	24	0.910	218.4
10	0.958	95.75	26	0.904	235.0
12	0.950	114.0	28	0.898	251.4
14	0.943	132.0	30	0.892	267.6

表 6　碳酸钠溶液

质量分数/%	相对密度	S(Na_2CO_3)/g·(100mL H_2O)$^{-1}$	质量分数/%	相对密度	S(Na_2CO_3)/g·(100mL H_2O)$^{-1}$
1	1.009	1.010	12	1.124	13.49
2	1.019	2.038	14	1.146	16.05
4	1.040	4.159	16	1.168	13.50
6	1.061	6.364	18	1.191	21.33
8	1.082	8.653	20	1.213	24.26
10	1.103	11.03			

附录十九　水的饱和蒸气压

温度/℃	蒸气压/Pa	温度/℃	蒸气压/Pa	温度/℃	蒸气压/Pa	温度/℃	蒸气压/Pa
1	6.57×10^2	26	3.36×10^3	51	1.29×10^4	76	4.02×10^4
2	7.06×10^2	27	3.56×10^3	52	1.36×10^4	77	4.19×10^4
3	7.58×10^2	28	3.78×10^3	53	1.43×10^4	78	4.36×10^4
4	8.13×10^2	29	4.00×10^3	54	1.49×10^4	79	4.55×10^4
5	8.72×10^2	30	4.24×10^3	55	1.57×10^4	80	4.73×10^4
6	9.35×10^2	31	4.49×10^3	56	1.65×10^4	81	4.93×10^4
7	1.00×10^3	32	4.75×10^3	57	1.73×10^4	82	5.13×10^4
8	1.07×10^3	33	5.03×10^3	58	1.81×10^4	83	5.34×10^4
9	1.15×10^3	34	5.32×10^3	59	1.90×10^4	84	5.56×10^4
10	1.23×10^3	35	5.62×10^3	60	1.99×10^4	85	5.78×10^4
11	1.31×10^3	36	5.94×10^3	61	2.08×10^4	86	6.01×10^4
12	1.40×10^3	37	6.23×10^3	62	2.18×10^4	87	6.25×10^4
13	1.50×10^3	38	6.62×10^3	63	2.28×10^4	88	6.49×10^4
14	1.60×10^3	39	6.99×10^3	64	2.39×10^4	89	6.75×10^4
15	1.70×10^3	40	7.37×10^3	65	2.49×10^4	90	7.00×10^4
16	1.81×10^3	41	7.78×10^3	66	2.61×10^4	91	7.28×10^4
17	1.94×10^3	42	8.20×10^3	67	2.73×10^4	92	7.56×10^4
18	2.06×10^3	43	8.64×10^3	68	2.86×10^4	93	7.85×10^4
19	2.20×10^3	44	9.09×10^3	69	2.98×10^4	94	8.14×10^4
20	2.34×10^3	45	9.58×10^3	70	3.12×10^4	95	8.45×10^4
21	2.49×10^3	46	1.01×10^4	71	3.25×10^4	96	8.77×10^4
22	2.64×10^3	47	1.06×10^4	72	3.39×10^4	97	9.09×10^4
23	2.81×10^3	48	1.12×10^4	73	3.54×10^4	98	9.42×10^4
24	2.98×10^3	48	1.17×10^4	74	3.69×10^4	99	9.77×10^4
25	3.17×10^3	50	1.23×10^4	75	3.85×10^4	100	1.013×10^5

附录二十　化学实验常用仪器简介

仪器		主要用途	使用方法和注意事项
试管		1. 盛少量试剂 2. 作少量试剂反应的容器 3. 制取和收集少量气体 4. 检验气体产物，也可接到装置中用	1. 反应液不超过试管容积的 1/2，加热时不要超过 1/3 2. 加热前试管外面要擦干，加热时要用试管夹 3. 加热后的试管不能骤冷，否则容易破裂 4. 离心试管只能用水浴加热 5. 加热固体时管口略向下倾斜。避免管口冷凝水回流

续表

仪器	主要用途	使用方法和注意事项
烧杯	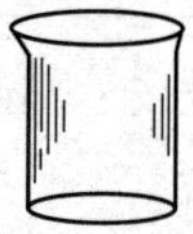 1. 常温或加热条件下作大量物质反应的容器 2. 配制溶液用 3. 接收滤液或代替水槽用	1. 反应液体不超过容量的 2/3，以免搅动时液体溅出或沸腾时溢出 2. 加热前要将烧杯外壁擦干，加热时烧杯底要垫石棉网，以免受热不均匀而破裂
烧瓶	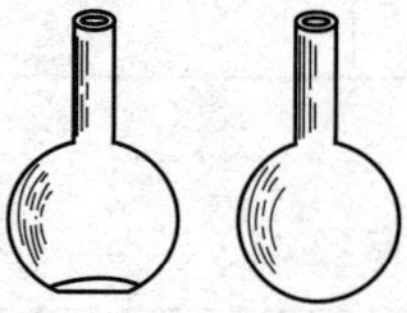 1. 圆底烧瓶可供试剂量较大的物质在常温或加热条件下反应，优点是受热面积大而且耐压 2. 平底烧瓶可配制溶液或加热用，因平底放置平稳	1. 盛放液体量不超过容量的 2/3，也不能太少，避免加热时喷溅或破裂 2. 固定在铁架台上，下垫石棉网再加热，不能直接加热，加热前外壁要擦干，避免受热不均而破裂 3. 放在桌面上，下面要垫木环或石棉环，防止滚动
滴瓶	 盛放少量液体试剂或溶液，便于取用	1. 棕色瓶盛放见光易分解或不稳定的物质，防止分解变质 2. 滴管不能吸太满，也不能倒置，防止试剂侵蚀橡皮胶头 3. 滴管专用，不得弄乱，弄脏，以免污染试剂
试剂瓶	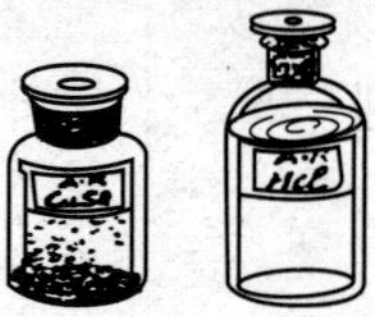 1. 细口瓶用于储存溶液和液体药品 2. 广口瓶用于存放固体试剂 3. 可兼用于收集气体	1. 不能直接加热，防止破裂 2. 瓶塞不能弄脏、弄乱，防止沾污试剂 3. 盛放碱液应使用橡皮塞 4. 不能作反应容器 5. 不用时应洗净并在磨口塞与瓶颈间垫上纸条
量筒量杯	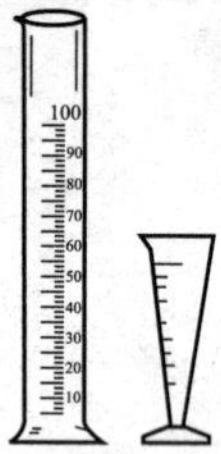 用于粗略量取一定体积的液体时用	1. 不可加热，不可作实验容器（如溶解、稀释等），防止破裂 2. 不可量热溶液或热液体（在标明的温度范围内使用），否则容积不准确 3. 应竖直放在桌面上，读数时，视线应和液面水平，读取与弯月面底相切的刻度，理由是读数准确
吸量管	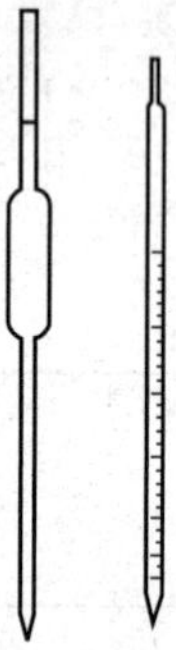 用于精确移取一定体积的液体时用	1. 取洁净的吸量管，用少量移取液淋洗 1～2 次。确保所取液浓度或纯度不变 2. 将液体吸入，液面超过刻度，再用食指按住管口，轻轻转动放气，使液面降至刻度后，用食指按住管口，移至指定容器中，放开食指，使液体沿容器壁自动流下，确保量取准确 3. 未标明“吹”字的吸管，残留的最后一滴液体，不用吹出
容量瓶	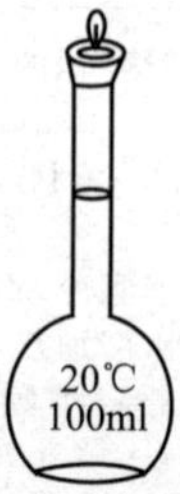 用于配制准确浓度的溶液时用	1. 溶质先在烧杯内全部溶解，然后移入容量瓶 2. 不能加热，不能代替试剂瓶用来存放溶液，避免影响容量瓶容积的精确度 3. 磨口瓶塞是配套的，不能互换

续表

仪器		主要用途	使用方法和注意事项
漏斗		1. 过滤液体 2. 倾注液体 3. 长颈漏斗常用于装配气体发生器时加液用	1. 不可直接加热，防止破裂 2. 过滤时，滤纸角对漏斗角；滤纸边缘低于漏斗边缘，液体液面低于滤纸边缘；杯靠棒，棒靠滤纸，漏斗颈尖端必须紧靠承接滤液的容器内壁（即一角、二低、三紧靠），防止滤液贱失（出） 3. 长颈漏斗作加液时斗颈应插入液面内，防止气体自漏斗泄出
分液漏斗	球形 梨形	1. 用于互不相溶的液-液分离 2. 萃取 3. 洗涤某液体物质 4. 气体发生装置中加液时用	1. 不能加热，防止玻璃破裂 2. 在塞上涂一层凡士林油，旋塞处不能漏液，且旋转灵活 3. 所盛放的液体总量不能超过漏斗容积的3/4 4. 分液漏斗要固定在铁架台上 5. 分液时，下层液体从漏斗管流出，上层液从上口倒出，防止分离不清 6. 作气体发生器时漏斗颈应插入液面内，防止气体自漏斗管喷出 7. 用毕洗净后，在磨口处应垫上小纸片，以防黏结，日后久置打不开
蒸发皿		1. 用于溶液的蒸发、浓缩 2. 焙干物质	1. 盛液量不得超过容积的2/3 2. 直接加热，耐高温但不宜骤冷 3. 加热时应不断搅拌以促使溶剂蒸发 4. 临近蒸干时，降低温度或停止加热，利用余热蒸干
表面皿		1. 盖在烧杯或蒸发皿上 2. 作点滴反应器皿或气室用 3. 盛放干净物品	1. 不能直接用火加热，防止破裂 2. 不能当蒸发皿用
酒精灯		1. 常用热源之一 2. 进行焰色反应	1. 使用前应检查灯芯和酒精量（不少于容积的1/5，不超过容积的2/3） 2. 用火柴点火，禁止用燃着的酒精灯去点另一盏酒精灯 3. 不用时应立即用灯帽盖灭，轻提后再盖紧，防止下次打不开及酒精挥发
铁架台		1. 固定或放置反应容器 2. 铁圈可代替漏斗架用于过滤	1. 先调节好铁圈、铁夹的距离和高度，注意重心，防止站立不稳 2. 用铁夹夹持仪器时，应以仪器不能转动为宜，不能过紧过松，过紧夹破，过松脱落 3. 加热后的铁圈不能撞击或摔落在地，避免断裂

续表

仪器		主要用途	使用方法和注意事项
试管刷	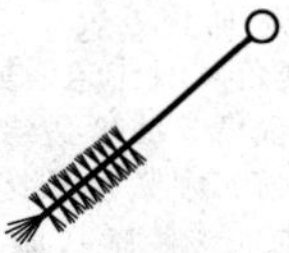	洗涤试管等玻璃仪器	1. 小心试管刷顶部的铁丝撞破试管底 2. 洗涤时手持刷子的部位要合适，要注意毛刷顶部竖毛的完整程度，避免洗不到仪器顶端或因刷顶撞破仪器 3. 不同的玻璃仪器要选择对应的试管刷
滴定管	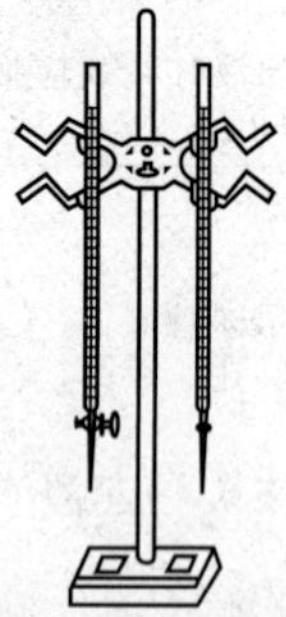	滴定时用，或用量取较准确测量溶液的体积时	1. 酸的滴定用酸式滴定管，碱的滴定用碱式滴定管，不可对调混用。因为酸液腐蚀橡皮；碱液腐蚀玻璃 2. 使用前应检查旋塞是否漏液，转动是否灵活，酸管旋塞应擦凡士林油，碱管下端橡皮管不能用洗液洗，因为洗液腐蚀橡皮 3. 酸式管滴定时，用左手开启旋塞，防止拉出或喷漏。碱式滴定管滴定时，用左手捏橡皮管内玻璃珠，溶液即可放出，在碱管使用时，要注意赶尽气泡，这样读数才准确
点滴板	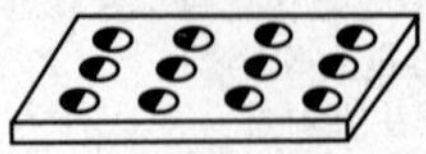	用于产生颜色或生成有色沉淀的点滴反应	1. 常用白色点滴板 2. 有白色沉淀的用黑色点滴板 3. 试剂常用量为1～2滴
研钵		1. 研碎固体物质 2. 混匀固体物质 3. 按固体的性质和硬度选用不同的研钵	1. 不能加热或作反应容器用 2. 不能将易爆物质混合研磨，防止爆炸 3. 盛固体的量不宜超过研钵容积的1/3，避免物质甩出 4. 只能研磨、挤压，勿敲击，大块物质只能压碎，不能舂碎。防止击碎研钵和杵或物体飞溅
试管夹	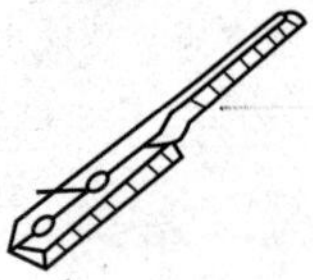	加热试管时夹试管用	1. 加热时，夹住距离管口约1/3处，避免烧焦夹子和锈蚀，也便于摇动试管 2. 不要把拇指按在夹的活动部位，避免试管脱落 3. 规范操作一定要从试管底部套上或取下试管夹
石棉网	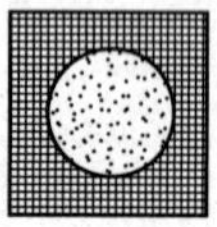	1. 使受热物体均匀受热 2. 石棉是一种不良导体，它能使受热物体均匀受热，不致造成局部高温	1. 应先检查，石棉脱落的不能用，否则起不到作用 2. 不能与水接触，以免石棉脱落和铁丝锈蚀 3. 不可卷折，因为石棉松脆，易损坏
药匙		1. 拿取少量固体试剂时用 2. 有的药匙两端各有一个勺，一大一小。根据用药量大小分别选用	1. 保持干燥、清洁 2. 取完一种试剂后，必须洗净，并用滤纸擦干或干燥后再取用另一种药品，避免沾污试剂，发生事故
圆底、三颈烧瓶		1. 圆底烧瓶可作为蒸馏瓶，也可用于试剂量较大的加热反应及装配气体发生装置 2. 三颈烧瓶主要用于有机化合物的制备	1. 蒸馏装置中的被蒸馏液体一般不超过蒸馏瓶容积的2/3，也不少于1/3 2. 加热时需垫上石棉网，并固定在铁架台上，防止骤冷，以免容器破裂 3. 三颈烧瓶的三个颈根据需要可插入温度计、分液漏斗、与蒸馏头或冷凝管等连接

续表

仪器		主要用途	使用方法和注意事项
刺形分馏管	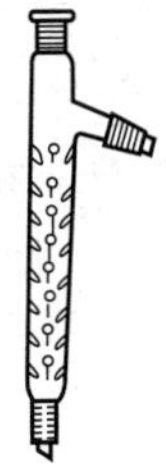	1. 要用于分离沸点相差不大的液体(相差 25℃左右) 2. 也可用于有机化合物的制备	实验过程中要尽量减少分馏柱的热量损失，必要时可在分馏柱的周围用石棉绳包裹
蒸馏头		用于常压蒸馏	上口接温度计,斜口连接直形冷凝管
冷凝管	空气  直形 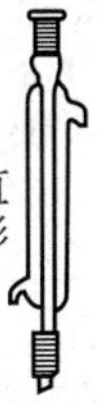 球形 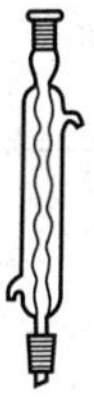 蛇形 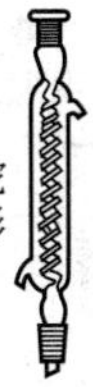	1. 主要用于冷却被蒸馏物的蒸气 2. 蒸馏沸点高于 130℃的液体时,选用空气冷凝管 3. 蒸馏沸点低于 130℃的液体时,选用直形冷凝管 4. 蒸馏沸点很低的液体时,选用蛇形冷凝管 5. 球形冷凝管一般用于回流	1. 用万能夹固定于铁架台上 2. 使用冷凝管时(除空气冷凝管外),冷凝水从下口进入,上口流出,上端的出水口应向上以保证套管中充满水 3. 在加热之前,应先通冷凝水
接液管	普通  真空 	1. 接液管和三角烧瓶一起作为常压蒸馏时的接收器,接收经冷凝管冷却后的液体 2. 真空接液管用于减压蒸馏	1. 管的小嘴与大气相通,避免造成封闭体系,必要时也可通过干燥塔与大气相通 2. 真空接液管的小嘴用于抽真空,但需要通过保护瓶与真空泵连接
分馏头		1. 分馏头用于减压蒸馏 2. 真空三叉接液管用于具有多种馏分的减压蒸馏	1. 分馏头的 2 个上口分别接毛细管和温度计,斜口连接直形冷凝管 2. 真空三叉接液管连接 3 个接收瓶,小嘴用于抽真空,但需要通过保护瓶与真空泵连接
真空三叉接液管			

续表

仪器		主要用途	使用方法和注意事项
T形连接管		1. 用于水蒸气蒸馏装置，主要起连接作用，同时可以方便地除去冷凝下来的水 2. 如果蒸馏系统发生阻塞时，可及时放气，以免发生危险	当水蒸气蒸馏完毕时，应先打开T形连接管
熔点测定管		主要用于测定熔点	1. 熔点测定管应固定在铁架加台上 2. 加入的传温液要与测定管的上侧管口齐 3. 应在测定管的侧管末端进行加热
特种过滤漏斗	布氏漏斗　抽滤瓶	用于常量分离晶体和母液时的减压过滤	1. 布氏漏斗以橡皮塞固定在抽滤瓶上，布氏漏斗下端的缺口对着抽滤瓶的侧管 2. 滤纸应小于布氏漏斗的底面，但须盖住其小孔，用溶剂润湿滤纸，使其紧贴在布氏漏斗的底面上
	保温漏斗	用于溶解度随温度变化较大物质的趁热过滤	1. 保温漏斗中的水温视所用溶剂而定，一般应低于溶剂的沸点，以避免溶剂蒸发而析出晶体 2. 如果需过滤液体的量较大，且溶剂非易燃物，可加热保温漏斗的侧管

附录二十一　常用试剂的配制

1. 碘-碘化钾溶液　将2g碘和5g碘化钾溶于100mL水中，加热溶解即得。

2. 碘化汞钾溶液　把5%碘化钾水溶液慢慢地加入到2%氯化汞（或硝酸汞）水溶液中，加到初生的红色沉淀刚刚完全溶解为止。

3. 卢卡斯（Lucas）试剂　用冰浴冷却烧杯内的10mL浓盐酸，趁冷并在不断搅拌的情况下，将16g无水氯化锌溶入酸中。

4. 饱和溴水　溶解15g溴化钾于100mL水中，加入10g溴，振荡即成（在通风橱内操作）。

5. 饱和亚硫酸氢钠溶液　在100mL 40%亚硫酸氢钠溶液中，加入25mL不含醛的无水乙醇。混合后，如有少量的亚硫酸氢钠结晶析出，必须滤去，或倾泻上层清液。此溶液不稳定，容易被氧化和分解，因此不能保存很久，实验前配制为宜。

6. 席夫（Schiff）试剂　溶解0.2g对品红盐酸盐于100mL热水中，冷却后，加入2g亚硫酸氢钠和2mL浓盐酸，最后用蒸馏水稀释到200mL。

7. 2,4-二硝基苯肼溶液　将3g 2,4-二硝基苯肼溶于15mL浓硫酸中，将此酸性溶液加入到70mL 95%乙醇溶液中，用蒸馏水稀释到100mL，搅拌均匀后过滤，取滤液储存于棕色试剂瓶中。此试剂对于非水溶性的样品也适用，因为其中含有乙醇。

8. 苯肼试剂　将5g盐酸苯肼溶于适量水中，微热使它溶解（若溶液有颜色，则加入少量的活性炭脱色过滤），然后加入9g醋酸钠晶体，搅拌溶解后，加蒸馏水稀释至100mL。

9. 斐林（Fehling）试剂　斐林试剂由斐林试剂A和斐林试剂B组成，使用时两者等体积混合。配制方法：将3.5g硫酸铜结晶溶解于100mL蒸馏水中，即可得到淡蓝色的斐林试剂A；将17g含5个结晶水的酒石酸钾钠溶于20mL热水中，然后加入含有5g氢氧化钠的水溶液20mL，加水稀释至100mL即得到无色清亮的斐林试剂B。

10. 本尼迪克（Benedict）试剂　在400mL烧杯中溶解20g柠檬酸钠和11.5g无水碳酸钠于100mL热水中。在不断搅拌下把含有2g硫酸铜结晶的20mL水溶液慢慢地加到此柠檬酸钠和碳酸钠溶液中。此混合液应十分清澈，否则，需过滤。本尼迪克试剂在放置时不易变质，也不必像斐林试剂那样配成A、B液，分别保存，所以，比斐林试剂使用方便。

11. 托伦（Tollens）试剂　加20mL 5%硝酸银溶液于1干净试管中，滴加1滴10%氢氧化钠溶液，然后滴加2%氨水，随摇，直至沉淀刚好溶解。配制托伦试剂时应防止加入过量的氨水，否则，将生成雷酸银（Ag—O—N≡C）。受热后将引起爆炸，试剂本身还将失去灵敏性。托伦试剂必须现用现配。

12. 氯化亚铜氨溶液　取1g氯化亚铜加1～2mL浓氨水和10mL水，用力摇动后，静置片刻，倒出溶液，并投入一块铜片（或一根铜丝），储存备用。

13. 2%淀粉溶液　将2g可溶性淀粉溶于10mL冷蒸馏水中，用力搅拌成稀浆状，然后倒入90mL煮沸的蒸馏水中，即得近于透明的胶体溶液，放冷使用，临用前配制。

14. 5% α-萘酚试剂　将5g α-萘酚溶于100mL 95%乙醇中，储于棕色瓶中，临用前配制。

15. 间苯二酚-盐酸试剂　间苯二酚0.05g溶于50mL浓盐酸内，用水稀释至100mL。

附录二十二　一些无机化合物的颜色

卤族

固体：I_2 紫黑；ICl 暗红；IBr 暗灰；IF_3 黄色；ICl_3 橙；I_2O_5 白；I_2O_4 黄；I_4O_9 黄

液体：Br_2 红棕；BrF_3 浅黄绿；IBr_3 棕；Cl_2O_6 暗红；Cl_2O_7 无色油状；$HClO_4$ 无色黏稠状；$(SCN)_2$ 黄色油状

气体：F_2 浅黄；$(CN)_2$ 无色；Cl_2 黄绿；I_2 紫；BrF 红棕；BrCl 红；Cl_2O 黄红；ClO_2 黄色；Br_2O 深棕；$(SCN)_n$ 砖红色

氧族

固体：S 淡黄；Se 灰，褐；Te 无色，金属光泽；Na_2S，$(NH_4)_2S$，K_2S 无色；BaS 白；ZnS 白；MnS 肉红；FeS 黑；PbS 黑；CdS 黄；Sb_2S_3 橘红；SnS 褐色；HgS 黑，红；Ag_2S 黑；CuS 黑；$Na_2S_2O_3$ 白；$Na_2S_2O_4$ 白；SeO_2 白，易挥发；$SeBr_2$ 红；$SeBr_4$ 黄；TeO_2 白（加热变黄）；H_2TeO_3 白；$TeBr_2$ 棕；$TeBr_4$ 橙；TeI_4 灰黑；PoO_2 黄（低温），红（高温）；SO_3 无色；SeO_3 无色；TeO_3 橙色；H_6TeO_6 无色

液体：纯 H_2O_2 淡蓝色黏稠；纯 H_2SO_4 无色油状；SO_3^{2-}(aq) 无色；SO_4^{2-}(aq) 无色；SeO_2 橙；TeO_2 深红

气体：O_2 无色；O_3 淡蓝；S_2(g) 黄；H_2S 无色；SO_2 无色；H_2Se 无色；H_2Te 无色

氮族

固体：铵盐无色；N_2O_3 蓝色(低温)；N_2O_5 白；P 白，红，黑；P_2O_3 白；P_2O_5 白；PBr_3 黄；PI_3 红；PCl_5 无色；P_4S_x 黄；P_2S_3 灰黄；P_2S_5 淡黄；$H_4P_2O_7$ 无色；

H_3PO_2 白；As 灰；As_2O_3 白；As_2O_5 白；AsI_3 红；As_4S_4 红；As_4S_6 黄；As_2S_5淡黄；Sb 银白；$Sb(OH)_3$ 白；Sb_2O_3 白；Sb_2O_5 淡黄；SbI_3 红；Sb_2S_3 橘红；Sb_2S_5 橙黄；Bi 银白略显红；Bi_2O_3 淡黄；Bi_2O_5红棕；BiF_3 灰白；$BiCl_3$ 白；$BiBr_3$ 黄；BiI_3 黑；Bi_2S_3 棕黑

液体：N_2H_4 无色；HN_3 无色；NH_2OH 无色；发烟硝酸红棕；NO_3^-(aq) 无色；王水浅黄，氯气味；硝基苯黄色油状；氨合电子（液氨溶液）蓝；PX_3 无色；纯 H_3PO_4 无色黏稠状

气体：N_2 无色；NH_3 无色；N_2O、NO 无色；NO_2 红棕；PH_3 无色；P_2H_6 无色；AsH_3 无色；SbH_3 无色；BiH_3 无色

卤化氮

固体：$NBr_3 \cdot (NH_3)_6$ 紫；$NI_3 \cdot (NH_3)_6$ 黑

液体：NCl_3无色

气体：NF_3无色

碳族

固体：C(金刚石)无色透明；C(石墨)黑色金属光泽；Si 灰黑色金属光泽；Ge 灰白；Sn 银白；Pb 暗灰；SiO_2 无色透明；H_2SiO_3 无色透明；Na_2SiF_6 白；GeO 黑；GeO_2 白；SnO 黑；SnO_2 白；$Sn(OH)_2$ 白；PbO 黄或黄红；Pb_2O_3 橙；Pb_3O_4 红；PbO_2 棕；CBr_4 淡黄；CI_4 淡红；GeI_2 橙；$GeBr_2$ 黄；GeF_4 白；$GeBr_4$ 灰白；GeI_4 黄；SnF_2 白；$SnCl_2$ 白；$SnBr_2$ 淡黄；SnI_2 橙；SnF_4 白；$SnBr_4$无色；SnI_4 红；PbF_2 无色；$PbCl_2$ 白；$PbBr_2$ 白；PbI_2 金黄；PbF_4 无色；GeS 红；GeS_2 白；SnS 棕；SnS_2 金黄；PbS 黑；PbS_2 红褐；$Pb(NO_3)_2$ 无色；$Pb(Ac)_2 \cdot 3H_2O$无色晶体；$PbSO_4$ 白；$PbCO_3$ 白；$Pb_3(CO_3)_2(OH)_2$ 铅白；$Pb(OH)_2$白↓；$PbCrO_4$亮黄

液体：CCl_4无色；CS_2 无色；$GeCl_4$无色；$SnCl_4$无色；$PbCl_4$ 无色

气体：CO、CO_2、CH_4、CF_4、SiF_4、SiH_4 均为无色

硼族

固体：B(无定型) 棕色粉末；B(晶体) 黑灰；Al 银白；Ga 银白（易液化）；In 银灰；Tl 银灰；B_2O_3 玻璃状；H_3BO_3 无色片状；BN 白；$Na_2B_4O_7 \cdot 10H_2O$ 白色晶体；$Cu(BO_2)_2$ 蓝；$Ni(BO_2)_2$ 绿；$NaBO_2 \cdot Co(BO_2)_2$ 蓝；$NaBO_2 \cdot 4H_2O$ 无色晶体；无水 $NaBO_2$ 黄晶；Al_2O_3 白晶；AlF_3 无色；$AlCl_3$白；$AlBr_3$ 白；AlI_3 棕；$Al(OH)_3$白；Ga_2O_3 白；$Ga(OH)_3$ 白；$GaBr_3$ 白；GaI_3 黄；In_2O_3 黄；$InBr_3$ 白；InI_3黄；TlOH 黄；Tl_2O 黑；Tl_2O_3 棕黑；TlCl 白；TlBr 浅黄；TlI 黄；$TlBr_3$ 黄；TlI_3 黑

液体：BCl_3 无色

气体：硼烷无色；BF_3 无色

碱土金属

单质：银白

焰色：Ca 砖红；Sr 洋红；Ba 绿

氧化物及氢氧化物：均为白色固体

盐：多为无色或白色晶体；$BeCl_2$ 浅黄；$BaCrO_4$黄；CaF_2白

碱金属

单质：银白

焰色：Li 红；Na 黄；K 紫；Rb 紫红；Cs 紫红

氧化物、氢氧化物：多为无色或白色；K_2O 淡黄；Rb_2O 亮黄；Cs_2O 橙红

过氧化物、超氧化物、臭氧化物：Na_2O_2 淡黄；KO_2 橙黄；RbO_2 深棕；CsO_2 深黄；KO_3 橘红白色，LiOH 白

盐：多为无色或白色晶体；$NaZn(UO_2)_3(Ac)_9 \cdot 6H_2O$ 黄绿；$K_3[Co(NO_2)_6]$ 亮黄

铜副族

单质：Cu 紫红或暗红；Ag 银白；Au 金黄

铜化合物：焰色绿；CuF 红；CuCl 白；CuBr 黄；CuI 棕黄；CuCN 白；Cu_2O 暗红；Cu_2S 黑；CuF_2 白；$CuCl_2$ 棕黄；$CuBr_2$ 棕；$Cu(CN)_2$ 棕黄；CuO 黑；CuS 黑；$CuSO_4$ 无色；$CuSO_4 \cdot 5H_2O$ 蓝；$Cu(OH)_2$ 淡蓝；$Cu(OH)_2 \cdot CuCO_3$ 墨绿；$[Cu(H_2O)_4]^{2+}$ 蓝；$[Cu(OH)_4]^{2-}$ 蓝紫；$[Cu(NH_3)_4]^{2+}$ 深蓝；$[CuCl_4]^{2-}$ 黄；$[Cu(en)_2]^{2+}$ 深蓝紫；$Cu_2[Fe(CN)_6]$ 棕红；炔铜 红

银化合物：AgOH 白（常温分解）；Ag_2O 黑；新制 AgOH 棕黄（混有 Ag_2O）；$AgNO_3$ 蛋白（接触皮肤变黑）；AgF 白；AgCl 白；AgBr 淡黄；AgI 黄；Ag_2S 黑；$Ag_4[Fe(CN)_6]$ 白；$Ag_3[Fe(CN)_6]$ 白；Ag^+，$[Ag(NH_3)_2]^+$，$[Ag(S_2O_3)_2]^{3-}$，$[Ag(CN)_2]^-$ 无色

金化合物：$HAuCl_4 \cdot 3H_2O$ 亮黄晶体；$KAuCl_4 \cdot 1.5H_2O$ 无色片状晶体；Au_2O_3 黑；$H[Au(NO_3)_4] \cdot 3H_2O$ 黄色晶体；AuBr 灰黄；AuI 柠檬黄

锌副族

单质：均为银白，Hg 在水溶液中的沉淀为黑色

锌化合物：ZnO 白；ZnI_2 无色；ZnS 白；$ZnCl_2$ 白色；$K_3Zn_3[Fe(CN)_6]$ 白；$Zn_3[Fe(CN)_6]_2$ 黄褐

镉化合物：CdO 棕灰；CdI_2 黄；CdS 黄；$HgCl_2$ 白色；$HgNH_2Cl$ 白；Hg_2Cl_2 白

汞化合物：HgO 红（大晶粒）或黄（小晶粒）；HgI_2 红或黄；HgS 黑或红；$Hg_2NI \cdot H_2O$ 红；$Hg_2(NO_3)_2$ 无色

ZnS 荧光粉：Ag 蓝；Cu 黄绿；Mn 橙

铁系

铁化合物：Fe^{2+} 浅绿；$[Fe(H_2O)_6]^{3+}$ 浅紫；$[Fe(OH)(H_2O)_5]^{2+}$ 黄；FeO_4^{2-} 紫红；FeO 黑；Fe_2O_3 暗红；$Fe(OH)_2$ 白；$Fe(OH)_3$ 棕红；$FeCl_3$ 棕红；无水 $FeSO_4$ 白；$FeSO_4 \cdot 7H_2O$ 绿；$K_4[Fe(CN)_6]$ 黄色晶体；$K_3[Fe(CN)_6]$ 红色；$Fe_2[Fe(CN)_6]$ 蓝；$Fe[Fe(CN)_6]$ 黑；$Fe(C_5H_5)_2$ 橙黄色；$K_2Fe6(SO_4)_4(OH)_{12}$ 浅黄；$Fe(CO)_5$ 黄色

钴化合物：Co^{2+} 粉红；CoO 灰绿；Co_3O_4 黑；$Co(OH)_3$ 棕；$Co(OH)_2$ 粉红；$Co(CN)_2$ 红；$K_4[Co(CN)_6]$ 紫色；$Co_2(CO)_8$ 黄色；$[Co(SCN)_6]^{4-}$ 紫

氯化钴脱水变色：$CoCl_2 \cdot 6H_2O$（325K）粉红；$CoCl_2 \cdot 2H_2O$（313K）紫红；$CoCl_2 \cdot H_2O$（393K）蓝紫；$CoCl_2$ 蓝

镍化合物：Ni^{2+} 亮绿；$[Ni(NH_3)_6]^{2+}$ 紫；$Ni(OH)_2$ 绿；$Ni(OH)_3$ 黑；无水 Ni(Ⅱ)盐黄；$Na_2[Ni(CN)_4]$ 黄；$K_2[Ni(CN)_4]$ 橙；$Ni(CO)_4$ 无色；Os 蓝灰；

Pd 黑；OsO_4 无色；H_2PtCl_6 橙红色；Na_2PtCl_6橙黄色；K_2PtCl_6 黄色

其他过渡元素

钛化合物：Ti^{3+}紫红；$[TiO(H_2O_2)_2]^{2+}$橘黄；H_2TiO_3 白色；TiO_2 白；$(NH_4)_2TiCl_6$ 黄色；$[Ti(H_2O)_6]Cl_3$ 紫色；$[Ti(H_2O)_5Cl]Cl_2 \cdot H_2O$ 绿色；$TiCl_4$ 无色发烟液体

锆、铪：MO_2、MCl_4 白

钒化合物：V^{2+}紫；V^{3+}绿；VO^{2+}蓝；$V(OH)_4^-$ 黄；VO_4^{3-} 黄；VO 黑；V_2O_3 灰黑；V_2S_3 棕黑；VO_2蓝色固体；VF_4 绿色固体；VCl_4暗棕色液体；VBr_4 洋红色液体；V_2O_5 黄或砖红；水合 V_2O_5棕红；饱和 V_2O_5 溶液（微溶）淡黄；$[VO_2(O_2)_2]^{3-}$黄；$[V(O_2)_3]^{3-}$红棕

钒酸根缩聚：随着钒氧原子数之比减小，由浅黄→深红→淡黄

铬化合物：Cr^{2+}蓝；Cr^{3+}紫；$Cr_2O_7^{2-}$ 橙红；CrO_4^{2-} 黄；$Cr(OH)_4^-$ 亮绿；$Cr(OH)_3$ 灰蓝；Cr_2O_3 绿；CrO_3 暗红色针状；$[CrO(O_2)_2]OEt_2$ 蓝；CrO_2Cl_2 深红色；K_2CrO_7 橙红；Ag_2CrO_4 砖红；$BaCrO_4$ 黄；$PbCrO_4$ 黄；$Cr_2(SO_4)_3 \cdot 18H_2O$ 紫；$Cr_2(SO_4)_3 \cdot 6H_2O$ 绿色；$Cr_2(SO_4)_3$ 桃红；$[Cr(H_2O)_4Cl_2]Cl$ 暗绿；$[Cr(H_2O)_6]Cl_3$ 紫色；$[Cr(H_2O)_5Cl]Cl_2$淡绿；$[Cr(H_2O)_6]^{3+}$紫；$[Cr(H_2O)_4(NH_3)_2]^{3+}$紫红；$[Cr(H_2O)_3(NH_3)_3]^{3+}$浅红；$[Cr(H_2O)_2(NH_3)_4]^{3+}$橙红；$[Cr(NH_3)_5H_2O]^{3+}$橙黄；$[Cr(NH_3)_6]^{3+}$黄

钼、钨：MoO_3 白；棕色 $MoCl_3$；绿色 $MoCl_5$；MoS_3 棕色；$(NH_4)_3[P(Mo_{12}O_{40})] \cdot 6H_2O$ 黄色；WO_3 深黄；$H_2WO_4 \cdot xH_2O$ 白

锰化合物：Mn^{2+}肉红；Mn^{3+}紫红；MnO_4^{2-} 绿；MnO_4^- 紫；MnO_3^+ 亮绿；$Mn(OH)_2$ 白；$MnO(OH)_2$ 棕；MnO_2 黑；$MnSO_4$ 白色；六水合锰盐（$MnX_2 \cdot 6H_2O$，X=卤素，NO_3，ClO_4）粉红；$MnS \cdot nH_2O$ 肉红；无水 MnS 深绿；$MnCO_3$ 白；$Mn_3(PO_4)_2$ 白；$KMnO_4$ 紫红；K_2MnO_4 绿；$K_2[MnF_6]$ 金黄色；Mn_2O_7 棕色油状

附录二十三　关于毒性、危害性化学药品的知识

一、化学药品、试剂毒性分类参考

(1) 致癌物质

黄曲霉素 B_1　亚硝胺　3,4-苯并芘等（以上为强致癌物质）

2-乙酰氨基芴　4-氨基联苯　联苯胺及其盐类

3,3-二氯联苯胺　4-二甲基氨偶氮苯　1-萘胺　2-萘胺

4-氨基联苯　*N*-亚硝基二甲胺　β-丙内酯　1,2-亚乙基亚胺

4,4′-亚甲基双(2-氯苯胺)　氯甲基甲醚　二硝基萘

羰基镍　氯乙烯　间苯二酚　二氯甲醚等

(2) 剧毒品

六氯苯	羰基铁	氰化钠	氢氟酸	氯化氰
氯化汞	氢氰酸	砷酸汞	汞蒸气	砷化氢
光气	氟光气	磷化氢	三氧化二砷	有机砷化物

有机磷化物	有机氟化物	有机硼化物	铍及其化合物	丙烯腈
乙腈等				

（3）高毒品

氟化钠	对二氯苯	甲基丙烯腈	丙酮氰醇	二氯乙烷
三氯乙烷	偶氮二异丁腈	黄磷	三氯氧磷	五氯化磷
三氯化磷	五氯化二磷	三氯甲烷	溴甲烷	二乙烯酮
一氧化二氮	铊化合物	四乙基铅	四乙基锡	三氯化锑
溴水	氯气	三氧化二钒	二氧化锰	二氯硅烷
三氯甲硅烷	苯胺	硫化氢	硼烷	氯化氢
氟乙酸	丙烯醛	乙烯酮	氟乙酰胺	碘乙酸乙酯
溴乙酸乙酯	氯乙酸乙酯	有机氰化物	芳香胺	叠氮钠等

（4）中毒

苯	四氯化碳	三氯硝基甲烷	乙烯吡啶	三硝基甲苯
五氯酚钠	硫酸	砷化镓	丙烯酰胺	环氧乙烷
环氧氯丙烷	烯丙醇	二氯丙醇	糠醛	三氟化硼
四氯化硅	硫酸镉	氯化镉	硝酸	甲醛
甲醇	肼（联氨）	二硫化碳	甲苯	二甲苯
一氧化碳	一氧化氮等			

（5）低毒品

三氯化铝	钼酸铵	间苯二胺	正丁醇	叔丁醇
乙二醇	丙烯酸	甲基丙烯酸	顺丁烯二酸酐	二甲基甲酰胺
己内酰胺	亚铁氰化钾	铁氰化钾	氨及氢氧化铵	四氯化锡
氯化锗	对氯苯胺	硝基苯	三硝基甲苯	对硝基氯苯
二苯甲烷	苯乙烯	二乙烯苯	邻苯二甲酸	四氢呋喃
吡啶	三苯基膦	烷基铝	苯酚	三硝基酚
对苯二酚	丁二烯	异戊二烯	氢氧化钾	盐酸
乙醚	丙酮等			

二、有毒化学物质对人体的危害

有毒物质对人体的危害主要是引起中毒，中毒分为急性、亚急性和慢性。毒物一次短时间内大量进入人体后可引起急性中毒；少量毒物长期进入人体所引起的中毒称为慢性中毒；介于两者之间者，称为亚急性中毒。有毒物质对人体的主要损害如下。

1. 骨骼损害

长期接触氟可引起氟骨症。磷中毒可引起下颌改变，严重者发生下颌骨坏死。长期接触氯乙烯可导致肢端溶骨症，即指骨末端发生骨缺损。镉中毒可引起骨软化。

2. 眼损害

生产性毒物引起的眼损害分为接触性和中毒性两类。接触性眼损害主要是指酸、碱及其他腐蚀性毒物引起的眼灼伤。眼部的化学灼伤救治不及时可造成终生失明。引起中毒性眼病最主要的毒物为甲醇和三硝基甲苯。甲醇急性中毒者的眼部表现模糊、眼球压痛、畏光、视力减退、视野缩小等症状，严重中毒时可导致复视、双目失明。慢性三硝基甲苯中毒的主要临床表现之一为中毒性白内障，即眼晶状体发生浑浊，浑浊一旦出现，停止接触不会自行消退，晶状体全部浑浊时可导致失明。

3. 皮肤损害

职业性疾病中常见、发病率最高的是职业性皮肤病，其中由化学性因素引起者占多数。引起皮肤损害的化学性物质分为原发性刺激物、致敏物和光敏感物。常见原发性刺激物为酸类、碱类、金属盐、溶剂等；常见皮肤致敏物有金属盐类（如铬盐、镍盐）、合成树脂类、染料、橡胶添加剂等；光敏感物有沥青、焦油、吡啶、蒽、菲等。常见的职业性皮肤病包括接触性皮炎、皮疹及氯痤疮、皮肤黑变病、皮肤溃疡、角化过度及皲裂等。

4. 化学灼伤

化学灼伤是化工生产中的常见急症，是指由化学物质对皮肤、黏膜刺激及化学反应热引起的急性损害。按临床表现分为体表（皮肤）化学灼伤、呼吸道化学灼伤、消化道化学灼伤、眼化学灼伤。常见的致伤物有酸、碱、酚类、黄磷等。某些化学物质在致伤的同时可经皮肤、黏膜吸收引起中毒，如黄磷灼伤、酚灼伤、氯乙酸灼伤，甚至引起死亡。

5. 职业性肿瘤

接触职业性致癌性因素而引起的肿瘤，称为职业性肿瘤。国际癌症研究机构（IARC）1994年宣布了对人肯定有致癌性的63种物质或环境。致癌物质有苯、铍及其化合物、镉及其化合物、六价铬化合物、镍及其化合物、环氧乙烷、砷及其化合物、α-萘胺、4-氨基联苯、联苯胺、煤焦油沥青、石棉、氯甲醚等；致癌环境有煤的气化、焦炭生产等场所。我国1987年颁布的职业病名单中规定石棉所致肺癌、间皮瘤，联苯胺所致膀胱癌，苯所致白血病，氯甲醚所致肺癌，砷所致肺癌、皮肤癌；氯乙烯所致肝血管肉瘤；焦炉工人癌和铬酸盐制造工人肺癌为法定的职业性肿瘤。

毒物引起的中毒易造成多器官、多系统的损害如常见毒物铅可引起神经系统、消化系统、造血系统及肾脏损害；三硝基甲苯中毒可出现白内障、中毒性肝病、贫血等。现为对中枢神经系统的麻醉，而慢性中毒主要表现为造血系统的损害。此外，有毒化学物质对机体的危害，尚取决于一系列因素和条件，如毒物本身的特性（化学结构、理化特性），毒物的剂量、浓度和作用时间，毒物的联合作用，个体的感受性等。总之，机体与有毒化学物质之间的相互作用是一个复杂的过程，中毒后的表现千变万化，了解和把握这些过程和表现，无疑将有助于我们对化学物质中毒的防治。

附录二十四　化学文献和手册中常见词的英文缩写

aa acetic acid	醋酸
abs absolute	绝对的
ac acid	酸
Ac acetyl	乙酰基
ace acetone	丙酮
al alcohol	醇（乙醇）
alk alkali	碱
Am amyl [pentyl]	戊基
Amor amorphous	无定形的
anh anhydrous	无水的
aq aqueous	含水的
as asymmetric	不对称的
atm atmosphere	大气，大气压
b boiling	沸腾
bipym bipyramidal	双锥体的
bk black	黑（色）
bl blue	蓝（色）
br brown	棕，褐（色）
bt bright	嫩，浅（色）
Bu butyl	丁基
Bz benzene	苯
c cold	冷的，无光（彩）

chl chloroform 氯仿
col columns 柱、塔、列
col colorless 无色
comp compound 化合物
conc concentrated 浓的
cr crystals 结晶、晶体
cy cyclohexane 环己烷
d decompose 分解
dil diluted 稀释，稀的
diox dioxane 二噁烷
diq deliquescent 潮解的、易吸湿气的
distb distillable 可蒸馏的
dk dark 黑暗的，暗（颜色）
DMF dimethyl formamide 二甲基甲酰胺
Et ethyl 乙基
eth ether 醚，乙醚
exp explode 爆炸
et ac ethyl acetate 乙酸乙酯
fl flakes 絮片体
flt fluorescent 荧光的
fr freezes 冻、冻结
frp freezing point 冰点、凝固点
fum fuming 发烟的
gel gelatinous 胶凝的
gl glacial 冰的
glyc glycerin 甘油
gold golden （黄）金的、金色的
gr green 绿的、新鲜的
gran granular 粒状
gy gray 灰（色）的
H hot 热
hex hexagonal 六方形的
hing heating 加热的
hp heptane 庚烷
hx hexane 己烷
hyd hydrate 水合物
i insoluble 水溶（解）的
i iso- 异
ign ignite 点火、着火
infl inflammable 易燃的
infus infusible 不熔的
liq liquid 液体、液态的
lt light 轻的
m meta 间位（有）、偏
Me methyl 甲基
mior microscopic 显微（镜）的
mol monoclinic 单斜（晶）的
mut mutarotatory 变旋光（作用）
n normal chain 正链
nd needle 针状结晶
o ortho- 正、邻（位）
oct octahedral 八面的
og orange 橙色的
ord ordinary 普通的
org organic 有机的
orh orthorhombic 斜方（晶）的
OS organic solvent 有机溶剂
p para- 对（位）
part partial 部分的
peth petroleum ether 石油醚
Ph phenyl 苯基
pk pink 桃红
pr prism 棱镜、棱柱体、三棱形
pr propyl 丙基
purl purple 红紫（色）
pw powder 粉末、火药
pym pyramid 棱锥形、角锥
rac racemic 外消旋
rect rectangular 长方（形）的
rh rhombic 正交（晶）的
rhd rhombodral 菱形的、三角晶的
s soluble 可溶解的
s secondary 仲、第二的
silv silvery 银的、银色的
so solid 固体
sol solution 溶液、溶解
solv solvent 溶剂、有溶解力的
sph sphenoidal 半面晶形的
st stable 稳定的
sub sublime 升华

suc supercooled	过冷的	unst unstable	不稳定的
sulf sulfuric acid	硫酸	vac vacuum	真空
sym symmetrical	对称的	vap vapor	蒸汽
t tertiary	特、叔、第三的	visc viscous	黏的
ta tablet	平片体	volat volatile	挥发（性）的
tcl triclinic	三斜（晶）的	vt violet	紫色
tet tetrahedron	四面体	W water	水
tetr tetragonal	四方（晶）的	wh white	白（色）的
THF tetrahydrofuran	四氢呋喃	wr warm	温热的、加温
tol toluene	甲苯	wx waxy	蜡状的
tr transparent	透明的	xyl xylene	二甲苯
undil undiluted	未稀释的	yel yellow	黄（色）的

附录二十五　基础化学实验报告格式（供参考）

____________学院

基础化学实验报告

实验名称：________________________

年级：____________组别：____________

姓名：____________

日期：______年______月______日

一、实验目的

二、实验原理

三、主要试剂用量及规格

四、仪器装置

五、实验步骤和现象

实验步骤	现象

六、产品重量和产率

七、讨论

指导老师：________

参考文献

[1] 徐春祥. 基础化学实验. 北京：高等教育出版社，2004
[2] 徐家宁，门瑞芝，张寒琦. 基础化学实验（上）. 北京：高等教育出版社，2006
[3] 吴江. 大学基础化学实验. 北京：化学工业出版社，2005
[4] 北京师范大学无机化学教研室等. 无机化学实验. 第 3 版. 北京：高等教育出版社，2007
[5] 李梅君，徐志珍. 无机化学实验. 第 4 版. 北京. 高等教育出版社，2007
[6] 吴建忠. 无机化学实验. 北京：化学工业出版社，2008
[7] 中山大学等. 无机化学实验. 第 3 版. 北京：高等教育出版社，2003
[8] 大连理工大学无机化学教研室. 无机化学实验. 第 2 版. 北京：高等教育出版社，2004
[9] 徐春祥，朱玲. 无机化学实验. 北京：高等教育出版社，2005
[10] 南京大学《无机及分析化学实验》编写组. 无机及分析化学实验. 第 4 版. 北京：高等教育出版社，2006
[11] 曾昭琼. 有机化学实验. 第 3 版. 北京：高等教育出版社，2000
[12] 龙盛京. 有机化学实验. 北京：人民卫生出版社，2002
[13] 李如张. 有机化学实验. 北京：科学出版社，2005
[14] 程青芳 . 有机化学实验 . 南京：南京大学出版社，2006
[15] 武汉大学化学系. 仪器分析. 北京：高等教育出版社，2001
[16] 赵文宽，张悟铭，王长发，周性尧等. 仪器分析实验. 北京：高等教育出版社，1997
[17] 邓珍灵. 现代分析化学实验. 长沙：中南大学出版社，2002
[18] 四川大学化工学院等. 分析化学实验. 第 3 版. 北京：高等教育出版社，2003
[19] 张剑荣，戚苓，方惠群. 仪器分析实验. 北京：科学出版社，1999
[20] 朱明华，仪器分析. 第 3 版. 北京：高等教育出版社，2000
[21] 武汉大学. 分析化学. 第 4 版. 北京：高等教育出版社，2000
[22] 北京大学化学系. 仪器分析教程. 北京：北京大学出版社，1997
[23] 华中师范大学等. 分析化学实验. 第 3 版. 北京：高等教育出版社，2001
[24] 陆光汉. 电分析化学实验. 武汉：华中师范大学出版社，2000
[25] 黄慧萍，帅琴等. 仪器分析实验. 武汉：中国地质大学，1996
[26] 张济新，孙海霖，朱明华. 仪器分析实验. 北京：高等教育出版社. 1994
[27] 古风才，肖衍繁. 基础化学实验教程. 北京：科学出版社. 2000
[28] 佘振宝，姜桂兰. 分析化学实验. 北京：化学工业出版社. 2008

元素周期表

IUPAC 2013

图例：

氧化态(单质的氧化态为0，未列入；常见的为红色)	+2 +3 +4 +5 +6
原子序数	95
元素符号(红色的为放射性元素)	Am
元素名称(注▲的为人造元素)	镅▲
价层电子构型	$5f^7 7s^2$
以 $^{12}C=12$ 为基准的原子量(注✦的是半衰期最长同位素的原子量)	243.06138(2)✦

s区元素　d区元素　f区元素　p区元素　ds区元素　稀有气体

族 周期	1 ⅠA	2 ⅡA	3 ⅢB	4 ⅣB	5 ⅤB	6 ⅥB	7 ⅦB	8 ⅧB(Ⅷ)	9 ⅧB(Ⅷ)	10 ⅧB(Ⅷ)	11 ⅠB	12 ⅡB	13 ⅢA	14 ⅣA	15 ⅤA	16 ⅥA	17 ⅦA	18 ⅧA(0)	电子层
1	−1 +1 1 H 氢 $1s^1$ 1.008																	2 He 氦 $1s^2$ 4.002602(2)	K
2	+1 3 Li 锂 $2s^1$ 6.94	+2 4 Be 铍 $2s^2$ 9.0121831(5)											+3 5 B 硼 $2s^2 2p^1$ 10.81	−4 +2 +4 6 C 碳 $2s^2 2p^2$ 12.011	−3 −2 −1 +1 +2 +3 +4 +5 7 N 氮 $2s^2 2p^3$ 14.007	−2 −1 8 O 氧 $2s^2 2p^4$ 15.999	−1 9 F 氟 $2s^2 2p^5$ 18.998403163(6)	10 Ne 氖 $2s^2 2p^6$ 20.1797(6)	L K
3	−1 +1 11 Na 钠 $3s^1$ 22.98976928(2)	+2 12 Mg 镁 $3s^2$ 24.305											+3 13 Al 铝 $3s^2 3p^1$ 26.9815385(7)	−4 +2 +4 14 Si 硅 $3s^2 3p^2$ 28.085	−3 −2 +1 +3 +5 15 P 磷 $3s^2 3p^3$ 30.973761998(5)	−2 +2 +4 +6 16 S 硫 $3s^2 3p^4$ 32.06	−1 +1 +3 +5 +7 17 Cl 氯 $3s^2 3p^5$ 35.45	18 Ar 氩 $3s^2 3p^6$ 39.948(1)	M L K
4	−1 +1 19 K 钾 $4s^1$ 39.0983(1)	+2 20 Ca 钙 $4s^2$ 40.078(4)	+3 21 Sc 钪 $3d^1 4s^2$ 44.955908(5)	−1 0 +2 +3 +4 22 Ti 钛 $3d^2 4s^2$ 47.867(1)	0 ±1 +2 +3 +4 +5 23 V 钒 $3d^3 4s^2$ 50.9415(1)	−3 0 ±1 ±2 +3 +4 +5 +6 24 Cr 铬 $3d^5 4s^1$ 51.9961(6)	−2 0 ±1 +2 ±3 +4 +5 +6 +7 25 Mn 锰 $3d^5 4s^2$ 54.938044(3)	−2 0 ±1 +2 +3 +4 +5 +6 26 Fe 铁 $3d^6 4s^2$ 55.845(2)	0 ±1 +2 +3 +4 +5 27 Co 钴 $3d^7 4s^2$ 58.933194(4)	0 ±1 +2 +3 +4 28 Ni 镍 $3d^8 4s^2$ 58.6934(4)	+1 +2 +3 +4 29 Cu 铜 $3d^{10} 4s^1$ 63.546(3)	+1 +2 30 Zn 锌 $3d^{10} 4s^2$ 65.38(2)	+1 +3 31 Ga 镓 $4s^2 4p^1$ 69.723(1)	+2 +4 32 Ge 锗 $4s^2 4p^2$ 72.630(8)	−3 +3 +5 33 As 砷 $4s^2 4p^3$ 74.921595(6)	−2 +2 +4 +6 34 Se 硒 $4s^2 4p^4$ 78.971(8)	−1 +1 +3 +5 +7 35 Br 溴 $4s^2 4p^5$ 79.904	+2 +4 36 Kr 氪 $4s^2 4p^6$ 83.798(2)	N M L K
5	−1 +1 37 Rb 铷 $5s^1$ 85.4678(3)	+2 38 Sr 锶 $5s^2$ 87.62(1)	+3 39 Y 钇 $4d^1 5s^2$ 88.90584(2)	+1 +2 +3 +4 40 Zr 锆 $4d^2 5s^2$ 91.224(2)	0 ±1 +2 +3 +4 +5 41 Nb 铌 $4d^4 5s^1$ 92.90637(2)	0 ±1 ±2 +3 +4 +5 +6 42 Mo 钼 $4d^5 5s^1$ 95.95(1)	0 ±1 +2 +3 +4 +5 +6 +7 43 Tc 锝▲ $4d^5 5s^2$ 97.90721(3)✦	0 +1 ±2 +3 +4 +5 +6 +7 +8 44 Ru 钌 $4d^7 5s^1$ 101.07(2)	0 ±1 +2 +3 +4 +5 +6 45 Rh 铑 $4d^8 5s^1$ 102.90550(2)	0 +1 +2 +3 +4 46 Pd 钯 $4d^{10}$ 106.42(1)	+1 +2 +3 47 Ag 银 $4d^{10} 5s^1$ 107.8682(2)	+1 +2 48 Cd 镉 $4d^{10} 5s^2$ 112.414(4)	+1 +3 49 In 铟 $5s^2 5p^1$ 114.818(1)	+2 +4 50 Sn 锡 $5s^2 5p^2$ 118.710(7)	−3 +3 +5 51 Sb 锑 $5s^2 5p^3$ 121.760(1)	−2 +2 +4 +6 52 Te 碲 $5s^2 5p^4$ 127.60(3)	−1 +1 +3 +5 +7 53 I 碘 $5s^2 5p^5$ 126.90447(3)	+2 +4 +6 +8 54 Xe 氙 $5s^2 5p^6$ 131.293(6)	O N M L K
6	−1 +1 55 Cs 铯 $6s^1$ 132.90545196(6)	+2 56 Ba 钡 $6s^2$ 137.327(7)	57~71 La~Lu 镧系	+1 +2 +3 +4 72 Hf 铪 $5d^2 6s^2$ 178.49(2)	0 ±1 +2 +3 +4 +5 73 Ta 钽 $5d^3 6s^2$ 180.94788(2)	0 ±1 ±2 +3 +4 +5 +6 74 W 钨 $5d^4 6s^2$ 183.84(1)	0 ±1 +2 +3 +4 +5 +6 +7 75 Re 铼 $5d^5 6s^2$ 186.207(1)	0 +1 +2 +3 +4 +5 +6 +7 +8 76 Os 锇 $5d^6 6s^2$ 190.23(3)	0 ±1 +2 +3 +4 +5 +6 77 Ir 铱 $5d^7 6s^2$ 192.217(3)	0 +2 +3 +4 +5 +6 78 Pt 铂 $5d^9 6s^1$ 195.084(9)	+1 +2 +3 +5 79 Au 金 $5d^{10} 6s^1$ 196.966569(5)	+1 +2 +3 80 Hg 汞 $5d^{10} 6s^2$ 200.592(3)	+1 +3 81 Tl 铊 $6s^2 6p^1$ 204.38	+2 +4 82 Pb 铅 $6s^2 6p^2$ 207.2(1)	−3 +3 +5 83 Bi 铋 $6s^2 6p^3$ 208.98040(1)	−2 +2 +3 +4 +6 84 Po 钋 $6s^2 6p^4$ 208.98243(2)✦	±1 +5 +7 85 At 砹 $6s^2 6p^5$ 209.98715(5)✦	+2 86 Rn 氡 $6s^2 6p^6$ 222.01758(2)✦	P O N M L K
7	+1 87 Fr 钫▲ $7s^1$ 223.01974(2)✦	+2 88 Ra 镭 $7s^2$ 226.02541(2)✦	89~103 Ac~Lr 锕系	104 Rf 𬬻▲ $6d^2 7s^2$ 267.122(4)✦	105 Db 𬭊▲ $6d^3 7s^2$ 270.131(4)✦	106 Sg 𬭳▲ $6d^4 7s^2$ 269.129(3)✦	107 Bh 𬭛▲ $6d^5 7s^2$ 270.133(2)✦	108 Hs 𬭶▲ $6d^6 7s^2$ 270.134(2)✦	109 Mt 鿏▲ $6d^7 7s^2$ 278.156(5)✦	110 Ds 𫟼▲ 281.165(4)✦	111 Rg 𬬭▲ 281.166(6)✦	112 Cn 鿔▲ 285.177(4)✦	113 Nh 鿭▲ 286.182(5)✦	114 Fl 𫓧▲ 289.190(4)✦	115 Mc 镆▲ 289.194(6)✦	116 Lv 𫟷▲ 293.204(4)✦	117 Ts 鿬▲ 293.208(6)✦	118 Og 鿫▲ 294.214(5)✦	Q P O N M L K

★ 镧系	+3 57 La★ 镧 $5d^1 6s^2$ 138.90547(7)	+2 +3 +4 58 Ce 铈 $4f^1 5d^1 6s^2$ 140.116(1)	+3 +4 59 Pr 镨 $4f^3 6s^2$ 140.90766(2)	+2 +3 +4 60 Nd 钕 $4f^4 6s^2$ 144.242(3)	+3 61 Pm 钷▲ $4f^5 6s^2$ 144.91276(2)✦	+2 +3 62 Sm 钐 $4f^6 6s^2$ 150.36(2)	+2 +3 63 Eu 铕 $4f^7 6s^2$ 151.964(1)	+3 64 Gd 钆 $4f^7 5d^1 6s^2$ 157.25(3)	+3 +4 65 Tb 铽 $4f^9 6s^2$ 158.92535(2)	+3 +4 66 Dy 镝 $4f^{10} 6s^2$ 162.500(1)	+3 67 Ho 钬 $4f^{11} 6s^2$ 164.93033(2)	+3 68 Er 铒 $4f^{12} 6s^2$ 167.259(3)	+2 +3 69 Tm 铥 $4f^{13} 6s^2$ 168.93422(2)	+2 +3 70 Yb 镱 $4f^{14} 6s^2$ 173.045(10)	+3 71 Lu 镥 $4f^{14} 5d^1 6s^2$ 174.9668(1)
★ 锕系	+3 89 Ac★ 锕 $6d^1 7s^2$ 227.02775(2)✦	+3 +4 90 Th 钍 $6d^2 7s^2$ 232.0377(4)	+3 +4 +5 91 Pa 镤 $5f^2 6d^1 7s^2$ 231.03588(2)	+2 +3 +4 +5 +6 92 U 铀 $5f^3 6d^1 7s^2$ 238.02891(3)	+3 +4 +5 +6 +7 93 Np 镎 $5f^4 6d^1 7s^2$ 237.04817(2)✦	+3 +4 +5 +6 +7 94 Pu 钚 $5f^6 7s^2$ 244.06421(4)✦	+2 +3 +4 +5 +6 95 Am 镅▲ $5f^7 7s^2$ 243.06138(2)✦	+3 +4 96 Cm 锔▲ $5f^7 6d^1 7s^2$ 247.07035(3)✦	+3 +4 97 Bk 锫▲ $5f^9 7s^2$ 247.07031(4)✦	+2 +3 +4 98 Cf 锎▲ $5f^{10} 7s^2$ 251.07959(3)✦	+2 +3 99 Es 锿▲ $5f^{11} 7s^2$ 252.0830(3)✦	+2 +3 100 Fm 镄▲ $5f^{12} 7s^2$ 257.09511(5)✦	+2 +3 101 Md 钔▲ $5f^{13} 7s^2$ 258.09843(3)✦	+2 +3 102 No 锘▲ $5f^{14} 7s^2$ 259.1010(7)✦	+3 103 Lr 铹▲ $5f^{14} 6d^1 7s^2$ 262.110(2)✦